之
Balancing
间

平　衡　你　自　己

江晓原 著

古今天文谭荟

SPM
南方传媒
广东人民出版社
·广州·

前言　我与天文学的不尽尘缘

几十年来，多次遇到有人告诉我：自己少年时是天文爱好者，向往着观测星空、探索宇宙，可惜天文系太难考，没敢去考或是没考上，最终学了别的专业。每当听到这样的故事，我都会暗生惭愧。我也不是天文爱好者，却在1977年恢复高考时，误打误撞，以第一志愿考上了南京大学天文系，天体物理专业从此成为我的"出身"。

我当年报考天文系，只是出于一个非常幼稚浪漫的想法：想学一个纯理科专业。于是，看着天体物理十分顺眼（实际上完全不知道这专业是干啥的），就贸然填上第一志愿。等考上了，发现自己竟是天文系七七级19个学生中唯一没上过高中的（我初中毕业就进工厂当工人了），虽然高考超常发挥，其实基础很差。第一年我学得有点辛苦，甚至要从图书馆借回高中教材补课，搞得人也瘦了不少。暑假回家，我妈问我：这学你还能不能上啊？我信心满满，对她说当然能上。

事实上，从第二年起我就能跟上了。此后，我的成绩一直维持在全年级第九、第十名的位置上。当时和我一样维持在第九、第十名的同学是同寝室的严俊，他后来身兼中国科学院紫金山天文台台长和国家天文台台长。

学习跟上之后，我不务正业的毛病就开始犯了。我花费许多时间读文史方面的闲书；又重拾我在工厂时形成的爱好——下棋，大学四年我都是校学生象棋队的成员；作为书法爱好者，我大学期间至少临过七遍唐代孙过庭的草书长篇作品《书谱》。

读到大四，同学们纷纷考研，可我压根就没打算在天体物理专业深造。有一天中午，一位同学对我说："我看到一个奇怪的专业，考三门课——天文学导论、中国通史、古代汉语，这三门对你来说不是都不用复习吗？"我一查，是中国科学院自然科学史研究所的席泽宗先生在招生。这是我第一次听说席先生的大名，于是去征询天文系副系主任卢央教授的意见，卢教授说："你想考席先生，算是考对了。"据他说，席先生这是第四年招研究生了，前三年他一个学生也没招到。

我便去报了名，考试也十分顺利，到大四第二学期开学时，我已经拿到了研究生的录取通知书。我当时并不知道考上席先生的研究生是何意义，我还根本不懂什么是科学史，也根本不了解科学史这个学科和圈子：原来席先生是中国科学史界的泰斗人物，我将又一次获得学术上的"豪门出身"。

虽然我的考研有点"改行"色彩，但因为席先生具体的专业是"天文学史"，所以我和天文学的尘缘仍在继续。

读研期间我依旧浑浑噩噩，席先生问我对学位论文题目有何想法，我老老实实回答说没想法，席先生也不怪我，说那我就给你一个题目吧。他给的题目是《第谷天文工作在中国之传播及影响》，我老老实实做完了。那时中国科学院的研究生学制是三年，但席先生让我提前答辩。

那时，一个硕士生答辩就要整个下午，持续数小时之久。我的答辩委员会是清一色的天文学史界大佬，都是我以前只在书上见过名字的人物，答辩委员会主任薄树人教授竟是这些人中最年轻的。

答辩前一天，我对席先生说自己有点紧张，想到明天要面对一众大佬，挺害怕的。席先生云淡风轻地说：不用害怕，你做这题目有一年了吧？他们还能有你熟悉这个题目？听席先生这样说，当真是如沐春风，我就不害怕了。答辩非常顺利，我甚至还指出了薄树人教授以前文章中的"白璧微瑕"，薄教授则丝毫不以为忤。

我研究生快毕业时，席先生问我愿不愿意考他的博士？我那时一派天真，回答说：老师要是觉得我学术上有潜力，我就考。席先生正色说道：我可以负责任地告诉你，你是有潜力的。于是我就报考了他的博士，也顺利考上了。此后十几年间，我一直是席先生唯一的硕士和博士。

不久，席先生担任中国科学院自然科学史研究所所长，稍后成为中科院院士，他有一个学姐是中国科学院上海天文台台长叶叔华院士，我读研期间，叶台长向席先生要人到上海天文台搞天文学史，席先生就将我推荐给叶台长。于是我1984年底赴中国科学院上海天文台报到入职，成为天文台的正式职工，然后在1985年回北京，去中国科学院报到入学，以在职身份攻读博士学位。

1988年，我在中国科学院自然科学史研究所获得博士学位，作为中国第一位天文学史专业的博士，《中国科学报》还在头版对我的答辩作了专题报道（1988年6月17日）。同年我加入国际天文学联合会（IAU），成为会员，并受IAU资助去美国参加了年会，做了报告。

在国内，我此前已经加入了中国天文学会和中国科学技术史学会，这两个学会都下设有天文学史专业委员会，我也分别在这两个专业委员会做过一些工作，后来还曾在中国科学技术史学会担任过两届副理事长。

从1987年起，我在《天文学报》《自然科学史研究》《自然辩证法通讯》等刊物发表了数十篇论文，大部分都与天文学及天文学史有关，但也旁及一些别的领域。作为中国科学院上海天文台的科研人员，我于1985年成为助理研究员，1990 年晋升为副研究员，1993 年获国务院政府特殊津贴（终身享受），1994 年破格晋升为正研究员，成为当时上海天文台最年轻的正研究员。

我在中国科学院上海天文台工作了 15 年。2012 年，已经离开天文台 13 年后，我相当意外地被中国天文学会授予了"突出贡献奖"。作为一个最终离开了天文队伍的老兵，我做过的工作，对天文学这个学科而言都微不足道，唯一有可能接近"贡献"的，或许当数我 1992 年在《天文学报》上发表的《中国古籍中天狼星颜色之记载》一文。

此文针对困扰天体物理中恒星演化模型的"天狼星颜色问题"，运用中国古籍中的可靠文献，证明天狼星数千年来一直呈现毫无争议的明亮白色，从而消解了现代恒星演化模型中的这一反例。此文发表的次年就出现了英译全文，得到国际国内权威人士的首肯和高度评价。这也可以算我向天体物理这个我念了四年的专业所奉献的小小礼物。

我于 1999 年春调入上海交通大学，在那里创建了中国第一个科学史系。从那以后，我的学术活动范围扩展了许多，但天文学史作为我的"学术根据地"，仍然在我的学术研究和大众写作中扮演着重要角色。这从本书中收入的许多与天文学有关的文章，且写作年代一直持续到当下，就可以看出来。

其实，当年在南京大学天文系念天体物理专业时，我就隐隐知道，自己早晚会告别这个专业的。这些年来，我可以说用了一种友好的、委婉的、温馨的，甚至是含情脉脉的方式告别了它。但是这个专业带给我的学术训练，依然长期帮助着我。它给了我在天文学和物理学方面的知识自信，给了我对数据之间关系的敏感性，给了我在当年无数习题中已经习惯成自然的对问题的推理能力。

从这个意义上来说，我和天文学的尘缘，肯定是地久天长了。

2023 年 12 月 2 日

于上海交通大学科学史与科学文化研究院

目 录

01 天体物理学与宇宙学

●

天狼星颜色之谜：中国古籍解除恒星演化理论的困扰　003

我们如何知道太阳由什么构成？　009

戴森球：人类利用太阳能的终极展望　015

爱丁顿到底有没有验证广义相对论？　022

冥王星：一个天文标杆的前世今生　029

望远镜及其在中国的早期谜案和遭遇　035

放大镜和望远镜：两千多年前就有了吗？　041

多世界：量子力学送给科幻的一个礼物　049

引力波和它的社会学及不确定性　056

宇宙学是一门科学　063

天文学史上，是技术三次促进了科学　070

02 天学大家的前尘往事

●

泰山北斗《至大论》（上） 079

泰山北斗《至大论》（下） 084

星占之王：从《四书》说起 091

他还是地理学的托勒密 096

一个改变了世界的历史伟人 102

贵族天文学家的叛逆青春 107

遥想当年，天堡星堡 112

使超新星革命，让大彗星造反 118

双面人：天文学家和星占学家 124

两百年的东方奇遇 129

哥白尼的圆：尚未扑灭的"谬种" 135

哥白尼学说往事：科学证据是必要的吗？ 140

哥白尼和星占学的隐秘关系 147

开普勒：星占学与天文学的最后交点 153

1835 年的月亮：一场可喜的骗局 158

03 古代天学与中外交流

●

为什么孔子诞辰可以推算？ 167

周武王伐纣时见过哈雷彗星吗？ 174

星盘真是一种奇妙的东西 181

六朝隋唐：中国历史上第一次西方天学输入浪潮 188

元蒙帝国带来的第二次西方天学输入浪潮 194

明清之际：第三次西方天学输入浪潮（上） 200

明清之际：第三次西方天学输入浪潮（下） 206

日食的意义：从"杀无赦"到《祈晴文》 212

水运仪象台：神话和传说的尾巴 222

梁武帝：一个懂天学的帝王的奇异人生 229

私人天文台之前世今生 235

天文年历之前世今生 242

古代历法：科学为伪科学服务吗？ 247

历史事件的年代不是用历法算出来的 251

山西陶寺遗址有中国的"巨石阵"吗？ 258

《周髀算经》里那些惊人的学说 264

谁告诉了中国人寒暑五带的知识？ 270

古代中国到底有没有地圆学说？ 276

勾股定理的荣誉到底归谁？ 283

古代中国的宇宙理论有希腊的影子吗？ 290

04 星际航行与外星文明

●

从德雷克公式到 SETI   299

围绕 METI 行动的争论   306

火星文明：从科学课题变成幻想主题   312

曾让天文学家神魂颠倒的"火星运河"   319

星际航行：一堂令人沮丧的算术课   326

地球 2.0：又一堂令人沮丧的算术课   333

地球流浪之后：第三堂令人沮丧的算术课   339

'Oumuamua：外星文明的使者真的来过了吗?   345

05 科学幻想中的天文学

●

UFO 谈资指南   355

想象与科学：地球毁于核辐射的前景   362

火星人留守几亿年?   369

《火星救援》能告诉我们什么?   375

火星殖民计划：商业骗局和科学梦想   381

令人失望的《世界之战》   388

未来史诗：《星际战舰卡拉狄加》   394

"你若看一遍就明白，那只能证明我们失败"   400

美国人的世界秩序：重温《地球停转之日》　　　406

HAL 9000 的命运：服从还是反抗？　　　411

《后天》：我们还能不能有后天？　　　418

看完《2012》，明天该上班还是要上班　　　423

索拉里斯星的隐喻　　　432

宇宙：隐身玩家的游戏桌，抑或黑暗森林的修罗场？　　　437

　　附：星际穿越目前还只是个传说　　　445

1.

天体物理学与宇宙学

天狼星颜色之谜：
中国古籍解除恒星演化理论的困扰

天狼星曾经是红色的？

天狼星（Sirius，即 α CMa——大犬座 α 星）是全天最亮的恒星，呈耀眼的白色。它还是目视双星，其中 B 星又是最早被确认的白矮星。但自现代天体演化理论确立之后，这一非常成功的理论，却因西方古代对天狼星颜色的某些记载而被困扰了百余年。

在古代西方文献中，天狼星常被描述为红色。学者们在古巴比伦楔形文泥版书中，在古希腊、罗马时代托勒密（Claudius Ptolemy）、塞涅卡（Lucius Annaeus Seneca）、西塞罗（Marcus Tullius Cicero）、贺拉斯（Quintus Horatius Flaccus）等著名人物的著作中，都曾找到这类描述。

按现行恒星演化理论，及现今对天狼双星的了解，其 A
星正位于赫-罗图的主星序上，根本不可能在一两千年的时
间尺度上改变颜色。[1]

考虑到恒星在演化为白矮星之前会经历红巨星阶段，若
认为天狼 B 星曾经有盛大的红光掩盖了 A 星，似乎有希望
解释古代西方关于天狼星呈红色的记载。然而按现行恒星演
化理论，从红巨星演化为白矮星，即使考虑极端情况，所需
时间也必然远远大于一千五百年，故古代西方的记载始终无
法在现行恒星演化理论中得到圆满解释。

1985 年，两位德国学者又旧话重提[2]，他们宣布在一
部中世纪早期手稿中，发现了图尔的主教格里高利一世
（Gregory of Tours ）写于公元六世纪的作品，其中提到的一
颗红色星可确认为天狼星，因而断定天狼星直到公元六世纪
末仍呈红色，此后才变白。由此引发学界对天狼星颜色问题
新一轮的争论和关注。

---

1 1911 年丹麦天文学家 Ejnar Hertzsprung，1913 年美国天文学家 Henry
   Norris Russell，各自独立发现的恒星光度和光谱型（等价于颜色或表面
   温度）之间的关系图，简称为赫-罗图。赫-罗图可以给出相关恒星的大
   量信息，还能相当直观地反映恒星演化模型。在赫-罗图上，大多数恒
   星分布在图中左上方至右下方的一条狭长带内，从高温到低温的恒星形
   成一个明显的序列，称为"主星序"。

2 Wolfhard Schlosser and Werner Bergmann, "An Early-Medieval Account on
   the Red Colour of Sirius and its Astrophysical Implications," *Nature*, Vol.318,
   No. 6041 (7 November 1985), pp.45-46.

于是天文学家只能面临如下选择：或者对现行恒星演化理论提出怀疑，或者否定天狼星在古代呈红色的说法。

中国典籍中的天狼星颜色

其实，西方对天狼星颜色的古代记述并非完全无懈可击：塞涅卡、西塞罗、贺拉斯等人，或为哲学家，或为政论家，或为诗人，他们的天文学造诣很难获得证实；托勒密虽为大天文学家，但其说在许多具体环节上仍不无提出疑问的余地（例如他说的那颗红色星是不是天狼星）。至于格里高利所记述的红色星，不少人认为其实是大角（Arcturus，α Boo）——该星正是明亮的红巨星。

而另一方面，古代中国的天文学即星占学，其文献之丰富，以及天象记录之系统细致，是众所周知的。因此，我感到有必要转而向早期中国古籍中寻求证据。我曾先后花了数年时间，尝试在浩如烟海的中国古籍中寻找能够解决天狼星颜色问题的史料。最后出乎意料，竟在星占学文献中找到了决定性的证据。

古代中国星占文献中所提到的恒星和行星颜色，几乎毫无例外，都是着眼于这些颜色的星占学意义。中国古代有"五行"之说，渗透到诸多领域，"五行"学说在星占学中的应用之一，就是用"五行"配星之五色。而众星既有五色，就需要有指定某些著名恒星作为五色的标准星。因此，星占文献中所涉及的恒星颜色，只有对应标准星本身颜色的记载，才是真正可靠的。

这种关于标准星颜色的记载数量很少，现今所见最早记述出自司马迁笔下，《史记·天官书》中谈论金星颜色时，给出五色标准星如下：

> 白比狼，赤比心，黄比参左肩，苍比参右肩，黑比奎大星。

上述五颗恒星依次为：天狼星、心宿二（α Sco）、参宿四（α Ori）、参宿五（γ Ori）、奎宿九（β And）。

司马迁对五颗恒星颜色记述的可靠性，可由下述事实得到证明：五颗星中，除天狼因本身尚待考察，暂置不论外，对其余四星颜色的记载都属可信。心宿二，光谱为 M_1 型，确为红色；参宿五，B_2 型，呈青色（即苍）；参宿四，今为红色超巨星，但学者们已证明它在两千年前呈黄色，按现行恒星演化理论是完全可能的。最后的奎宿九，Mo 型，呈暗红色，但古人将它定义为黑也有道理，因与五行相配的五色有固定模式，必定是青、红、黑、白、黄，故其中必须有黑；而若真正为"黑"，那就会看不见而无从比照，故必须变通。

这里还有一个可以庆幸之处：古人既以五行五色为固定模式，必然会对上述五色之外的中间状态进行近似或变通，硬归入五色中去，则他们谈论这些星的颜色时难免不准确；然而在天狼星颜色问题中，恰好是红、白之争，两者都在上述五色模式中，故可不必担心近似或变通问题。这也进一步保证了利用古代中国文献解决天狼星颜色问题时的可靠性。

下表是中国早期文献（不必考虑公元七世纪之后的史料）中仅见的四项天狼星颜色可信记载的原文、出处、作者和年代一览。

	原文	出处	作者	年代
1	白比狼	《史记·天官书》	司马迁	公元前100年
2	白比狼	《汉书·天文志》	班固、班昭、马续	公元100年
3	白比狼星、织女星	《荆州占》[1]	刘表	公元200年
4	白比狼星	《晋书·天文志中》	李淳风	公元646年

中国典籍拯救了恒星演化理论

以上四项记载的可靠性，都经过了详细考证。至此已可确知：在古代中国文献的可信记载中，天狼星始终是白色的。不但没有红色之说，而且千百年来一直将天狼星视为白色标准星。这在早期文献中是如此，此后更无改变。因此可

1　[唐]瞿昙悉达：《开元占经》，卷四十五引。

以说，现行恒星演化理论从此不会再因天狼星颜色问题而受到任何威胁了。

拙文《中国古籍中天狼星颜色之记载》1992年在我国《天文学报》发表，次年在英国杂志上出现了英译全文。1995年，以研究天狼星颜色问题著称的美国学者策拉吉奥利（R. C. Ceragioli）在权威的《天文学史杂志》上发表述评说：

> 迄今为止，以英语发表的对中国文献最好的分析由江晓原在1993年作出。在广泛研究了所有有关的文献之后，江断定，在早期中国文献中，对天狼星颜色问题有用的星占学史料只有四条，而此四条史料所陈述的天狼星颜色全是白色。[1]

在国内，天文学史泰斗席泽宗院士评论说："文仅五千字，却解决了困惑着西方天体物理学家百余年的天狼星颜色问题，是我国天文学史古为今用的传统研究方向上又取得的一项重要成果。"这也算是我为天体物理这个我念了四年的专业所做出的唯一贡献。

（原载《新发现》2006年第7期）

1　R. C. Ceragioli, "The Debate Concerning 'Red' Sirius," *Journal for the History of Astronomy*, Vol 26, No. 3, 1995, pp.187-226.

我们如何知道太阳由什么构成？

最近，上海和全球多地持续高温，太阳的威力考验着世界上不同地区的人们。前天有人问我：网上说，太阳表面有大约6000℃，还说太阳因为内部持续的核聚变而向外辐射巨大能量……但这一切是通过什么途径知道的？人类显然不可能用任何仪器靠近太阳去测量啊！今天的太阳物理学家当然会说这是"小白问题"，但对更多人来说，这个平时不被我们注意的问题，倒也有些趣味，而且还有一点启发意义。

光谱的早期故事

迄今为止，人类确实无法接近太阳，且不说太阳表面约6000℃的高温，何况去往太阳还要穿过温度高达百万摄氏度以上的日珥区域，也不能用望远镜观测太阳（会瞬间致盲）。人类现有的各种直接测量手段，对太阳都无法实施。所以1835年，孔德（Auguste Comte）有名言"恒星的化学组成是人类绝不能得到的知识"，之后这句话还被人们相信了数十年。却不知在他说这句名言之前差不多二十年，也就是1814年，打破这句名言的技术其实已经萌芽了。

让太阳光通过三棱镜展布成赤橙黄绿青蓝紫的光谱，是一个富有观赏价值和娱乐性的低难度物理实验，自从牛顿1672年在皇家学会报告了他数年前所做的这一实验之后，不断有人在做这类实验。1802年，英国人沃拉斯顿（William Hyde Wollaston）做这一实验时，在太阳光谱中发现了一些暗线，在红色、绿色、蓝色区域，他分别发现二、三、四条暗线，可惜身兼医生和物理学家的沃拉斯顿对这些暗线没有深究，遂与名垂青史的机会失之交臂。当然沃拉斯顿也不算太冤，当年牛顿或许也有机会看到这些暗线，但也没注意它们。

下一个注意到这些暗线的人是德国科学家夫琅和费（Joseph von Fraunhofer），他在1814年制作了第一台分光镜，这使得他能够比前人更细致地观察各种光谱。他在实验中先是发现，在油灯、蜡烛、酒精灯的火焰光谱中，都有一对黄色的亮线出现在同样位置。随后他开始观测太阳光谱，却发现了许多暗线。在灯光光谱中出现明亮黄线的位置，在太阳光谱中出现的却是一对暗线。1814到1817年间，夫琅和费以极大的耐心从太阳光谱中数出了 576 条暗线，他还详细记录了这些暗线在光谱中的位置。他甚至还在金星的光谱中发现了同样的暗线。虽然夫琅和费无法解释这些光谱线出现的原因，但后来这些光谱线就被称为"夫琅和费线"——有心人就是有机会名垂青史。

要解释太阳光谱中这些"夫琅和费线"出现的原因，还需要等待四十多年，在此期间，孔德说出了上面那句名言，让许多人深信不疑。

夫琅和费线的解释

1858 到 1859 年间，德国化学家本生（Robert Bunsen）正处于兴奋状态，他发明的一种在化学实验室中用于加热的装置被称为"本生灯"，其实就是一种煤气灯，但火焰温度可高达两千多摄氏度。本生忙着用本生灯来烧各种物质，比如钠、钾、锂、锶、钡……他发现，不同的物质在燃烧时会呈现不同的颜色。本生由此设想，可以根据火焰的不同颜色来判别不同物质，但当他将多种元素混合燃烧时，火焰却只呈现出占比最大的那种元素的颜色。

本生有个哥们基尔霍夫（Gustav Kirchhoff），是物理学家，两人经常一起散步聊天，讨论科学问题。基尔霍夫的实验室里有分光镜，于是"本生灯 + 分光镜"，两人开始一起研究各种燃烧物质的光谱。他们发现，每种元素在特定的波长处都会产生特定的亮线，例如当年夫琅和费注意到的那对黄色亮线是钠元素发出的。

有一天晚上，这两人还在海德堡的实验室中鼓捣光谱，远处忽起大火，两人以科学家特有的"吃饱了撑的"的精神，将分光镜用来分析远处大火的光谱，在其中识别出了锶和钡的谱线。这个即兴的无聊之举给他们的启发是：既然光谱分析能够知道远处火光中的物质成分，那我们是不是也能知道太阳上的物质成分？这个听起来有点像痴人说梦的想法，让两人感觉极为刺激，第二天他们就去实验室分析了太阳光谱。

他们当然无意中又重复了夫琅和费四十多年前做过的工作，再次在太阳光谱中看到了那些夫琅和费线。但这次情况有所不同：前一阶段在本生灯上烧各种物质再分析这些物质光谱的实验没有白做，他们发现，那些物质在特定波长处出现的亮线，在太阳光谱中都能在相应位置上看到暗线。物质燃烧光谱中的亮线，对应太阳光谱中相同位置的暗线，这怎么解释呢？基尔霍夫让太阳光穿过他燃烧钠盐形成的钠蒸气，结果太阳光谱中那两条对应着钠元素的暗线变得更暗了。

于是基尔霍夫提出假说（这也被称为"基尔霍夫定律"），用通俗语言表达就是：其一，每一种化学元素都能在自身的燃烧光谱中发射出亮线；其二，每一种元素在温度较低的状态下都能吸收它所能发射的谱线而形成暗线。这个定律可以解释太阳光谱中那些夫琅和费线：因为太阳内部的温度更高，炽热的光线需要穿过相对较冷的外层才能到达地球，夫琅和费暗线是因较冷外层中同样元素的吸收而形成的。

应用技术和基础科学：究竟谁推动谁？

基尔霍夫的上述定律，开启了证认太阳上化学元素的方便之门——通过和地球上已知元素的光谱比对，就可以知道太阳上有什么元素。各种更高效、更方便的光谱比对方法也次第出现。如今，天文学家已经在太阳光谱中发现了大约26000条谱线，地球上已知的百余种化学元素，在太阳上至少已经证认出68种。现在已知太阳约71%是氢，27%是氦，其余元素不管有多少种，总共只占约2%。

在证认太阳元素的热潮中，有个英国人也名垂青史。天文学家洛克耶（Joseph Norman Lockyer）以研究太阳著称，还发明了新式的分光镜，他在1868年宣称，太阳光谱中有一条黄色亮线，无法与地球上任何已知元素对应，应该是一种太阳上的元素发出的，洛克耶将这种元素命名为"氦"（源自希腊语"太阳"），结果27年后真的在地球上发现了氦元素。洛克耶还来得及享受"第一个发现宇宙元素"的荣誉：他从 1869 年被任命为《自然》杂志（*Nature*）的首任主编，一直任职 50 年，直到 1920 年去世。

太阳其实就是一颗普通恒星，所以对太阳光谱的分析方法，立刻被大规模应用到别的恒星上，通过大量恒星光谱的收集和分类，再借助理论物理的推算，人类对恒星的成分、温度都有了掌握。现在主流的恒星模型理论认为，像太阳这样的恒星，自身质量产生的巨大引力会让它向内坍缩，而内部核聚变产生的巨大压力会让它向外扩张，两者因处于动态平衡而保持了稳定。

长期以来，天文学一直被视为基础科学的冠冕，而基础科学被视为技术进步的源头。但回顾一下天文学的发展史就会发现：现代天文学每一个历史性的关键突破，都是应用技术提供的。望远镜最初并不是为观天而制作的，只是伽利略首次将它指向天空，于是开启了望远镜时代。夫琅和费、基尔霍夫摆弄光谱都不是为研究天文学，只是意外发现了新用途，于是开启了天体的光谱分析时代。二战时的军用雷达当然不是研究天文学用的，只是战后人们发现它还可以接收天体在可见光波段之外的电磁辐射，于是开启了射电望远镜时代。

这三个例子都是应用技术推动了基础科学，而不是相反。

（原载 2022 年 8 月 17 日《第一财经日报》）

戴森球：人类利用太阳能的终极展望

我小外孙开始玩一款名叫"戴森球计划"的游戏，自感又有独得之秘，某日率尔问道：难道外公也知道戴森球？令他爹妈不禁莞尔。哈哈，老朽还真知道一些关于戴森球的事情，不过基本上和游戏无关。

文明发展对能源的需求

一个星球上出现智慧生物，发展出了文明，对能源的需求就会快速增长。目前地球人类就处在这样的状态中。我在《地球流浪之后：第三堂令人沮丧的算术课》一文[1]中，曾用

---

1 收入本书第四辑。——编者注

2019年的数据估算出当时地球的全年能耗总量，相当于太阳投射到地球的总能量的约万分之一。

这个全球总能耗主要取自煤炭、石油、天然气，但这些传统能源归根结底也是太阳能的存储，另外还有核能和直接的太阳能等新能源，直接利用的太阳能目前仍只占全球总能耗中很小一部分。

但是，文明发展过程中，人类对能源的需求是没有止境的，特别是进入工业化之后，这种需求是快速增长的。例如，2018年全球总能耗（198亿吨标准煤）就比上一年增长了2.9%。这个年增长率看上去似乎不高，但假定以这个年增长率持续下去，只要再过320多年，全球总能耗就可以增长到目前的一万倍。

地球上的传统能源不久终将枯竭。各种估计大相径庭，比较乐观的一种是，以目前的全球总能耗（未考虑逐年增长），还能用数百年。另一个重要的能源是核能，目前的裂变核能主要以核电的形式被利用，效率不高，核废料问题又很大，人类只有搞成聚变核能才可高枕无忧，然而那一天遥遥无期。利用聚变核能，理论上的蓝图早就有了，但技术手段上始终难以突破。

所以，人类在能源问题上最终的出路，最有希望的还是利用太阳能。戴森球，可以说就是对人类利用太阳能的终极展望。

戴森球的设想

根据人类目前对恒星和太阳的知识，太阳每分钟向地球轨道上 1 平方厘米的面积投射 1.97 卡的能量，比较专业的说法是"太阳常数 =1.97 卡（平方厘米 / 分钟）"，再考虑地球的实际尺度之后，就可以得出地球每年从太阳获得的总能量。这里我们只需知道这个总能量是目前地球全年总能耗的约一万倍即可。

也就是说，如果地球耗光了传统能源，又不考虑核能（毕竟目前核能在全球总能耗中占比还很小），那么我们从太阳对地球的辐射中，最多只能获得目前全球总能耗的约一万倍的能源。而我们还知道，按人类目前能源需求的增长速度，只需再过 320 多年，就会达到目前全球总能耗的一万倍这个极限。

即使我们能够将太阳辐射到地球上的能量全部吸收利用，几百年后能源需求增长到了上述极限之后怎么办？戴森球就是要设法解决这个问题。

戴森（Freeman Dyson，1923—2020）是英裔美籍物理学家，早年在量子电动力学领域有过重要贡献，是可以列入物理学大师行列的人物，后来长期在普林斯顿高等研究院工作。在这个适合闲人胡思乱想研究无用之学的地方，戴森也旁骛了不少别的领域，比如星际航行之类。戴森球的设想，也可以视为这种旁骛的成果之一。

和巨大的太阳相比，地球好比遥远距离（1天文单位，即地球绕日公转轨道的半径，约1.5亿公里）处的一颗小豆子，这颗小豆子接收到的太阳辐射能量，虽然有目前全球总能耗的约一万倍，但相对于全方位的太阳辐射能量来说，显然只是极小极小的一部分。

要准确计算太阳的辐射总能量，就是一个半径为1.5亿公里的球面积，用平方厘米来表达的数值，这个数值就是相对于前面提到的太阳常数的倍数。如此巨大的能量，绝大部分都辐射到无垠的太空中而白白浪费了，地球依靠太阳的自然照射，能够得到其中的多少份额呢？戴森已经估算过了，大约是十亿分之一。

换句话说，地球从太阳自然照射中得到的总能量，虽然是目前地球全球总能耗的约一万倍，但这只是太阳总辐射能量中的约十亿分之一。戴森球的想法，就是要让地球这颗小豆子，从太阳辐射能量的这十亿分之一外，尽可能再多拿到一些。

1960年，戴森在《科学》杂志（Science）上发表了一篇短文[1]，提出了"戴森球"（Dyson Sphere）的想法：一个足够先进的行星文明，应该有能力建造一个球形结构，将自己和自己的恒星（太阳）包裹在里面，这样太阳的很大部分辐

1　Freeman J. Dyson, "Search for Artificial Stellar Sources of Infrared Radiation," *Science*, Vol. 131, No. 3414 (03 Jun 1960), pp. 1667-1668.

射能量就可以被采集起来，供该文明使用。此后人们就将这种想象中的球形结构称为戴森球。

遥远的前景

其实戴森球的想法并非没有先驱，至少戴森自己就承认有一个，即英国科幻作家斯特普尔顿（William Olaf Stapledon）1937 年出版的小说《造星主》（*Star Maker*），这部小说最近刚刚出版了中译本[1]。戴森表示，《造星主》启发了他，而他则将小说中的想法扩大并从科学上具体化了。不过戴森是认真的，他不是在创作科幻小说，而是在进行科学构想。

按照戴森原初的设想，戴森球并非整体刚性的球体（如此巨大的刚性结构在物理上是不可能的），而是几十组巨大的圆环，圆环本身则以无数个小岛的形态分布在太空之中，围着太阳旋转（有点像太阳系中的小行星带）。所以这种设想也可以称之为戴森环。

戴森也没指望将太阳的辐射能量全部吃干榨净，但哪怕这些戴森环只能获得太阳辐射能量的十分之一，也将使地球

1　[英]威廉·奥拉夫·斯特普尔顿：《造星主》，宝树译，四川科学技术出版社，2021 年。

获得的太阳辐射能量比目前增长一亿倍，够地球挥霍很久了。

当然困难是巨大的。首先，建造如此巨大的球形或环形结构（半径至少要略大于 1.5 亿公里，才可以将地球包容在内），用什么材料？从哪里获得这些材料？就是将整个地球都用上，只怕都远远不够。戴森将目光投向了太阳系中最大的行星木星。木星质量是太阳系其余行星质量之和的两倍。拆了木星，大约够建造戴森球用的了。

然而，木星怎么拆？戴森也有设想。作为一位物理学家，戴森认为可以设法加速木星的自转，加速到一定程度，自转所产生的离心力会破坏平衡，导致木星解体，我们就可以利用木星的碎块来造戴森球了。而为加速木星自转，需要用巨大的金属网将木星包裹起来，然后向金属网输入电流，使之产生和木星自转方向一致的电磁力，逐渐加速木星自转。在戴森的设想中，这个加速过程大约需要十万年，需要耗费的电力大约相当于太阳系所有行星自然接受的太阳辐射能量的一百倍……

在这样宏伟而夸诞的史诗般狂想中，许多细节当然还来不及规划。例如，考虑到木星是太阳系中最大的行星，质量达到太阳的约千分之一，其他行星的轨道都受到来自木星的摄动，太阳系整体作为一个力学结构，基本上是稳定的，而一旦木星解体，必然会对这一力学结构产生不容忽视的扰动。这种扰动的后果是难以预料的，太阳系能够平稳过渡到没有木星的新稳定状态，还是在此过程中发生一场浩劫？又如，木星是气体星球，解体后如何解决气体的逃逸问题？再如，包裹木星的金属网如何建造？产生电磁力所需的巨大电流如何产生并输往木星金属网？

戴森球设想提出至今已过六十多年，它的实施——如果有可能的话——必定在极为遥远的将来。但戴森的设想启发了科幻和游戏作品的灵感，在那些作品中，戴森球经常被想象为刚性的球状实体。

（原载 2022 年 5 月 16 日《第一财经日报》）

爱丁顿到底有没有验证广义相对论?

一个教科书中的神话

有一些进入了教科书的说法，即使被后来的学术研究证明是错了，仍然会继续广泛流传数十年之久。"爱丁顿1919年观测日食验证了广义相对论"就是这样的说法之一。该说法认为，英国天体物理学家爱丁顿（Arthur Stanley Eddington）通过1919年5月的日全食观测，验证了爱因斯坦广义相对论对引力场导致远处恒星光线偏折的预言。

这一说法在国内各种科学书籍中到处可见，稍举数例如下：

美国科学史学者理查德·奥尔森（Richard G. Olson）等人编写的《科学家传记百科全书》[1]"爱丁顿"条这样写道：

---

1 ［美］里查德·奥尔森编：《科学家传记百科全书》（上下），刘文成等译，华夏出版社，2000年。

"爱丁顿……拍摄（了）1919年5月的日蚀。他在这次考察中获得的结果……支持了爱因斯坦惊人的预言。"苏联和美国理论物理学家伽莫夫（George Gamow）所著《物理学发展史》[1]、美国数学家和科学史家卡约里（Florian Cajori）所著《物理学史》[2]中都采用同样的说法。

在非物理学或天体物理学专业的著作中，这一说法也极为常见，比如美国科普作家卡尔·齐默（Carl Zimmer）在其《演化：跨越40亿年的生命记录》[3]一书中，为反驳"智能设计论"，举了爱因斯坦广义相对论对引力场导致远处恒星光线偏折的预言为例，说"智能设计论"无法提出这样的预言，所以不是科学理论。作者也重复了关于爱丁顿在1919年日食观测中验证了此事的老生常谈。

这一说法还进入了科学哲学的经典著作中，波普尔在他著名的《猜想与反驳》[4]一书中，将爱丁顿观测日食验证爱因斯坦预言作为科学理论预言新的事实并得到证实的典型范例。他说此事"给人以深刻印象"，使他"在1919到1920

1　［美］乔治·伽莫夫：《物理学发展史》，高士圻译，侯德彭校，商务印书馆，1981年。

2　［美］弗·卡约里：《物理学史》，戴念祖译，范岱年校，中国人民大学出版社，2010年。

3　［美］卡尔·齐默：《演化：跨越40亿年的生命记录》，唐嘉慧译，上海人民出版社，2011年。

4　［英］卡尔·波普尔：《猜想与反驳：科学知识的增长》，傅季重、纪树立、周昌忠、蒋弋为译，中国美术学院出版社，2006年。

年冬天"形成了著名的关于"证伪"的理论。爱丁顿验证了广义相对论的说法，在国内作者的专业书籍和普及作品中更为常见。

这个被广泛采纳的说法是从何而来的呢？它的出身当然是非常"高贵"的。例如我们可以找到爱丁顿等三人联名发表在 1920 年《皇家学会哲学学报》上的论文，题为《根据 1919 年 5 月 29 日的日全食观测测定太阳引力场中光线的弯曲》[1]，三位作者在论文最后的结论部分，明确地、满怀信心地宣称："索布拉尔和普林西比[2]的探测结果几乎毋庸置疑地表明，光线在太阳附近会发生弯曲，弯曲值符合爱因斯坦广义相对论的要求，而且是由太阳引力场产生的。"

上述结论当然不是爱丁顿爵士的自说自话，它早已得到科学共同体的权威肯定。事实上在此之前爱丁顿已经公布了他的上述结论。因为在 1919 年的《自然》杂志（*Nature*）上，英国数学家坎宁安（Ebenezer Cunningham）连载两期的长文《爱因斯坦关于万有引力的相对论》中已经引用了上

1　Frank Watson Dyson, Arthur Stanley Eddington and C. Davidson, "A Determination of the Deflection of Light by the Sun's Gravitational Field, from Observations Made at the Total Eclipse of May 29, 1919," *Philosophical Transactions of the Royal Society*，Vol.220，Issue 571-581 (01 January 1920)，pp. 291-333.

2　索布拉尔（Sobral）是今巴西塞阿拉州（Ceará）的一个自治市；普林西比（Principe）是位于非洲西海岸外几内亚湾的今圣多美和普林西比民主共和国的一个岛屿。——编者注

述爱丁顿论文中的观测数据和结论。[1]

爱丁顿其实未能验证爱因斯坦的预言

那么这个进入教科书多年的"标准说法"，究竟有什么问题呢？

这就要涉及"科学的不确定性"了。本来，诸如相对论、物理学、天体物理之类的学问，在西方通常被称为"精密科学"——指它们可以有精密的实验或观测，并可以用数学工具进行高度精确的描述。但即使是这样的学问，仍然有很大的不确定性。而这种不确定性是我们传统的"科普"中视而不见或尽力隐瞒的。

具体到在日食时观测太阳引力场导致远处恒星光线弯曲（偏折）这件事，事实上其中的不确定性远远超出公众通常的想象。

之所以要在日食时来验证太阳引力场导致远处恒星光线弯曲，是因为平时在地球上不可能看到太阳周围（指视方

---

1 E. Cunningham, "Einstein's Relativity Theory of Gravitation，" *Nature*, Vol.104, No. 2614(4 December 1919), pp. 354-356; E. Cunningham， "Einstein's Relativity Theory of Gravitation，" *Nature*， Vol.104, No. 2615(11 December 1919),pp.374-376; E. Cunningham， "Einstein's Relativity Theory of Gravitation，" *Nature*, Vol.104, No. 2616 (18 December 1919), pp. 394-395.

向而言）的恒星，日全食时太阳被月球挡住，这时才能看到太阳周围的恒星。在1919年，要验证爱因斯坦广义相对论关于光线弯曲的预言，办法只有在日食时进行太阳周围天区的光学照相。但麻烦的是，在照片上当然不可能直接看到恒星光线弯曲的效应，所以必须仔细比对不同时间对相同天区拍摄的照片，才能间接推算出恒星光线弯曲的数值。

比较合理的办法是，在日食发生时对太阳附近天区照相，再和日食之前半年（或之后半年）对同一天区进行的照相（这时远处恒星光线到达地球的路上没有经过太阳的引力场）进行比对。通过对相隔半年的两组照片的比对和测算，确定恒星光线偏折的数值。这些比对和测算过程中都要用到人的肉眼，这就会有不确定性。

更大的不确定性在于，即使在日全食时，紧贴太阳边缘处也是不可能看到恒星的，所以太阳边缘处的恒星光线偏折数值只能根据归算出来的曲线外推而得，这就使得离太阳最近的一两颗恒星往往会严重影响最后测算出来的数值。

那么爱丁顿1919年观测归来后宣布的结论是否可靠呢？事后人们发现是不可靠的。

在这样一套复杂而且充满不确定性的照相、比对、测算过程中，使最后结果产生误差的因素很多，其中非常重要的一个因素是温度对照相底片的影响。爱丁顿他们在报告中也提到了温度变化对仪器精度的影响，他们认为小于10°F的温差是可以忽略的，但在两个日食观测点之一的索布拉尔，昼夜温差达到 22°F。在索布拉尔一共拍摄了 26 张比较底片，其中 19 张由一架天体照相仪拍摄，质量较差；7 张由另一架望远镜拍摄，质量较好。然而按照后 7 张底片归算出来的光线偏折数值，却远远大于爱因斯坦预言的值。

最后公布的是 26 张底片的平均值。研究人员后来验算发现，如果去掉其中成像不好的一两颗恒星，最后结果就会大大改变。

学术造假还是社会建构？

爱丁顿当年公布这样的结论，在如今某些"学术打假恐怖主义"人士看来，完全可以被指控为"学术造假"。当然，事实上从来也没有人对爱丁顿作过这样的指控。科学后来的发展最终还是验证了他的"验证"。

在 1919 年爱丁顿轰动世界的"验证"之后，1922 年、1929 年、1936 年、1947 年、1952 年各次日食时，天文学家都组织了检验恒星光线弯曲的观测，各国天文学家公布的结果言人人殊，有的与爱因斯坦预言的数值相当符合，有的则严重不符。这类观测中最精密、最成功的一次是对 1973年 6 月 30 日日全食的观测，美国人在毛里塔尼亚的欣盖提（Chinguetti）沙漠绿洲作了长期的准备工作，用精心设计的计算程序对所有的观测进行分析之后，得到太阳边缘处恒星光线偏折值为 1.66″±0.18″。为突破光学照相观测的极限，1974 到 1975 年间，美国天文学家福马伦特（Edward B. Fomalont）和什拉梅克（Richard A. Sramek）利用甚长基线干涉仪观测了太阳引力场对三个射电源辐射的偏折，终于以误差小于 1% 的精度证实了爱因斯坦的预言。也就是说，直到 1975 年，爱因斯坦广义相对论的预言才真正得到了验证。但这一系列科学工作通常都没有得到公众和媒体的关注。

那么，爱丁顿当年为什么不老老实实宣布他们得到的观测结果未能验证爱因斯坦的预言呢？我们倒也不必对爱丁顿作诛心之论，比如说他学风不严谨、动机不纯洁等等。事实上，只需认识到科学知识中不可避免地会有社会（人为）建构的成分，就很容易理解爱丁顿当年为什么要那样宣布了。

科学中的不确定性其实普遍存在，而不确定性的存在就决定了科学知识中必然有人为建构的成分，这是一个方面。另一方面，则是社会因素的影响。爱丁顿当时的学术声誉、他的自负（相传他当时自命为除了爱因斯坦之外唯一懂得相对论的人）、科学共同体和公众以及大众传媒对他 1919 年日食观测的殷切期盼等等，这一切都在将他"赶鸭子上架"，他当时很可能被顶在杠头上下不来了。

所以，是 1919 年的科学界、公众、媒体，和爱丁顿共同建构了那个后来进入教科书的神话。

（原载《新发现》2012 年第 6 期）

冥王星：一个天文标杆的前世今生

绝大部分读者从小熟悉的教科书内容是"冥王星是太阳系第九大行星"，直到 16 年前（2006）冥王星才被"开除"出大行星系列。16 年时间不算长，但在互联网和新媒体时代，已经足够让大多数人忘记一场小众公案了（在美国是文化界的大公案）。而即使是曾关注过这场公案的人，对它所蕴含的科学意义，也可能并未充分意识到。

冥王星奇特的发现史

冥王星被发现于 1930 年 2 月 18 日，美国亚利桑那州当地时间下午 4 点。这个时间点提示了冥王星发现渠道的特殊：当时当地是大白天，能看见天上的星吗？

1930 年，美国"民科"天文学的黄金时代已到尾声。那个黄金时代是土豪天文爱好者洛韦尔（Percival Lowell）开创的，他自建天文台自任台长，自办天文杂志自任主编，自组天文学会自任会长。他的天文台装备了最好的望远镜观天，雇佣了专业的天文学家搞研究。洛韦尔平生有两大愿景：一是观测火星上的运河，二是寻找海王星轨道外的"X行星"。1916 年洛韦尔去世时，第一个愿景早已让他名满天下，第二个愿景则毫无收获。现在我们当然知道，所谓的"火星运河"纯属虚妄，不过洛韦尔毕竟还是在天文学史上青史留名了。

洛韦尔天文台有一个受雇的年轻人汤博（Clyde William Tombaugh），雇主去世后他不忘初心继续寻找"X行星"。太阳系中的天王星、海王星都是根据它们对内侧行星轨道的摄动而被推算出来，随后在推算天区被观测到的。洛韦尔一直希望用同样的方法找到"X行星"，但至死未成。汤博对这个方法不再抱希望，遂改用大规模巡天照相观测，这是一种笨办法，就是对大面积的天区持续拍照，然后耐心比对前后照片，看其中有没有在恒星背景上移动位置的天体。这样就能理解冥王星为何会在下午四点被发现了：当时汤博在比对照片。在茫茫星海中，他居然真的找出了一个在悄悄移动的小光点。于是汤博发现了冥王星。冥王星随即被定为太阳系第九大行星，汤博也因此名垂青史。

但是，冥王星发现史的奇特之处，在它的后半段。

最初人们认为，冥王星的大小和质量与海王星同一量级，而海王星的质量约为地球的 18 倍。但是 1978 年，人们发现，冥王星有一颗相比冥王星显得非常巨大的卫星冥卫一（卡戎星），这可以帮助天文学家推算出冥王星的质量，结果令人大吃一惊：冥王星的质量只有地球质量的 0.24% ！冥王星的尺度"至今仍未定准"，最初定为直径 6400 公里，现在较新的数据是 2370 公里。冥王星的公转周期约 248 年，但从冥王星被发现到现在，它只运行了公转周期的三分之一，天文学家还远远没有见证它绕着太阳走完一圈。

冥王星的陷落

对冥王星而言，最悲剧性的后续发现是在 1990 年代。早在四十年前，荷兰裔美国天文学家柯伊伯（Gerard Kuiper）提出假想：在太阳系边缘有一个由冰状小天体组成的带状区域，这个区域就被称为"柯伊伯带"。冥王星实际上可以说就在这个区域中。1992 年，夏威夷大学的天文学家用光学望远镜观测到了天体 1992QB1，即小行星 15760，这被认为是第一个柯伊伯带天体。半年后又发现了第二个，随后越来越多的柯伊伯带天体被发现，当年"柯伊伯带"的假想被证实了。

柯伊伯带冰状小天体不断被发现，开始对冥王星的大行星地位形成威胁，因为冥王星本质上和那些天体是同类的，只是稍大了一点。那时冥王星的发现者汤博还健在，他隐隐感觉到，让他名垂青史的冥王星正受到潜在威胁。1994年，他致信著名的美国天文月刊《天空与望远镜》(*Sky & Telescope*)，建议将那些新发现的小天体命名为"柯伊伯小天体"，好和冥王星划清界限。

1997年，汤博去世。2003年，汤博最担心的事情终于发生了：天文学家在柯伊伯带发现了阋神星（小行星136199），尺度可能略小于冥王星，但质量超过冥王星，这下天文学界对冥王星大行星身份的质疑甚嚣尘上，搞得国际天文学联合会（IAU）也坐不住了。

IAU是全球天文学家的专业组织，有会员万余名（笔者也忝列其中）。2006年，正逢三年一届的年会，IAU就设立了一个"行星定义委员会"，研究冥王星的身份问题，由七人组成。委员会主任是美国天文学史专家金格里奇（Owen Gingerich），笔者还和他打过交道，我们曾在IAU第20届年会（巴尔的摩，1988年）上相遇，他向笔者热情赠送了一厚摞他发表的论文的抽印本。

当时的行星定义只有两条标准：其一，绕一颗恒星运行；其二，自身引力处于合适范围（大到能使自身成为球状，但又不能大到引发内部核聚变——那样就变成恒星了）。冥王星完全符合这两条，作为行星来看一点问题也没有。

但恰在此时，有人递交了一篇论文《何为行星》，其中提出了行星的第三条标准：行星必须有能力清空它自身的轨道。这条标准给了冥王星致命一击。

这第三条标准实际上要求行星质量足够大，因为这样行星才能依靠自身引力将运行轨道上的小天体收纳为卫星或直接吞噬掉，例如地球就清空了自己绕日运行的轨道，太阳系的另外七大行星也都做到了这一点。但是冥王星显然远远没有能力清空柯伊伯带。

终极审判的日子到了。2006 年 8 月 24 日，IAU 第 26 届年会（布拉格，2006 年）经 424 位与会代表投票，以压倒性多数（超过 90%）通过决议，将冥王星从太阳系行星中剔除，冥王星和小行星谷神星、阋神星被列为"矮行星"。从此太阳系只有八大行星。

布拉格的决议传来，在美国引起了抗议的怒潮，因为冥王星是"美国的行星"（曾经的九大行星中唯一由美国人发现的）。在此之前已经有"冥王星行星身份保护协会"出现，这时更有议员至少在两个州推动立法来"保卫"冥王星，提交加利福尼亚州议会的议案要求"对国际天文学联合会夺去冥王星行星身份的决议进行谴责"，而新墨西哥州议会通过了立法："我们宣布，冥王星为行星，并将 2007 年3 月 13 日定为州议会的冥王星行星日"。民间的各种抗议大量涌现，媒体上出现各种嘲讽挖苦的标题，甚至出现"总统候选人表示：如果成功当选将承认小行星的行星身份"这样的新闻。

当然，一切抗议终归徒劳，毕竟这是一个科学问题，民众、议员、媒体起哄一阵之后，也未能阻挡"太阳系八大行星"写进教科书。

冥王星浮沉故事的科学意义

在行星科学史上，如今太阳系的八大行星，都没有冥王星这样的际遇：真相难窥，多次新发现不断修正旧认知，导致身份改换，引发多种争议。这说明什么问题呢？

至少有一点，说明人类现有的天文观测手段，到冥王星和柯伊伯带那里，是接近能力边界了。2015 年 7 月 14 日，美国国家航空航天局（NASA）发射的探测器"新视野号"（New Horizons）抵达距离冥王星最近之处（仍有 12500 公里之遥），拍摄了迄今为止最清晰的冥王星照片。但是，对这颗距离地球约 5.5 小时光程的"肮脏的冰球"，我们仍然所知甚少。

所以，可以将冥王星视为当下一个天文标杆：对任何侈谈涉及遥远地方（比如 1400 光年之外）天文发现的新闻，我们都先想一想冥王星吧。

（原载 2022 年 7 月 20 日《第一财经日报》）

望远镜及其在中国的早期谜案和遭遇
——纪念天文望远镜发明四百周年

一千五百年前就有望远镜了吗?

　　望远镜与中国的渊源,如果从十七世纪初来华的耶稣会士汤若望(Johann Adam Schall von Bell, 1591—1666)专门介绍望远镜的中文作品《远镜说》算起,已有将近四百年的渊源。再早些,耶稣会士阳玛诺(Manuel Dias, 1574—1659)的中文作品《天问略》(1615年)中已经提到望远镜了。但这个渊源也可能更早些,这就要牵涉到望远镜究竟何时发明的问题了,而这个问题在现代西方学者中至今未有定论。

　　以前中国人曾以为是伽利略发明了望远镜,后来大都采纳西方比较流行的说法:望远镜由荷兰人于1608年发明，伽利略只是闻讯仿制并首先将其用于天文学观测，1610年他在威尼斯出版了一本名为《星际使者》(*Sidereus Nuncius*)的手册，其中记下了他用望远镜获得的六大发现。

但也有许多学者相信，在伽利略之前就已经有望远镜了。在望远镜发明权之争中，英国数学家迪格斯父子是重要的候选人。据说托马斯·迪格斯（Thomas Digges）留下了一份详细的望远镜使用说明，这被认为可能是其父伦纳德·迪格斯（Leonard Digges）生前已发明了望远镜的证据。伦纳德死于1571年，其时伽利略才7岁。

还有的学者相信，望远镜的历史还可以再往前追溯至少一千五百年！例如，希腊化时代的地理学家、哲学家斯特拉博（Strabo）在成书于公元前一世纪晚期的《地理学》(*Geographica*)一书中，已经出现了最早的关于望远镜的记载。而十三世纪的博学者罗吉尔·培根（Roger Bacon）则是另一位著名的候选人，相传他曾在牛津亲自制作了一架望远镜。培根的著作中，甚至提到古罗马统帅凯撒（Julius Caesar）已拥有望远镜了。

英国学者罗伯特·坦普尔（Robert Temple）报导过现今收藏在雅典卫城博物馆等处的多个古代水晶透镜，他认为用这些透镜构成一架简易的望远镜是轻而易举的，因此坚信古人早已经拥有了望远镜。

从郑仲夔到李渔

中国明代留下的有关史料，在年代上当然不足以支持上述夸张的说法，但却也有若干可能将望远镜历史推前的证据。

1636年前后在世的明代笔记作家郑仲夔所著《玉麈新谭·耳新》卷八中的记载如果属实，那就表明，望远镜早在伽利略用以进行天文观测之前很久就有了，并且还被最早进入中国的耶稣会传教士之一利玛窦（Matteo Ricci）带到了中国。

利玛窦于1582年到达中国，1600年起定居北京，1610年逝世——伽利略正是在这年出版《星际使者》。《耳新》成书于1634年，此时《天问略》《远镜说》两书皆已刊行，郑氏读到它们固属可能；但是上述二书中所述伽利略用望远镜观测到的六大天文发现（金星位相、月面山峰、土星光环、太阳黑子、木星卫星、银河众星），有五项郑氏都未提到。因此郑氏所记不像是因袭耶稣会士中文著作之说，很可能另有所据。

关于利玛窦的望远镜，《耳新》所言并非唯一的中文文献。比如清初王夫之（1619—1692）在《思问录·外篇》中也有"玛窦身处大地之中，目力亦与人同，乃倚一远镜之技，死算大地为九万里"之语，这是中国文献中关于利玛窦拥有望远镜的又一记载。晚清著名学者王韬曾与传教士伟烈亚力（Alexander Wylie，1815—1887）合译《西国天学源流》一书，其中也谈到十六世纪的望远镜，说"伽利略未生时，英国迦斯空于1549年已用远镜于象限仪"，但学者们目前还未发现《西国天学源流》所据原本。诸如此类的说法，都有可能从郑氏《耳新》的记载中获得间接支持。

1629年，徐光启奉命成立历局，召集来华耶稣会士编纂《崇祯历书》。据学者们考证，历局内已经装备有望远镜。在此后的年代里，西方的望远镜不断改进并越造越大，最终催生了现代天文学的主流——天体物理学。例如，1671年牛顿制作了反射望远镜，1672年卡塞格林式反射望远镜（得名于法国天主教神父劳伦斯·卡塞格林的发明）问世。1679年一场大火烧毁了波兰富商天文学家赫维留（Johannes Hevelius）自己建造的天文台，包括他的一具长达150英尺（45.72米）的长焦距望远镜（那是当时为避免"球面像差"而采用的流行做法）。

但一个令人印象深刻的事实是：中国人虽然也早就学会了制造望远镜的技术，却几乎不把它用在天文学上。

清代文人李渔（1611—1680）著有小说集《十二楼》，成书于清初。其中《夏宜楼》一篇，讲述一个书生在市场上购买了望远镜，用来窥看他心仪的美女，最后有情人终成眷属的故事。李渔要卖弄才学，居然在小说中留下了一长段关于望远镜的记述：

千里镜：此镜用大小数管，粗细不一，细者纳于粗者之中，欲使其可放可收，随伸随缩。所谓千里镜者，即嵌于管之两头，取以视远，无遐不到。……皆西洋国所产。二百年以前，不过贡使携来，偶尔一见，不易得也。……数年以来，独有武林诸曦庵讳某者，系笔墨中知名之士，果能得其真传。所作显微、焚香、端容、取火及千里诸镜，皆不类寻常，与西洋上著者无异，而近视、远视诸眼镜更佳，得者皆珍为异宝。

其中"二百年以前，不过贡使携来"一语，将望远镜来到中国的历史提前到了1480年之前，听起来相当大胆。毕竟是小说家言，不能完全视为信史，但据此推测望远镜的制造在十七世纪后期的中国已经开始商业化，应该不算离谱。

南怀仁造的仪器上为何没有望远镜？

然而就在这个时候，另一位著名的来华耶稣会士南怀仁（Ferdinand Verbiest，1623—1688），1673年奉康熙之命建造了六座大型天文仪器。它们至今仍陈列在北京建国门古观象台上，基本保存完好。

这六座大型皇家天文仪器有一个奇怪的但是很少有人注意到的特点：它们全都未曾装置望远镜（哪怕只是用于

提高测量精度，这种想法和措施至迟 1640 年以后就在欧洲开始出现了）。古观象台上还有两座建造年代更晚的大型天文仪器，上面也未装置望远镜。

也就是说，最初是作为天文利器传入中国的望远镜，在中国甚至可以商业化生产之后，却并不被应用于天文学上。

北京古观象台上的大型仪器之所以没有装置望远镜，一个可能的解释是：南怀仁受了赫维留保守观点的影响。赫维留那时以精于天文观测著称于世，俨然第谷（Tycho Brahe，"最后一位也是最伟大的一位用肉眼观测天象的天文学家"）后身；他自己明明也热衷于装置大型望远镜用来观测天体，终其一生，却坚决拒绝在用于方位测量的天文仪器上装置望远镜，尽管后来证明这样做可以明显提高观测精度。

这一在今天看来难以理解的矛盾态度表明，一个新技术问世之初，有时并不能马上得到专家的充分信任。

（原载《新发现》2009 年第 6 期）

放大镜和望远镜：两千多年前就有了吗？

伽利略在 1609 年首次用望远镜发现了月面环形山、金星位相、木星卫星等新天象的故事，早已家喻户晓深入人心，但是随着"专业程度"的不断加深，关于这个故事就会加上越来越多的限制。例如，很多人还会模模糊糊地以为望远镜是伽利略发明的，后来知道不是，伽利略只是最先将望远镜用于天文观测；再后来甚至知道，有一个人在伽利略之前 11 天也将望远镜指向天空了，但他没有像伽利略那样懂得天文学并写出《星际使者》一书（1610 年初版）来报道自己的天文发现，看了也就是看着玩玩而已。

但望远镜到底是什么时候出现的呢？有人花了好多年的功夫，以惊人的毅力，证明望远镜早在两千多年前就已经有了！这是一个相当有趣的故事，尽管听上去有些离奇。

从古代透镜的故事开始

最基本的望远镜其实非常简单，只需两手各持一块合适的双凸透镜，一前一后，将它们和被观测目标成三点一线，如果两块透镜之间的距离调整合适了（其实就是调焦过程），你就能看到被观测目标的放大成像（不过是颠倒的）。如果嫌这样双手并用麻烦，只要将两块透镜安装进一组套管中，成为一具单筒望远镜（就是现代影视作品中经常出现在海盗头子手里的那种）即可。

于是问题就转移到透镜上来了。透镜可以分成五种，如图 1-1 所示，依次是平凸透镜、平凹透镜、双凸透镜、双凹透镜、凹凸透镜。我们的故事暂时只需涉及其中的平凸透镜和双凸透镜两种。

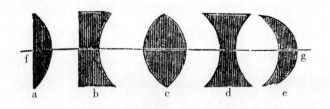

图 1-1　五种透镜

不要以为透镜是现代光学的产物，事实上它们在古代世界早就为人所知，并且广泛出现了。例如在中国南唐道士谭峭（活跃于公元十世纪早期）的著作《化书》中就有"四镜"之说，据物理学史专家考证，四镜即四种透镜，被称为圭、珠、砥、盂，分别对应平凸透镜、双凸透镜、平凹透镜、凹凸透镜。

透镜在西方出现得更早，也更多。英国科学史学者坦普尔，是一个有学问的"好事之徒"，与他往来的人物中不乏名流，比如科学史名家李约瑟（Joseph Needham，1900—1995）、普赖斯（Derek John de Solla Price，1922—1983），科幻大家克拉克（Arthur Charles Clarke，1917—2008）、阿西莫夫（Isaac Asimov，1920—1992）等人。在一次饭局中，克拉克谈到"古代技术知识发展到了令人难以置信的程度"，普赖斯就说起不列颠博物馆有一件亚述时代的水晶工艺品，非常奇特，不知用途。

坦普尔事后真跑去博物馆看了，发现这竟是一块水晶磨制的平凸透镜——实际上就是一个放大镜。透镜出土于1849年，是在亚述王萨尔贡二世（Sargon II，公元前722—前705在位）的宫殿遗址中发现的。两千七百年前居然已经有了放大镜？这让坦普尔十分震撼，他一头扎进了有关古代透镜的出土文物和文献记载的迷宫之中。

"镜片，到处是镜片"

坦普尔的办法，是根据考古文献提供的线索，满世界造访各地博物馆。结果他发现在许多博物馆的馆藏文物中，都有不同时代的透镜，以至于他感叹"镜片，到处是镜片"。这些镜片中以具有放大作用的平凸透镜居多，但他还有更多的发现。

例如在德国波恩的一个小博物馆中，有一个中空的玻璃球，上面有一个小孔，它被认为是古人存放化妆品的器皿。但坦普尔将水从小孔注入球中，球就变成了一个放大镜，事实上它成为一块双凸透镜，因为平凸透镜和双凸透镜的凸出部分，本来就是球面的一部分。更奇妙的是，注入这个玻璃球中的水，在正常情况下，哪怕将球倒置，也不会再流出来了，人们甚至可以将注了水的小球放入衣袋中随意携带（这是由于水的表面张力在起作用，只要在小孔中插入针状物，水就会顺着针状物流出）。

这样的玻璃小球在古代世界并不罕见，因为它还有一个奇妙的作用，就是可以用它来聚焦阳光点燃易燃物品，所以它又被称为"点火球"。用双凸透镜聚集阳光点燃物品是现代中小学生喜爱的物理实验之一（笔者小时候常和小伙伴们用双凸透镜的聚焦点追逐蚂蚁，不一会儿蚂蚁就会化成一缕白烟）。中国古代早就知道"阳燧"可以用来取火，而谭峭《化书》中"四镜"都是依据透镜的形状命名的，其中双凸透镜的名字恰好就是"珠",这绝非偶然,尽管标准的双凸透镜并不做成球状。

这种兼有放大和点火作用的中空玻璃小球,在古罗马作家老普林尼(Gaius Plinius Secundus)和塞涅卡(Seneca)的作品中都提到过。用透镜点火的情形,甚至出现在公元前五世纪的雅典滑稽戏剧《云》中,剧中一个角色向苏格拉底说,他恨不得用"美丽的透明宝石"将书吏手中的罚款文书烧个干净,苏格拉底正确地指出那是水晶镜片(hyalon)。

坦普尔这种满世界造访,寻找各种各样证据的做法,原是西方"民科"普遍采用的方法,当年瑞士作家冯·丹尼肯(Erich von Daniken)的非虚构著作和同名电视片《众神之车》[1]鼓吹外星人早已来过地球,英国退役潜艇艇长加文·孟席斯(Gavin Menzies)的著作[2]主张中国舰队在1421年就发现了美洲,都采用了同样的方法。

要从方法论上为他们的做法寻找合理性,也是可以的:那些藏品原先在各个博物馆中是被分别归纳在各个主题或背景之下的,这些归纳看起来也都是合情合理的。而现在"民

---

1 以德文初版于1968年,参见 Erich von Daniken, *Erinnerungen an die Zukunft: Ungelöste Rätsel der Vergangenheit,* Düsseldorf: Econ-Verlag, 1968. 较早的国内中文版可见,[瑞士]厄里希·丰·丹尼肯:《众神之车:历史上的未解之谜》,吴胜明等译,上海科学技术出版社,1981年。

2 Gavin Menzies, *1421: The Year China Discovered The World,* London: Random House, 2002. [英]加文·孟席斯:《1421:中国发现世界》,师研群译,京华出版社,2005年。

科"的做法，是将这些藏品从原先各自的主题或背景下"解放"出来，共同建构出另一个新的主题。考虑到先前的各个主题也都不可避免地有着或多或少的建构性质，那么建构一个新的主题又有什么不可以呢？

这个希腊陶罐上的人在干什么？

从亚述王萨尔贡的放大镜片，到兼有放大作用的"点火球"，基本上可以确定，在东、西方的古代世界，都早就有了平凸透镜和双凸透镜，古埃及人的放大镜片甚至可以追溯到公元前 3300 年。那么，我们离望远镜还有多远呢？

研究古代玻璃问题的英国学者艾伦·麦克法兰（Alan Macfarlane）认为，将两个有放大作用的注水玻璃小球一前一后对准观察目标，就有可能获得目标的倒立放大成像。这在古代世界并不是一个难以想象的场景，特别是在古代那些玻璃制作中心。

坦普尔在古代文献中也发现了更多的蛛丝马迹，据记载，十三世纪的罗吉尔·培根曾在牛津制作过一架望远镜，而他在著作中讨论到望远镜时，竟说古罗马的尤里乌斯·凯撒就有一架望远镜。不过培根的这个说法在罗马作家的传世作品中尚未找到旁证。

但是图像可以提供更多史料。在一片公元前五到前四

图1-2　一块希腊陶片，图中的人在干什么？

世纪的希腊彩陶罐的彩绘残片上，出现了迄今为止最有可能的古代望远镜证据（见图 1-2），这片彩陶是 1955 到 1960 年间在雅典卫城南坡的神庙遗址发掘出来的。图中的人在干什么？解释成他在使用一具单筒望远镜是非常合理的（要解释成他在干别的事情，尽管也不是绝对不可以，但显然需要加上某些匪夷所思的假说才行）。

所以笔者现在赞成的结论是：放大镜和望远镜，两千多年前已经有了，甚至可能在更早得多的年代就有了。因为即使不了解望远镜的光学原理，古代的能工巧匠仍然有很大的机会造出一架有实际效果的单筒望远镜。

（原载 2023 年 3 月 23 日《第一财经日报》）

多世界：量子力学送给科幻的一个礼物

时空旅行的理论难题

早在 1895 年，英国小说家威尔斯（Herbert George Wells）就在小说《时间机器》（*The Time Machine*）中想象利用"时间机器"在未来世界（802701 年！）历险。

这就是时空旅行（或时空转换）。在当时，虽然"机器"让这一想象有了一点"科学"色彩，但时空旅行这个概念本身还没有任何科学依据，就像今天那些玄幻小说中的所谓"穿越"，我们可以理解为那是"回避了科学手段的时空旅行"。

有趣的是，这一年正是爱因斯坦考大学名落孙山的那年：他不得不去读了一年"高考复习班"，次年才上了大学，相对论还要等待十年才能问世。而正是相对论，使得

"时间机器"从纯粹的幻想变成了有一点理论依据的事情，因为不少科学家先后在爱因斯坦场方程中找到了允许时空旅行的解。

不过，如果人能够时空旅行回到过去，就会在理论上产生一个严重问题。

这个问题有多种表述，而展示得最为生动者，当数系列电影《终结者》（*Terminator*，1984—2009）。影片中约翰派遣自己的属下回到过去，这位属下还成了他的生父。这岂不是说，约翰的出生是约翰自己后来安排的？本来在我们的常识中，因果律是天经地义的：任何事情有因才会有果，原因只能发生在前，结果必然产生于后。但是人一旦可以回到过去，因果律就要受到严峻挑战。这样的事情，在物理学上被称为"时间佯谬"。

这确实是一个难题。尽管已经在爱因斯坦场方程中找到了允许时空旅行的解，但"时间佯谬"还是成为时空旅行回到过去的一个有力反证，一些物理学家拒绝进行任何涉及时间机器的研究，也与这一点有关。可以这么说，只要"时间佯谬"不解决，时空旅行就仍然只是一个缺乏足够科学依据的玄幻主题。

从"哥本哈根解释"到"多世界解释"

解决"时间佯谬"的方案出现在 1957 年。这个方案是量子力学带来的。

在量子力学的发展中，自从"薛定谔的猫"搅和进来之后，就在下面这个问题上将物理学家逼到了墙角：量子系统可以是若干个量子态的叠加，可是测量行为只要一实施，量子态的叠加就会"坍缩"到某一个明确的（被观测到的）经典态，这就是所谓的"量子力学的哥本哈根解释"。那么，造成这种坍缩的原因到底是什么呢？

1957 年，一位名叫艾弗雷特（Hugh Everett III）的美国年轻人，在他的博士论文中，针对量子测量中波函数坍塌的疑难，提出了"量子力学的多世界解释"（Many World Interpretation，常被缩写为 MWI），他认为，在量子测量过程中，其实并无所谓的"坍缩"，所有可能的态是共存的，具有同等的实在性，所有的可能性其实都实现了，只不过每一种可能性实现在一个个不同的宇宙中了。而且这样的宇宙有无穷多个。

艾弗雷特的想法虽然得到导师惠勒（John Archibald Wheeler）的推荐，但在物理学界反应冷淡。艾弗雷特曾在 1959 年去哥本哈根见物理学家玻尔（Niels Bohr），玻尔当然对自己的"哥本哈根解释"坚信不疑，而对艾弗雷特的"多世界解释"不屑一顾。艾弗雷特心灰意冷，逐渐退出了物理学界。不过塞翁失马焉知非福，他后来在商界成功，成了百万富翁。

到二十世纪七十年代，美国理论物理学家德维特（Bryce S. DeWitt）重新发掘了"多世界解释"，并在物理学界大力宣传，该理论逐渐广为人知，甚至出现了"艾弗雷特主义"（Everettism）这样的词汇。艾弗雷特也曾有过重返物理学界的想法，但不幸，他1982年死于心脏病，只好万事消歇。"多世界解释"现在据说已坐二望一，有对"哥本哈根解释"后来居上之势，例如，它得到了理论物理学家史蒂芬·霍金的支持。

"多世界解释"与时空旅行故事

苏东坡词《蝶恋花·春景》下阕云："墙里秋千墙外道。墙外行人，墙里佳人笑。笑渐不闻声渐悄，多情却被无情恼。"它描述了墙外行人与墙里秋千少女之间那种微妙的心理活动。如果将这种描述移用来隐喻物理学界和科幻界对"多世界"理论的感受，或许不无某些暗合之处。如果说，随着艾弗雷特退出物理学界，他发出的"多世界"笑声就此"笑渐不闻声渐悄"的话，那么科幻界的"墙外行人"却为此浮想联翩。

"多世界解释"后来被以时空旅行为主题的作品广为

借鉴。在美国奇幻小说家莫考克（Michael Moorcock）的"永恒战士"系列小说（源自1970年初版的小说 *The Eternal Champion*；"永恒战士"后来成了一个概念角色，出现在莫考克的十余部作品中）中，出现了"平行宇宙"（multiverse，有时也用 parallel universes、parallel worlds 等，所指相同）的名称，这一概念被小说家们广泛使用。而图解"平行宇宙"最直观的电影，当数《平行歼灭战》（*The One*，2001，中文译名有《救世主》《宇宙追缉令》《最后一强》等）。

按照影片中的故事，我们生活在"自己的"宇宙中，但是宇宙并不是只有一个，而是有125个，这些宇宙就被称为"平行宇宙"。人类除了在自己生活于其中的宇宙之外，每个人在其余的宇宙中也存在着。对每个人来说，其余宇宙中的"自己"就是自己的"分身"。利用虫洞（Wormhole），人可以在这些平行宇宙之间往来。人类已经有能力制造虫洞，可以随意开启和关闭虫洞。但按照当时的法律，个人并不能在平行宇宙之间随便往来，这种时空旅行受到时空特警当局的严格管制。

德维特后来在阐述"多世界解释"时有一段名言："宇宙的任何一个遥远角落的任何一个星系中任何一个星球上发生的任何一次量子跃迁，都将把我们这里的世界分裂成自己的亿万个拷贝。"[1] 从这句常被引用的话中，我们甚至已经可以依稀看见"分身"的影子。

"多世界解释"在时空旅行幻想故事中的"科学"作用，就是消除"时间佯谬"对传统因果律的挑战：通过时空旅行回到过去干预历史的结果，只是展现了"另一个"世界（或历史）而已。例如《终结者》中约翰派遣自己的属下回到过去，和他的母亲相恋而成为他的生父，一个新的历史分支随即产生，在这个分支中，这名属下是约翰的生父；而与此同时，原有的那个历史分支也平行存在着，在那个分支中，这名属下并不是约翰的父亲。

不过，"多世界解释"虽然有一个高贵的量子力学"出身"，这个高贵的出身为许多幻想作品披上了华丽的"科学"罩袍，但它自身却还没有在物理学殿堂中取得固定席位，因为它还无法跻身于"科学理论"之列。要成为"科学理论"，必须得到实验或观察的验证，或者至少在理论上指出这种验证或观察的路径，但我们目前还无法验证"平行宇宙"的存在。如果这些宇宙之间能够沟通和交往，那或许就有了某种验证或观察的路径，但目前这种沟通和交往也只存在于幻想中。所以连惠勒最后也不得不承认，艾弗雷特的观

1　Bryce S. DeWitt, "Quantum Mechanics and Reality," in Bryce S. DeWitt and Neill Graham, eds., *The Many-Worlds Interpretation of Quantum Mechanics*, Princeton: Princeton University Press, 1973, p.161.

点只能提供一些"想法"——实际上是"猜想"。

也许,"多世界"就是物理学"墙里佳人"的一阵笑声,笑声随着春风飘散,无意中成为她们留给多情的科幻"墙外行人"的一件礼物。

（原载《新发现》2011 年第 6 期）

引力波和它的社会学及不确定性

"原初引力波"与庸俗社会学

2014 年 3 月，一个美国科学家团队 BICEP2 宣布他们发现了宇宙的"原初引力波"，一时间赞誉之声迭起，以为将要"揭示宇宙诞生之谜"了。谁知不到一年，这个团队又宣布"那个发现是一个错误"。

有趣的是，如此狗血的剧情，居然让有的中国科学家"唏嘘不已"，原因是"中国连想犯这样错误的机会都没有"。美国人就是犯了一个错误，也能够让我们的科学家艳羡不已！

那时，国内媒体纷纷跟进报导，科学家纷纷对媒体谈论这一发现的"重大意义"，认为它是"一个诺贝尔奖级别的重大发现"。当时我居然做了一回"事前诸葛亮"，有点先见之明地对媒体表示，对这类"重大发现"，不要急于跟进报导，应该再观察一段时间，至少看看国外科学共同体的反应，再做判断。

记得当时记者问我为什么，我告诉她，对引力波这种玩意儿来说，什么叫"发现"？这和你在桌子上发现一个茶杯根本不是一回事。那些科学家那时所使用的"发现"一词，根本不是我们通常所认为的那种意义，因为背后涉及一系列科学的不确定性。

不过我们先不忙着谈论科学的不确定性，不妨先谈一点引力波问题上的"庸俗社会学"。

其实，早在1969年，美国物理学家韦伯（Joseph Weber）就曾宣称，他已经探测到来自银河中心的引力波，不过这个发现一直未能得到物理学界的公认。此后物理学家探测引力波的尝试，也一直时断时续地进行着，然而因为长期没有突破，这方面的工作逐渐被边缘化，颇受冷落。所以搞引力波的物理学家们很需要一次重回闪光灯下的公众话语争夺，从2014年3月高调宣布发现"原初引力波"，至今年（2015）年初再宣布"那是一个错误"，都可以理解为这样的争夺努力。

这两次努力的效果看来不错。最近媒体报导说，在这样两次宣布之后，"不仅没有影响BICEP2升级之后的下一代望远镜BICEP3继续获得经费支持，而且使国际上关于原初引力波的期待更加热切"了。哈哈，这就是"犯错误"的美妙之处！

引力波之前世今生

"引力波"的概念，1918 年由爱因斯坦提出，但至今还没有得到验证。在 1970 年代出现有关引力波存在的间接证据之前，许多物理学家对引力波的存在持怀疑态度，此后的主要工作方向则集中到探测手段上了。

韦伯当属引力波探测方面最重要的人物之一，在他已算相当经典的著作《广义相对论与引力波》[1]中，他认为"引力辐射问题一直是广义相对论的中心问题之一"。1966 年他在马里兰大学建造了第一个引力波探测器。

要理解引力波，就不能不从引力谈起。但是"引力"其实是一个非常玄的概念。

牛顿给出了引力的数学描述，这就是大家熟知的万有引力理论。但是许多人没有注意到的是，牛顿既没有成功解释引力的原因，也没有讨论引力是如何传播的。美国物理学家费曼（Richard Phillips Feynman）评论说："牛顿对此没有做任何假设，他只满足于找出它（引力——引者按）做什么，

1　J. Weber, *General Relativity and Gravitational Waves*, New York: Interscience Publishers，1961.

而没有深入研究它的机制。从那时以来，没有人给出过任何成功的机制。"[1] 尽管牛顿在私人信件中涉及过这一话题，例如在 1678 年 2 月 28 日致物理学家波义耳（Robert Boyle）的信中，他提出过一个关于引力原因的"猜测"，当然物理学发展的历史表明这个猜测也是不成功的。至于引力的传播，费曼认为"按照牛顿的看法，引力效应是瞬时的"[2]，这也就是通常所说的"超距作用"，即认为引力是以无穷大速度传播的。事实上，一旦传播速度为无穷大，也就从根本上消解了"传播"这个问题本身。

其实，牛顿的同时代人已经清楚意识到了这一点。在《伊萨克·牛顿爵士颂词》（*Eloge de M. Neuton*）中，法国皇家科学院常任秘书丰特奈尔（Bernard Le Bovier de Fontenelle，1657—1757）写道："不知道引力由什么构成。牛顿爵士本人对此略而不论。……他非常直率地宣称，他只是出于一个他不知道的原因提出这种吸引，他只考虑、比较并计算这种吸引的效应；……然而这些原因确实是隐蔽的，他留给其他哲学家去探索。"[3]

1　[美] R. P. 费曼：《费曼讲物理：入门》，秦克诚译，湖南科学技术出版社，2012 年，第 104 页。

2　[美] R. P. 费曼：《费曼讲物理：入门》，第 109 页。

3　Fontenelle, *An Account of the Life and Writings of Sr. Isaac Newton*, Translated from the Eloge of M. Fontenelle, second edition, London: T. Warner, 1728, pp.13-14.

问题是，牛顿身后两百多年，始终没人在这个问题上探索出任何名堂来，直到爱因斯坦提出相对论。在爱因斯坦的宇宙图景中，"光速极限"是一个基本假定，宇宙间没有任何物质或信息能够以高于光速的速度移动或传播。这样一来，牛顿"超距作用"的引力就是不被允许的概念了。只有在"光速极限"的假定之下，"引力传播"才能构成一个问题。爱因斯坦相信引力也是以光速传播的。

这里有一个有趣的类比：十九世纪英国物理学家麦克斯韦（James Clerk Maxwell）提出电磁理论时，就预言了电磁波的存在：加速运动的电荷会产生以光速传播的电磁波。现在爱因斯坦也预言了引力波的存在：加速运动的物体会产生以光速传播的引力波。

到底什么是"科学发现"？

不过，引力波非常微弱，需要那个辐射出引力波的物体质量非常之大，才有可能被探测到。物理学家认为，作为引力波辐射源的对象，大致有如下五种（注意，排列顺序是一个比一个更玄）：

其一，恒星中的双星系统。这是最"常规"的想法，两颗有着巨大质量的恒星相互绕转，可以辐射出引力波。

其二，超新星爆发。物理学家们推测，在一次超新星爆发中，可能会有1%的能量以引力波的形式释放。

其三，脉冲星。这是超新星爆发后的产物，它的引力波辐射强度比超新星爆发要弱得多，只是它可以持久，而超新星爆发是短暂的。

其四，黑洞的形成或碰撞。物理学家相信，巨大质量的引力坍缩形成黑洞时，或两个黑洞碰撞时，都可以辐射出极强的引力波。

其五，宇宙大爆炸。在物理学家的想象中，大爆炸生成宇宙时，会有极大的能量转化为引力波，这样的引力波仍有可能残留在今天的宇宙中，即所谓的"原初引力波"。

韦伯设计的引力波探测器，是一根用细丝悬吊着的粗矮铝制圆柱，置于密闭的真空环境中，俗称"韦伯棒"。其理论依据是：引力波传播引起的空间移动，会使铝柱产生应变，而连接在铝柱质心处的精密压电晶体可以探测到这种效应。这个想法听上去还有点"看得见摸得着"的样子。后来物理学家开始应用激光干涉仪来探测引力波，这时"噪声"问题开始突显出来，如何将各种来源的噪声和希望探测到的引力波信号分离开，成为棘手的问题。这两个方案都没有探测到任何引力波。

在宇宙大爆炸理论中，大爆炸留下了"背景辐射"，这个宇宙背景辐射后来用射电望远镜探测到了，成为宇宙大爆炸理论的重要验证之一。这回宣称发现"原初引力波"的研究项目，就是试图用射电望远镜在宇宙背景辐射中"发现"

引力波的踪迹。

到这里，科学的不确定性就跑出来了。这时的所谓"发现"，是建立在一系列理论假设、仪器测量、数据解读的长长链条末端的，而这个链条中的任何一个环节，都可能是有疑问的，都可能出问题。现代科学最前沿的"发现"，比如这次的"原初引力波"，或者前些时候甚嚣尘上的"上帝粒子"，都是建立在这样的链条末端的。

这次"发现原初引力波"的故事是这样的：BICEP2团队的科学家打算在宇宙背景辐射中探测某种细微的"卷曲偏振结构"，结果一片银河系中的尘埃误导了他们。你没听懂是吗？不要紧，我也没搞懂，我们只要知道他们至少在数据解读环节犯了错误即可。

（原载《新发现》2015年第4期）

宇宙学是一门科学

——《宇宙小史》中译本序

商务印书馆上海公司的前总经理贺圣遂先生，要是有机会看到我这篇序，估计会大呼遗憾——最近几年，他一直极力鼓动我写一本《宇宙史》让他出版。现在估计他会说：你看看，大好选题，被人家做掉了吧？当然，聊以自慰的路径也不是没有：贺总鼓动我写的《宇宙史》中，包括了大量宇宙学之外的内容。

其实，想写《宇宙史》的人还不少。比如前几年有个法国人加尔法德（Christophe Galfard）就写了一本《极简宇宙史》[1]，可惜那书只是一碗放了一点点宇宙学佐料的文学鸡汤，作

---

[1] Christophe Galfard, *The Universe in Your Hand: A Journey Through Space, Time and Beyond*, London: Macmillan, 2015.［法］克里斯托弗·加尔法德：《极简宇宙史》，童文煦译，上海三联书店，2016 年。

为科普作品并不精彩，记得我还在发表的书评中揶揄了它几句。

现在这本《宇宙小史》[1]，莱曼·佩奇（Lyman Page）著，倒是一本不错的宇宙学普及作品。此书中译本最初也曾考虑过《极简宇宙史》的书名（我收到的审读本封面上就是这样写的），但因为和上面说的法国文学鸡汤重名，于是出版方采纳我的建议改成了《宇宙小史》。

作为科普作品，此书在风格上和意大利人罗韦利（Carlo Rovelli）的《七堂极简物理课》[2]颇有异曲同工之处，也是尝试在简短的篇幅中，将一些基本的原理和发现介绍给读者。

《宇宙小史》尽力让读者不需要天文学和物理学方面的前置知识，就能够整体了解目前主流的"宇宙大爆炸模型"的基本知识，这一点还是很成功的。

本书正文只有五章，外加导言和四个附录。

第一章是目前人类获得的关于宇宙的常识，诸如宇宙的尺度和年龄、宇宙的膨胀、宇宙是否无限等等问题。

1　Lyman Page, *The Little Book of Cosmology,* Princeton: Princeton University Press, 2020. ［美］莱曼·佩奇：《宇宙小史》，韩潇潇译，中信出版社，2022 年。

2　Carlo Rovelli, *Sette brevi lezioni di fisica,* Milan: Adelphi, 2014. ［意］ 卡洛·罗韦利：《七堂极简物理课》，文铮、陶慧慧译，湖南科学技术出版社，2016 年。

第二章探讨宇宙的构成和演化，里面涉及物质、暗物质、宇宙学常数等问题。比前一章稍微抽象一点。

第三章专门讨论宇宙的微波背景辐射，是本书中涉及相关技术细节最多的一章，但也还是能够让没学过物理学的读者理解。

第四章从整体上讨论本书所采用的"宇宙大爆炸模型"。

第五章名为"宇宙学的前沿"，讨论了中微子、引力波和其他一些属于宇宙学前沿的研究状况。

相比较而言，本书属于"老老实实做科普"的类型。在已经高度精简了的篇幅中，没有文学性的废话，而是高度浓缩了关于"宇宙大爆炸模型"的主要知识。

由于此书"史"的色彩并不浓厚，我这里先帮助补充一点。

人类认识宇宙的历史，其实就是一部观测和建构的历史。

观测容易理解，就是望远镜越造越大，观测到的对象越来越多、越来越远。

建构则主要是构造数理模型。自从爱因斯坦1915年提出广义相对论之后，建构宇宙的数理模型，主要表现为用各种各样的条件和假定来解算引力场方程。迄今为止，先后出现过的宇宙模型，实际上已经有很多种。

现代宇宙学中的第一个宇宙模型，是1917年爱因斯坦自己通过解算引力场方程而建立的，通常被称为"爱因斯坦静态宇宙模型"。由于那时河外星系（银河系外的星系，银河系只是星系之一）的退行尚未被发现，所以爱因斯坦的这个宇宙模型是一个"有物质，无运动"的静态宇宙。

同年，荷兰天文学家德西特（Willem de Sitter）也通过解算爱因斯坦的引力场方程得出了一个宇宙模型。这个模型也是静态的，但是允许宇宙中的物质有运动，还提出了"德西特斥力"的概念，可以用来解释后来发现的河外星系退行现象。

1922 年，苏联数学家弗里德曼（Alexander Alexandrovich Friedmann）通过解算引力场方程，也建立了一个宇宙模型。和前面的静态模型不同，弗里德曼宇宙模型是动态的，而且是一个膨胀的宇宙模型，实际上这已经是"宇宙大爆炸模型"的先声。"宇宙大爆炸模型"中的奇点问题（膨胀始于物质密度无穷大时）在弗里德曼的模型中也已经出现了，成为此后长期存在的难题。

1927 年，比利时天文学家勒梅特（Georges Lemaitre）在弗里德曼宇宙模型基础上提出了另一个稍有不同的宇宙模型。通常人们将这类模型中"宇宙常数"不为零的情形称为"勒梅特模型"，而将"宇宙常数"为零的情形称为"弗里德曼模型"。

1929 年，美国天文学家哈勃（Edwin P. Hubble）发现了著名的"哈勃定律"（也称"哈勃红移"）：河外星系退行速度与和距地距离成正比。这等于宣告各种膨胀宇宙模型获得了观测证据，此后弗里德曼一派的宇宙模型逐渐占据上风，直至"宇宙大爆炸模型"在"三大验证"（哈勃红移即河外星系退行，宇宙中氢与氦的比例，3K 微波背景辐射）的支持下成为最主流的宇宙理论。

不过，由于任何宇宙模型都无法避免明显的建构性质，即使"宇宙大爆炸模型"占据了主流，也并不意味着其他宇宙模型的彻底死亡。

除了前面提到的早期静态宇宙模型，还有 1948 年提出的无演化的"稳恒态宇宙模型"（认为宇宙不仅空间均匀各向同性，而且时间上也稳定不变），将宇宙中的物质看成压力为零的介质的"尘埃宇宙模型"，甚至还可以包括缺乏精确数学描述和理论预言的"等级式宇宙模型"，等等。不过这些模型在结构的合理性、对已有观测事实的解释能力等方面，目前都逊于"宇宙大爆炸模型"，所以未能获得主流地位。

不过，我感觉有必要在这里提醒读者，通常各种宇宙学书籍中对"宇宙大爆炸模型"的描述，都不应该被简单视为客观事实或"科学事实"。我们必须明确意识到：所有这些描述都只是一种人为建构的关于外部世界的"图景"而已。

而且，由于宇宙学这门学科的特殊性质，哲学上关于外部世界的真实性问题，在宇宙学理论中特别突出、特别严重。

波普尔关于"证伪"的学说流传甚广，他认为那些无法被证伪的学说无论是否正确，都没有资格被称为科学理论（比如"明天可能下雨也可能不下"这样的理论）。由于这个说法广为人知，结果在公众中形成了一个误解：以为当今大家公认的科学理论，都必然是具有"可证伪性"的，而事实并非如此。

　　事实上，在今天的科学殿堂中，就有不少并不真正具有"可证伪性"的学问，正端坐在崇高的位置上。换句话说，具有"可证伪性"并不总是进入科学殿堂的必要条件。宇宙学就是一门这样的学问。

　　按照今天科学殿堂的入选规则，宇宙学当然拥有毫无疑问的"科学"资格，但是，由于迄今为止的一切宇宙模型，都具有明显的建构性质，"宇宙大爆炸模型"也不例外，所以除了"三大验证"所涉及的有限的观测事实之外，关于宇宙模型的许多问题，都还远远没有得到证实。

　　而更为严重的是，从"证伪主义"的角度来看，宇宙学中的许多论断（其实是假说）从根本上排除了被证伪的一切可能性。

　　例如，常见的"宇宙大爆炸模型"所建构的宇宙从诞生开始演化的"大事年表"（本书附录 C《宇宙时间线》就是这种年表），其中开头几项，经常以"宇宙的最初三分钟"之类的名称，在一些科普著作中被津津乐道。但只要对照波普尔的"证伪"学说一想，疑问就来了："宇宙的最初三分钟"能被证伪吗？我们能回到最初三分钟的宇宙中去吗？即使有了幻想中的时间机器，让我们得以"穿越"到最初三分钟的宇宙中去，也只能是自寻死路：在那样高能量高密度的环境中，不可能有任何生物生存。

又如，即使是"三大验证"，本身是观测事实，但对这些事实的解释也存在着许多问题，比如 3K 微波背景辐射，在"宇宙大爆炸模型"中被认为是大爆炸所留下的痕迹，但是既然我们不可能回到最初三分钟的宇宙中去，这一点又如何证伪或证实呢？

类似的例子还可以举出更多。

所以我们必须注意到：宇宙学为我们所描绘的宇宙图景，是一种即使在现有科学的最大展望中，仍然永远无法验证的图景。

但是，我仍然同意这样的说法：宇宙学是一门科学。

（原载《书城》2022 年第 4 期）

天文学史上，是技术三次促进了科学

望远镜不是为天文学准备的

天文学一直被视为科学的冠冕，若要谈近代的"科学革命"，更是"言必称天文"，哥白尼（Nicolaus Copernicus, 1473—1543）所著《天体运行论》之于科学革命，就好比武昌起义之于辛亥革命。偏偏天体的"运行"和我们通常说的"革命"居然是同一个词（revolution），这使得"哥白尼革命"的说法在常见的大众读物中显得仿佛天经地义。

事实上，哥白尼根本不是一个革命者。哥白尼要革谁的命？革教会的命吗？别忘了，哥白尼本人就是神职人员！革托勒密天文学的命吗？读过托勒密和哥白尼著作的人都知道，哥白尼是"喝着托勒密乳汁长大的"，而他根本没想在精神上弒父弒母：他对古希腊"天体匀速圆周运动"的信仰，比托勒密还要纯真！地心和日心只是一个数学转换，两个体系都只是托勒密所谓的"几何表示"，而非宇宙的真实图景。

事实上，越研究科学史，就越感觉"科学革命"其实只是一个修辞。科学到底有没有依靠"革命"而发展？别的学科我们先不讨论，但至少在天文学史上，我们看到的是技术三次促进了科学的发展，而不是科学推动了技术的进步。

在大多数人心目中，望远镜总是与天文学联系在一起，这在很大程度上是因为伽利略将望远镜指向了天空，做出了六大天文发现，并将这些发现写成了《星际使者》（1610年初版）一书。

但在此之前，望远镜很可能早已存在[1]。在伽利略的同时代，望远镜发明者的候选人不止一位，比如许多著作都提到的荷兰工匠，还有英国数学家迪格斯父子（Leonard Digges 与其子 Thomas Digges）等等。在伽利略出版《星际使者》之前，甚至在中国也出现了望远镜的记载，那被认为是耶稣会士利玛窦从欧洲带来的（明郑仲夔《玉麈新谭·耳新》卷八的记载）。利玛窦1582年到达中国南方，1610年在北京去世，如果他真的带来了望远镜，那必定在1582年之前就获得了。从现有记载推测，在伽利略之前，望远镜的用途主要和军事有关。

在伽利略观天之前，古代世界的天文学都只是"方位天

1　参见第一辑《放大镜和望远镜：两千多年前就有了吗？》一文。

文学"，天文学家用肉眼只能看到日、月、五大行星、比较明亮的恒星，还有偶尔出现的比较大的彗星和流星，所以古代各文明的"天文学基本问题"都是同一个问题：在给定的时间、地点推算出日、月、五大行星在天球上的方位。

望远镜的使用，大大提高了方位天文学的观测精度；在照相技术发明后，还使得对天体的摄影成为可能。但更重要的是，在此之前，世界上还不存在天体物理学，望远镜开启了天体物理学的可能性，尽管天体物理学要成为天文学的主流，还需要等待第二项技术。

光谱分析和射电望远镜也不是为天文学准备的

这第二项技术，我在本专栏也谈过[1]，即光谱分析。

迄今为止，即使在太阳系内，除了月球，人类还未曾登陆过任何天体，更不用说太阳系外、银河系外的遥远天体了。有了光谱分析技术，人类才有可能在不去到那些遥远天体实施实地观察测量的情况下，知道那些天体的元素构成、表面温度，甚至知道在天体内部发生着什么情况。例如，我们能够知道太阳表面温度高达约6000摄氏度，而它内部正在持续发生着聚变核反应。如果说望远镜在天文学上的使用

1　参见《太阳的温度引发人类好奇心　怎么知道它由什么元素构成？》，原载2022年8月17日《第一财经日报》第A12版（科学外史Ⅱ专栏8）。

开启了天体物理学的可能性，那么真正让天体物理学诞生并迅速发展成为天文学主流的，则是光谱分析。

非常重要的一点是，光谱分析本来也不是为天文学准备的，它被应用到天文学上纯属偶然。但是后来天体物理却成了光谱分析技术最大、最辉煌的用武之地。

在伽利略用望远镜观天之后的几百年间，人们竞相制造越来越大的光学望远镜，最终将光学望远镜的直径从几厘米增大到了150厘米以上。随着光学望远镜的镜片越来越大，越来越厚，物理学上的极限终于出现了：仅巨大镜片在自身重力作用下的形变就难以处理。这时，第三项促进天文学发展的技术应运而生。

第二次世界大战中，雷达被认为是仅次于原子弹的第二大技术发明。二战使得航母取代了传统的巨型战列舰成为海上霸主，制空权成了制海权的必要条件，而雷达则是制空权中的关键技术。二战结束，刀枪入库，马放南山，大批雷达退役，成为废旧物资。这些大大小小的雷达天线，和前些年出现在许多高楼外墙的电视接收天线，从内容到形式都非常相像，很快被人发现另有妙用。

宇宙间的电磁辐射是一个宽阔的频谱，但人类进化的结果，使我们的眼睛只能看见这个宽阔频谱中很窄的一段，即所谓可见光。光学望远镜虽然大大拓展了人眼的观察能力，但实际上只是让人眼能够接收到更多的可见光，却仍未拓展人眼可见的频谱范围。而雷达可以接收人眼看不见的无线电辐射（电视信号也在其中）。

于是在二十世纪五六十年代，欧美天文学界出现了一股浪潮，即将废弃的雷达进行简单改装，使之可以接收天空中可见光之外的电磁辐射信号，这样的玩意得名"射电望远镜"。当时西方天文学家在自家后院或小楼上弄一架射电望远镜，是非常时髦的事情。1965 年，德裔美国天文学家彭齐亚斯（Arno Penzias）和美国天文学家威尔逊（Robert Wilson）用射电望远镜发现了宇宙大爆炸理论所谓"三大验证"之一的宇宙 3K 背景辐射，被视为射电天文学最辉煌的成就之一（获 1978 年诺贝尔物理学奖）。

玩"射电望远镜"的学问，被称为"射电天文学"。由于在超新星、射电源、脉冲星、中子星、γ 射线源、X 射线源等一系列天文学新发现中，射电望远镜都扮演了重要角色，而面对这些时髦课题，光学望远镜在大部分情况下几乎毫无作用，"射电天文学"很快跻身当代天体物理学主流。

还是非常重要的一点，射电望远镜和它的前身雷达，当然也不是为天文学准备的，雷达是用来打仗的。从雷达变身为射电望远镜，同样是人们最初意想不到的事情。

是技术推动科学，而不是科学充当技术的基础

现在我们已经知道，从所谓"哥白尼革命"，到《天体运行论》成为"天文学革命"的圣经，再到众口一词的"科学革命"叙事，很多都是经不起推敲的，只是大家多年来一直习惯人云亦云而已。

说起"革命"这个词，在中国原初是指"革除天命"，就是改朝换代，那当然是惊天动地的大事件。但在现代西方学者的笔下，"革命"这个词汇早已被彻底用滥了。由于科学史是一种冷门学问，那些在西方大学讲授科学史的教授们，为将昏昏欲睡的学生们从课堂上唤醒，不得不经常建构出"革命"来。在他们口中和笔下，几乎每一个变革、每一种新鲜事物，都会被说成"革命性的"。在这样的语境中，"哥白尼革命""开普勒革命""牛顿革命"……这样的说法都是非常自然的。

至于天文学，在古代原是星占学的工具，近代以来，星占学逐渐式微，天文学自立门户，竟意外获得了引领"科学革命"的不虞之誉。其实在近几百年的天文学发展中，它自身并未展现出"革命"的原力或能量，而是一次次被别的技术意外推动着前进：光学望远镜让天文学初见宇宙之大，光谱分析让天体物理学成为天文学的主流，射电望远镜又让射电天文学成为天体物理学的主流。

（原载 2023 年 8 月 16 日《第一财经日报》）

2.

天学大家的前尘往事

泰山北斗《至大论》(上)

——该谈谈托勒密了之一

托勒密（Claudius Ptolemy），本来是世界科学史上极少数最伟大的人物之一，但是在中国却颇受委屈，一直被排挤在科学伟人行列之外，他那些伟大的科学著作也没有任何一部被译成中文——连《至大论》也没有！现在能看到的唯一一篇《至大论》中文提要，只有一千多字，还是近四百年前来华耶稣会士、德国人汤若望留下的。

看来，我们是该谈谈托勒密了。

但是，常见的谈论"其人其事"的套路对托勒密不适用，因为关于"其人"，几乎没有什么可谈的，只知道他活跃于公元二世纪上半叶，长期居住在亚历山大城（Alexandria，今属埃及）。所以我干脆就先从"其书"谈起。而要谈托勒密的书，首先当然应该谈科学成就最高、后世影响最大的《至大论》。

《至大论》堪称西方古典天文学中的泰山北斗，是希腊数理天文学的渊薮，也是后来中世纪阿拉伯天文学和文艺复兴之后欧洲近代天文学无可置疑的源头。从《至大论》问世之后，直到牛顿之前，期间所有伟大的西方天文学家，包括哥白尼、开普勒（Johannes Kepler，1571—1630），包括那些对托勒密体系不满意而想有所改进的人在内，没有一个不是吮吸着《至大论》的乳汁成长起来的；期间所有重要的西方天文学著作，包括哥白尼的《天体运行论》，没有一部不是建立在《至大论》所奠定的基础之上的。

《至大论》全书 13 卷。希腊文原名意为"天文学论集"，稍后常被称为"大论集"（可能是与另一部名为《小天文论集》的希腊著作相对而言的）。阿拉伯翻译家将书名译成 al-majisti，再经拉丁文转写，遂成 *Almagest*，成为此书的固定名称。此书的中文译名曾有《天文学大成》《伟大论》《大集合论》《大综合论》等多种，但以《至大论》最简洁明了且符合原意。

《至大论》继承了欧多克斯（Eudoxus of Cnidus，约公元前 408—前 355）、希帕恰斯（Hipparchus，约公元前 190—前 120）所代表的古希腊数理天文学传统，并使之发扬光大，臻于空前绝后之境。托勒密在书中构造了完备的几何模型，以描述太阳、月亮、五大行星、全天恒星等天体的各种运动；并根据观测资料导出和确定模型中各种参数；最后再编算成各种天文表，由此能够在任何给定的时间点上，预先推算出各种天体的位置。

《至大论》第一、二卷主要讲述预备知识，包括：地圆；地静；地在宇宙中心；地与宇宙相比尺度非常之小，可视为点，等等。有不少篇幅用来讨论球面三角学，这在托勒密之前已由希腊数学家梅涅劳斯（Menelaus of Alexandria，约70—140）作了很大发展，今天的天文学家仍在使用。托勒密用球面三角学处理黄道、赤道以及黄道坐标与赤道坐标的相互换算。他确定黄赤交角之值为 $23°51'20''$。他还给出了太阳赤纬表，表现为太阳黄经的函数，这样就能掌握一年内太阳赤纬的变化规律，进而可以计算日长等实用数据。

第三卷专门讨论太阳运动理论。主要是解决太阳周年视运动速度的变化。托勒密用几何模型来描述这一问题，一年中太阳在远地点运行最慢，而在近地点运行最快。托勒密能够给出任一时刻的太阳实际位置。许多现代学者认为，他在太阳运动方面的工作基本上未超出希帕恰斯的成就，但他采用的模型比希帕恰斯的要简单明快得多。

《至大论》第四、五两卷主要讨论月球运动理论。托勒密首先区分了恒星月、近点月、交点月和朔望月这四个不同概念。为建立精确可用的月球运动表，托勒密采用两种不同的几何模型来处理月球运动。其一，由三次月食观测确定三处月球位置，因月食时月黄经恰与太阳黄经相差 $180°$，而太阳位置由卷三的理论已可准确得知，这样托勒密就能够推求出月球所在本轮的半径和对应的均轮半径。而在第二种月球运动模型中，托勒密处理了"出差"（evection），这是月球运动理论史上最重要的进展之一。托勒密能成功地用几何模型来描述包括出差在内的各种月球运动差数，使之与实际观测结果吻合甚好。托勒密采用的黄白交角之值是5°。这一卷中还讨论了日、月的视差等问题，但颇多错误。

《至大论》第六卷，在四、五两卷的基础上，专论交食理论。这实际上可视为他在前面各卷中所述日、月运动理论的检验和应用。

第七、八两卷专论恒星。托勒密将自己的观测与希帕恰斯等前人的观测结果进行比较，讨论了岁差问题。希帕恰斯对岁差值的估计是"不小于每百年1°"，但托勒密似乎就采纳了每百年1°之值，这样就使他的岁差值偏小了。这两卷的主要篇幅用于登载一份恒星表，即著名的"托勒密星表"，这是世界上最早的星表之一。

"托勒密星表"共记录了1022颗恒星，分属于48个星座，每颗星下都注有该星的黄经、黄纬、星等（从1至6等）三项参数。关于这份星表在多大程度上是承袭自希帕恰斯的，一直有许多猜测。表中各星，没有一颗是亚历山大城可见而罗得岛（Rhodes，希帕恰斯的天文台所在地）不可见的；况且在星表中注明各星黄经、黄纬及星等，将星分为6等之类，都是希帕恰斯开创的先例，因此颇有人怀疑托勒密的星表并非出自他亲自所测，不过是将希帕恰斯旧有之表加上岁差改正值而已。

　　用现代方法检验，托勒密星表总的来说黄经值偏小。有的学者认为，造成这种误差的主要原因，是托勒密的日、月运动理论不完善，因为在古代西方测定标准星坐标值的主要方法是借助太阳运动表，并以月亮为中介进行，而其余恒星的坐标值是根据少数标准星测定的。

　　　　　　　　　　　　（原载《新发现》2007 年第 12 期）

泰山北斗《至大论》（下）

——该谈谈托勒密了之二

    《至大论》从第九卷起，转入对行星运动的研究，用去五卷的巨大篇幅。如果说以前各卷的内容中，或多或少都有希帕恰斯的遗产，那么在这后五卷中，托勒密丰富多彩的创造和贡献是任何人都不会怀疑的。

    在第九卷一开始，托勒密阐明了他所构造的地心宇宙体系，如图 2-1 所示，这个体系从此成为欧洲和阿拉伯天文学普遍遵循的理论基础，长达一千余年。

    这个体系从整体上看似乎相当一目了然，但实际上，要解决具体问题时就非常繁琐复杂了。为具体用数学方式描述各行星的运动及状况，托勒密设计了如图 2-2 所示的几何模型，用于处理土星、木星、火星三颗外行星的情况。

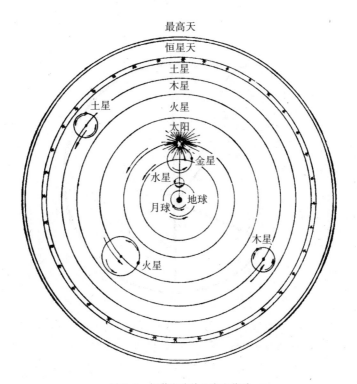

图 2-1　托勒密的地心宇宙体系

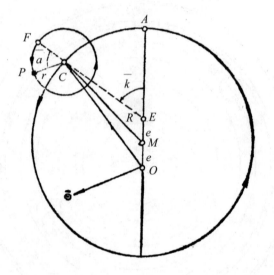

P：行星，绕行于本轮上；C：行星本轮的圆心，绕行于均轮上；
O：地球；M：均轮的圆心；E：行星本轮圆心在均轮上的运行相
对于 E 点才是匀速的；e：偏心率。

图 2-2　托勒密设计的几何图形

在图2-2中，O依旧表示地球，行星P在其本轮上绕行，本轮之心C在大圆（即均轮）上绕行，但是大圆之心虽为M，C点的运行却只是从E看去才是匀速的。M点与O点及E点的距离相等，其长度为e，称为偏心率（eccentricity）。对外行星而言，e是一个经验系数，可根据最后计算所得行星位置与实测之间的吻合情况进行调整。K为平近点角，连接O、M、E、A各点的直线为拱线（apsidal line）。对外行星而言，PC线与地球对太阳位置的连线始终保持平行。为确定外行星的各项参数，包括拱线方位在内，托勒密选用三项行星位置的观测记录，用类似以三次月食定月运动模型参数的方法来处理。

处理金、水两颗内行星的模型与图2-2稍有不同，对拱线位置和e值等参数的确定，更多地依赖于对内行星大距（elongation，从地球上看该内行星与太阳的最大视角距）的观测资料。

图2-2中E点的引入，是一个非常引人注目的重要特征，该点从中世纪以后通常被称为"对点"（equant）。对点的引入大胆冲破了古希腊天文学中对匀速圆周运动（uniform motion）的传统迷信，这种迷信纯出于哲学思辨。事实上，运用图2-2模型求得的行星黄经，与在开普勒椭圆模型中代入相同的偏心率e值后所得结果，误差仅仅在10′以内。托勒密引入"对点"所体现的对匀速圆周运动信念的超越，使他在这一方面甚至走在了哥白尼前面。对图2-2中的"对

点"，如果认为在某种程度上已开了后世开普勒椭圆运动模型的先声，也不能算过分夸张的说法。

运用几何模型，逐个处理五大行星的黄经运动，占去了《至大论》九至十一卷的大部分篇幅。到第十二卷中，托勒密致力于编算外行星在逆行时段的弧长和时刻表，以及内行星的大距表。

在《至大论》第十三卷中，托勒密专门讨论行星的黄纬运动。诸行星轨道面与黄道面并不重合，各有不同的小倾角，这一事实在日心体系中看来十分简单，但要在地心体系中处理它就比较复杂。在《至大论》中，托勒密未能将这一问题处理好。他令外行星轨道面（也即均轮所在的平面）与黄道面有一个倾角；又令本轮与均轮各自的平面之间有另一个倾角，这两个倾角之值又不相等，这使问题变得非常繁琐。

对宇宙体系的结构及运行机制问题，托勒密在《至大论》中采取极为务实而明快的态度，他在全书一开头就表明，他的研究将采用"几何表示"（geometrical demonstration）之法进行。在卷九开始讨论行星运动时，他说得更明白："我们的问题是表示五大行星与日、月的所有视差数——用规则的周圆运动所生成。"他将本轮、偏心圆等仅视为几何表示，或称为"圆周假说的方式"。那时，在他心目中，宇宙间并无任何实体的天球，而只是一些由天体运行所划过的假想轨迹。

但是，当《至大论》问世之后，行星黄纬问题显然仍旧萦绕在托勒密心头。在他晚年的作品《行星假说》（*Planetary Hypotheses*）第一卷中，他改善了行星黄纬运动模型，关键的一步是令上述两个倾角之值相等，这意味着本轮面始终与黄道面保持平行。而均轮面与黄道的倾角，则正好对应于后世日心体系中行星轨道与黄道面的倾角。《行星假说》第一卷中的行星黄纬运动模型，已是在地心体系下处理这一问题的最佳方案。

然而，此时托勒密在思想上，可能有一种带有神秘主义色彩的倾向滋生起来。在《行星假说》第二卷对宇宙体系的讨论中，每个天体都有自己的一个厚层，内部则是实体的偏心薄球壳，天体即附于其上。这里的偏心薄球壳实际上起着《至大论》中本轮的作用。而各个厚球层（其厚度由该层所属天体距地球的最大与最小距离决定）与"以太壳层"是相互密接的。此时托勒密改变了《至大论》中的几何表示之法，致力于追求所谓"物理的"（physical）模式。这部分内容出现在只有阿拉伯文译本的《行星假说》第二卷中，有人因此怀疑其中可能杂有后世阿拉伯天文学家的工作。

《至大论》在托勒密身后不久就成为古代西方世界学习天文学的标准教材。四世纪出现了帕普斯（Pappus，约300—约350）的评注本，以及亚历山大城的塞翁（Theon of Alexandria，约335—约405）的评注本。约在公元800年出现阿拉伯文译本。此后出现的更为完善的译本，则是阿拔斯王朝的著名哈里发阿尔马蒙（Al-Mamun，786—833）对天文学大力赞助的结果。公元1160年左右，一个从希腊文本译出的拉丁文译本出现在西西里。公元1175年出现的克雷莫纳的杰拉尔德（Gerard of Cremona，约1114—1187）从阿拉伯文译出的拉丁文译本，使得《至大论》开始重新被西欧学者所了解。

在此前漫长的中世纪，西方世界的天文学进展主要出现在阿拉伯世界，而阿拉伯天文学家是大大受益于托勒密《至大论》的。上述这些拉丁文译本，则在下个世纪大大提高了欧洲天文学的水准。

（原载《新发现》2008年第1期）

星占之王：从《四书》说起

——该谈谈托勒密了之三

　　在托勒密身后的历史时期中，他作为天文学家和作为星占学家，究竟哪个名声更大，学者们有不同看法。不过至少在中世纪晚期，他的名声首先是和他的星占学巨著《四书》联系在一起的。

　　《四书》四卷，在西文中常写作 *Tetrabiblos*，系自希腊文转写而来，拉丁文则作 *Quadriparitum*，都是"四卷书"之意。《四书》的写作，在公元 139—161 年之间，大致在完成《至大论》之后，而在撰写《地理学》之前。经过近代西方学者考订校释，《四书》已有希腊文和英文的现代版本可供使用。

　　托勒密本人将此书视为《至大论》的姊妹篇，在《至大论》中，他只是致力于让人们能够预先推算出任何时刻的各种天体位置。而在《四书》中，他试图详细阐述这些天体在不同位置上对尘世事务的不同影响，他认为这两方面是不可偏废的。托勒密坚信天体对人间事务有着真实的、"物质上的"（physical）影响力，他从太阳、月亮对大地的物质影响出发，由类比推论出上述信念。当然，托勒密并非宿命论者，他承认左右人世事务的因素有多种，天体的影响力只是其中之一。

《四书》第一卷可以视为星占学的预备知识，集中讲述了日、月、五大行星运动以及恒星的视位置等数理天文学知识。这是任何一个入流的星占学家都必须掌握的。

在第二卷中，托勒密试图为星占学确立一些理论基础和法则。托勒密论证说：既然太阳、月亮可以通过季节、潮汐来直接影响地球上的人类生活，那么五大行星又何尝不能影响尘世的事务呢？托勒密认为，星占学可以应用于两个领域：国家（民族）和个人。不过对于前一领域，托勒密主要研究天象对大地的一般性影响，包括依据天象进行气象预报。这是所谓"星占地理学"（astrological geography）和"星占气象学"（astrological meteorology）的内容，与发端于巴比伦的"军国星占学"（judicial astrology）有所不同。

星占学之应用于个人，也即"生辰星占学"（horoscope astrology），则是《四书》后两卷全力探讨的内容。托勒密在这两卷中的论述，集此前这方面学说之大成。

托勒密先谈到获取精确出生时刻的困难，而这是以后一切推算的基础。至于准确得知受孕时刻自然更为困难。确定这些时刻都要依靠天文观测，使用星盘（astrolabe）和时计，被特别提到的是水钟（water clock），但托勒密认为精确程度不够。虽然受孕时刻和分娩时刻都应注意，但托勒密认为分娩时刻更重要。

接下来托勒密详细论述了算命天宫图的构成与排算。托勒密认为，一个好的星占学家能够从中发现许多信息，这些信息中的一个重要组成部分是其人的体质特征。例如，当土星位于出生时刻天宫图东侧时，这个婴儿将来会是：

> 黄肤色、好体格，黑色卷发，宽阔而坚强的胸膛，常规眼睛，身材匀称，气质是湿与冷的混合。

一生的疾病也能从天宫图中看出，但更玄妙的是对其人的心灵、思想倾向和特征的预言。这类预言依据的重点是黄道十二官的"主""定""移"三类官的位置。例如四"主官"（白羊、巨蟹、天秤、摩羯）的作用是：

> 通常倾向于使心灵对政治感兴趣，会使其人投身于公共事务或动乱；好大喜功；醉心于神学；同时，其人是机巧的、敏锐的、好奇的、别出心裁的、深思的；还会致力于研究星占学与占卜术。

《四书》后两卷集中讨论的生辰星占学，并非托勒密首创，早在好几百年前就已发源于巴比伦，传入希腊化世界（包括埃及在内）也已很久，所以托勒密当然不能不在大体上与旧有的星占学原则相一致；然而在这两卷中他还是经常有所创新和发展。

至于同样发端于巴比伦的"军国星占学"（专论王朝军国大事，如战争胜负、年成丰歉等），《四书》中完全未涉及。这一点正标志着西方星占学史上潮流的转换：军国星占学随着巴比伦文明的衰退，在西方世界（包括中东等地）很快走向沉寂，而后起的生辰星占学则登场成为主流。

《四书》集希腊化时代星占学之大成，它在西方星占学史上的地位，确实可与《至大论》在西方天文学史上的地位并驾齐驱。《四书》在托勒密生活的时代即已产生广泛影响，而且这种影响在他身后持续了许多世纪。好些有名的星占学家，如保罗（Paul of Alexandria，活跃在四世纪）、尤里乌斯·费尔米库斯·马特尔努斯（Julius Firmicus Maternus，活跃在四世纪）等人，都引用《四书》，并将此书视为最基本的第一手星占学资料。《四书》为此后一千九百年间西方星占学的理论和实践提供了标准模式。

托勒密在《至大论》中几乎完全未讨论星占学（只有卷二、卷六等少数几处与星占学有间接关系），此外他的《恒星之象》（*Phases of the Fixed Stars*）仅第二卷存世，专论一些明亮恒星的偕日升与偕日落，列出这些星象对未来气候变化的预兆意义。这种把现代意义上的气象学与星占学结合在一起的传统，从古希腊一直持续到欧洲的文艺复兴时期。托勒密的《谐和论》（*Harmonica*）三卷，系数理乐律学著作，根据各个不同传统的希腊体系，讨论各种音调及其分类中的数学音程等问题，但其中也谈到一些星占学概念，特别是卷三的第16节，谈论各行星的星占学性质及属性之类。

托勒密在历史上既以星占大师著称，难免发生一些后世星占书伪托在他名下的现象。其中特别有名的例子是《金言百则》（*Centiloquium*），这是一部星占学格言集，共一百则，本是通俗之作，没有什么数理内容，古时被归于托勒密名下流传，但学者们早已确认是出于伪托。

（原载《新发现》2008 年第 2 期）

他还是地理学的托勒密

——该谈谈托勒密了之四

由于托勒密在天文学上的成就实在太大，以至于产生了一个修辞手法——将某门学问历史上集大成的大师称为"某某学的托勒密"。那么，仿此，历史上"地理学的托勒密"是谁呢？颇出乎许多现代人的意料，那竟是托勒密本人。

我们对托勒密的个人师承，迄今几乎一无所知。托勒密的不少著作都题赠给一个叫作赛鲁斯（Syrus）的人，他的《至大论》中曾使用了塞翁（Theon，活跃于公元一世纪）的行星观测资料，但这些都不足以确定托勒密的师承。还有人猜测泰尔的马里努斯（Marinus of Tyre，约 70—130）是他的老师，因为托勒密在《地理学》（*Geography*）一书中使用并修订了不少来自马里努斯的资料，但是目前能够肯定的只是，此人是托勒密的前辈。

托勒密的《地理学》八卷，在相当程度上是以马里努斯的工作为基础的。如果没有托勒密的《地理学》一书，马里努斯很可能会在历史上湮没无闻；这情形和希帕恰斯的天文学成就全赖托勒密《至大论》记载保存极为相似。与在天文学史研究中的情形一样，也有人将托勒密《地理学》贬斥为马里努斯的"拙劣抄袭者"。然而《至大论》对希帕恰斯和《地理学》对马里努斯工作的保存及记述，恰恰证明了托勒密在此两大领域内，都将自己的工作置于前辈最伟大成就的基础之上，集其大成。而他本人在这两个领域中的巨大成就，也是有目共睹的。

地理学在古希腊已发展到相当高度，分为"地图学"和"地方志"两个主要方面。地图学是古代数理地理学（也由希帕恰斯创立）的主要内容，包括绘制地图所需的几何投影方法、主要城市的经纬度测算等。到了托勒密生活的时代，世界性的罗马大帝国大大增进了欧、亚、非三大洲各民族之间的了解和交流，无数军人、官吏、僧侣、商人、各色人等的远方见闻，又有利于地方志的进一步发展。

托勒密明确将他所研究的内容与地方志区分开来，他在《地理学》中完全不涉及地方志。这种做法受到某些现代研究者的批评，认为他使地理描述内容变得贫乏，实际上使地理学降级为地图编制学，因而对古代地理学的衰落负有责任。但托勒密醉心于精密数理科学，对搜奇志怪的古代地方志缺乏兴趣，他当然有权根据自己的学术兴趣选择研究方向。

《地理学》第一卷为全书的理论基础。托勒密在这一卷中评述了马里努斯的一系列工作，并介绍他本人所赞成的地理学体系。其中特别值得注意的是托勒密对地图绘制法的讨论，他不赞成马里努斯所用的坐标体系，认为该体系对实际距离的扭曲太大。为此他提出两种地图投影方法。

第一种见图 2-3，各圆弧都以 H 点为圆心作成，代表不同的纬线；各经线皆为以 H 点为中心向南方辐射的直线；注意 H 点是位于北极上空的某一点。图中经度仅 180°，纬度仅有从北纬 63° 至南纬 16°25′，这是因为当时的地理学家所知道的"有人居住世界"（inhabited world）就仅在此极限之内。图 2-3 中特别画出北纬 36° 的纬线，这是那时各种地图的常例。北纬 36° 正是罗得岛所在的纬度，从中犹可看到这门学问的创始人、设立天文台于罗得岛的希帕恰斯的影子。

用现代的标准来看，图 2-3 中的赤道以北地区的投影，完全符合圆锥投影（conic projection）的原理。至于赤道以南至南纬 16°25′ 之区的地区，托勒密采用变通办法，将南纬 16°25′ 纬线画成与北纬 16°25′ 对称的状况，并作对等的划分，这也不失为合理。

托勒密提出的第二种投影方法见图 2-4，纬线仍是同心圆弧，但各经线改为一组曲线。这个方案中还绘出了北回归

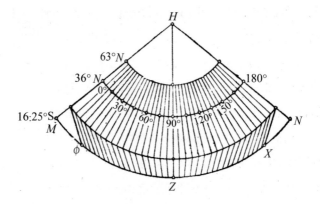

图 2-3 托勒密的投影法之一

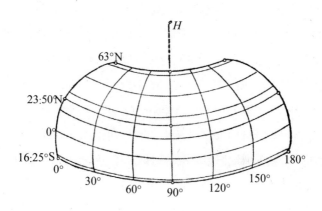

图 2-4 托勒密的投影法之二

线，即纬度为23°50′的纬线。此法大致与后世地图投影学中的"伪圆锥投影"（pseudo-conic projection）相当，它比圆锥投影复杂，因为现在任一经线与中央经线的夹角都不再是常数（在圆锥投影中该夹角为常数，等于两线所代表的经度差乘以一个小于1的常数因子），而是变为纬度的函数。

托勒密指出，上面两种投影法各有利弊，第二种能更好地反映实际情况，但操作使用起来不如第一种方便，因此他建议这两种方法都应考虑采用。托勒密《地理学》中的世界地图，就是采用第二种投影法绘制的。这两种地图投影法是地图投影学历史上的巨大进步，托勒密在这方面的创造，要再过将近一千四百年才后继有人。

《地理学》其余各卷中，列述欧、亚、非三大洲共约8100处地点的地理经度和纬度值，以及当地山川景物、民族情况等，也经常记录并讨论一些地点相互之间的距离和道路。所以《地理学》一书有时又被称为《地理志》。书中对358个重要城市作了较详细的记述，并记下这些城市在一年中的最大日长（该值是当地地理纬度的函数）。《地理学》中有26幅区域地图组成的地图集，其中欧洲10幅，亚洲12幅，非洲4幅。每个地区以下再划分为省，各地区由其平均纬度来标定位置，并根据其东南西北四个极点画出自然界线。

在当时，地理纬度可通过在当地作天文观测来确定（比如测定一年中圭表在当地影长的变化），地理经度则可由在两地先后观测一次交食来确定（获得两地经度差），但此法理论上虽然可行，实际上很少有人能真正去实施。据研究，托勒密只掌握少数几个城市的来自天文测定的地理纬度值，至于两地同测一次交食的观测资料，他能依据的似乎只有一项：公元前331年9月20日的月食，曾在北非的迦太基（Carthage）和美索不达米亚的阿尔比勒（Arbela）被先后观测到。不幸的是，这项数据的记载有严重错误：两地月食的时间差应该只有两小时左右，但托勒密误为约三小时，这一错误可能是导致托勒密地图一系列错误的主要原因之一。

（原载《新发现》2008年第3期）

一个改变了世界的历史伟人

——该谈谈托勒密了之五

为避免读者对托勒密的伟大名字开始厌倦，我打算在这一次结束关于他的话题，哪怕还有许多他的科学成就（比如光学实验）来不及谈，也在所不惜了。这样我们就不得不开始讨论他的历史影响。

有些人喜欢将托勒密与亚里士多德的宇宙体系混为一谈，进而视托勒密为阻碍天文学发展的历史罪人。在中国人熟悉的文献中，李约瑟关于"亚里士多德和托勒密僵硬的同心水晶球概念，曾束缚欧洲天文学思想一千多年"的说法堪为代表，至今仍被一些中文著作所援引。但这一说法明显违背了历史事实。亚里士多德确实主张一种同心叠套的水晶球（crystalline spheres）宇宙体系，但托勒密从未表示赞同这种体系。况且，亚里士多德学说直到十三世纪仍被罗马教会视为异端，多次禁止在大学里讲授，因此无论是托勒密还是亚里士多德，都根本不可能"束缚欧洲天文学思想一千多年"。托马斯·阿奎那在论证水晶球宇宙体系时，曾引用托勒密的著作来论证地心、地静之说，到1323年罗马教皇宣布他为"圣徒"，他的经院哲学体系被教会认可为官方学说，亚里士多德的宇宙体系这才开始束缚了欧洲天文学思想约二三百年，而这又怎么能归罪于托勒密呢？

阿拉伯天文学家接触到《至大论》后，很快发现它所代表的天文学水准明显超出当时波斯和印度的天文学。在月球和行星运动理论上，他们则在继承托勒密遗产的同时，通过实际观测改进了《至大论》在太阳运动理论方面的欠缺，比如法干尼（Al-Farghani，约800—870）的《至大论纲要》（*Epitome*）、巴塔尼（Al-Battani，约858—929）的《积尺》（*Zij*，天文历算之书）等。受到托勒密著作影响的著名阿拉伯天文学家还可以提到纳西尔丁·图西（Nasir al-Din al-Tusi，1201—1274）和伊本·沙提尔（Ibn al-Shatir，1304—1375），前者是那时有国际声望的学者兼政治人物，他的天文体系中力图恢复匀速圆周运动，后者对托勒密的月球运动模型有所改进。

阿拉伯学者将托勒密天文学的火炬传给欧洲之后，直到十六世纪，没有任何西方的星历表不是按托勒密理论推算出来的。虽然星历表的精确程度不断有所提高，但由于托勒密所使用的本轮-均轮系统具有类似级数展开的功能，为增加推算精度，可以在本轮上再叠加小轮，让此小轮之心在本轮上绕行，而让天体在小轮上绕行，因而，从理论上说，小轮可以不断增加，只要调整诸轮的半径、绕行方向和速度，就能求得更高精度。关于小轮体系的繁琐，是许多宣传性读物中经常谈到的托勒密罪状之一，但这明显是不公平的，因为在《天体运行论》中，被誉为"简洁"的哥白尼体系也使用了小轮和偏心圆达 34 个之多。

西方天文学发展的最基本思路是：在已有实测资料基础上，以数学方法构造模型，再用演绎方法从模型中预言新的天象；如果预言的天象被新的观测证实，就表明模型成功，否则就修改模型。在现代天体力学、天体物理学兴起之前，模型都是几何模型——从这个意义上说，托勒密、哥白尼、第谷乃至创立行星运动三定律的开普勒，都无不同。正如奥地利出生的美国数理天文学史家诺伊格鲍尔（Otto Eduard Neugebauer，1899—1990）所指出的那样："全部中世纪的天文学——拜占庭的、最后是西方的——都和托勒密的工作有关，直到望远镜发明和牛顿力学的概念开创了全新的可能性之前，这一状态一直普遍存在。"牛顿之后则主要是物理模型，但总的思路仍无不同，直至今日还是如此。如果考虑到在传世文献中，正是托勒密的《至大论》第一次完整、全面、成功地展示了这种思路的结构和应用，那么对于托勒密在天文学史乃至整个科学史上的功绩和影响，就不难获得持平之论。

托勒密的光学著作《光学》（*Optics*）一书，至少为十一世纪初著名的阿拉伯学者伊本·海什木（Ibn al-Haytham，约965—约1040）的光学巨著《光学书》（*Kitab al-Manazir*）提供了灵感。此书从形式到许多内容都源自《光学》，其中一些实验也被认为是源于托勒密的。《光学书》不久被译成拉丁文，名为《光学宝鉴》（*Opticoae Thesaurus*），成为中世纪晚期的标准论著，人们在罗吉尔·培根、达·芬奇（1452—1519）和开普勒的著作中，都可以看到《光学宝鉴》的影响——因而也就是托勒密的影响。

　　托勒密《谐和论》（*Harmonica*）一书，在后世的权威不算十分大，但他的一些音乐原则在拉丁世界也是颇为人知的。比较引人注目的是此书对开普勒的影响，开普勒的《宇宙谐和论》（*Harmonices Mundi*）全书皆为步托勒密后尘之作。

　　托勒密地理学对后世的影响，从世俗的意义上说很可能超过了《至大论》。他的《地理学》在九世纪初叶即有阿拉伯译本，书中关于伊斯兰帝国疆域内各地的记载，很快被代之以更准确的记述。大约1406年，出现了由意大利古典学者安杰勒斯（Jacobus Angelus，约1360—1411）从希腊文本译出的拉丁文译本，并很快流行起来，因为此书即使在当时，仍是对已知世界总的地理情况的最佳指南。托勒密也提供了世界上最早的有数学依据的地图投影法。

　　我之所以将托勒密称为"一个改变了世界的历史伟

人"，主要是考虑到，一个伟大学者的论著，有时会对人类历史的发展产生不可思议的直接影响。这种影响是他在撰写论著时绝对没有想到的。托勒密就是少数这样的伟大学者之一。

现代学者的详细研究表明：哥伦布在开始他那改变人类历史的远航之前，至少曾细心阅读过五本书，其中唯一的地理类著作就是托勒密的《地理学》，因此可知哥伦布的地理思想主要来自托勒密。哥伦布相信：通过一条较短的渡海航线，就可以到达亚洲大陆的东海岸，结果他在他设想的亚洲东岸位置上发现了美洲新大陆。尽管他本人直到去世时，仍坚持认为他发现的是托勒密地图上所绘的亚洲大陆。

（完）

（原载《新发现》2008年第4期）

贵族天文学家的叛逆青春
——关于第谷的往事之一

　　哥白尼之后，牛顿之前，在天文学上有过伟大贡献的人物，大家比较熟悉的当然是开普勒和伽利略。其实在十六世纪的欧洲，名头最大的天文学家不是哥白尼，而是第谷（Tycho Brahe，1546—1601）。他曾经享受过丹麦王室提供的世界历史上独一无二的供奉，这足以让此后所有的天文学家都妒火中烧。

　　第谷又曾经和中国有过任何欧洲天文学家都不曾梦想过的特殊关系，但是他在当代中国公众中的知名度却非常之小——估计本文的读者中有不少人是头一次听说他的名字，他那些著名的天文学贡献也早已被今天的公众遗忘。

　　第谷出身北欧著名的贵族，这个家族曾在丹麦和瑞典繁盛了几个世纪。其父奥托（Otte Brahe）曾任枢密顾问官，后来成为赫尔辛堡（Helsingborg，今瑞典城市）的主人。奥托有五子五女，第谷是他的长子。不过第谷实际上由他叔叔抚养长大。

第谷7岁开始由家庭教师上课，学习拉丁文和其它当时贵族子弟应该学习的知识。13岁入哥本哈根大学。这是路德派的大学，路德派宗教改革的精神导师梅兰希顿（Philip Melanchthon，1497—1560）在这里的影响几乎不逊于亚里士多德和经院哲学。

第谷先学中世纪大学中的所谓"三艺"：文法、逻辑和修辞。这要求他学习希腊文语法、希腊–拉丁文学、雄辩术、亚里士多德的"辩证法"等等，还要学习拉丁修辞学著作和罗马著名尺牍作家的作品。随后他进入更高阶段的"四艺"：算术、几何、天文、音乐。第谷当年用过的一些书籍，包括一册《天球》（*Sphaera Mundi*，Sacrobosco 著）、一本医学手册、一部植物志、一册《宇宙结构学》（*Cosmographia*，Peter Apian 著）和一册《方位表》（*Tabulae Directionum*，Regiomontanus 著），都保存至今，可供今人推测想象一个十六世纪大学生的学习光景。

1560 年 8 月 21 日，一次日食发生，在哥本哈根可以见到偏食，这一天象刺激了第谷对实测天文学的兴趣。这个领域将来要在第谷手中大放光彩。当时大学里并没有这样的课程，所以第谷自己搞了一册《星历表》（*Ephemerides*，Johannes Stadius 著），自修起来。碰巧的是，这本《星历表》

是以哥白尼日心体系为基础的。

第谷是贵族子弟，不必为衣食、职位之类的俗事操心，所以他有条件先后在四个大学"游学"，尽管这种情景未必是他叔叔乐意见到的。

在哥本哈根大学学习三年之后，他被送往莱比锡大学，他叔叔要他在那里学习法律。第谷此行居然有一个比他年长四岁的家庭教师"陪读"，其任务是督促第谷全心全意学习法律，不让他旁骛到什么实测天文学上去。

然而第谷对天文学的热爱却愈加炽烈起来，他省下钱来购买天文学书籍和仪器，并经常等家庭教师熟睡之后，偷偷钻研天文学。这时他又搞到了《阿尔方索星表》（*Alfonsine Tables*）和《普鲁士星表》（*Prutenic Tables*），前者以伊比利亚半岛的卡斯提尔（Castile）王国国王阿尔方索十世（Alfonso X）命名，是基于托勒密地心体系的星表，在那时仍然是相对来说最优秀的；后者是哥白尼的追随者根据日心学说编算的。日后将以大型天文仪器建造驰名全欧的第谷，此时竟然只能偷偷使用一个只有拳头大小的天球仪来熟悉星座。

在莱比锡大学三年后，1565 年第谷离开了这所大学，此时恰好他叔叔去世，这使得第谷可以在天文学的世界中自由徜徉了。次年他来到罗斯托克（Rostock），并考入当地的大学。罗斯托克大学是德国北部及波罗的海沿岸最古老的大学，当第谷进入这所学校时，它已经在路德宗教改革的浪潮中接受了新教。在罗斯托克大学，第谷开始和一些搞炼金术、星占学、医学和数学的人时相过从，这些人对他日后的思想有所影响。现在他身边不再有家庭教师管头管脚了，他观测了1566年10月28日的月食和1567年4月9日的日偏食。

1566年底，20岁的第谷在罗斯托克大学上演了他一生中最八卦的故事：他在和另一个丹麦贵族决斗时被对方用剑削去了鼻子！从此第谷不得不一直戴着一个"义鼻"。这个假鼻子颇得那些富有八卦情怀的历史学家的青睐，本来他们认为这个假鼻子是用金银混合制成，但是当1901年6月24日人们打开第谷的墓穴时，却发现他的鼻尖部位有绿色锈斑，这表明他的"义鼻"中铜的含量很高。

在罗斯托克大学三年后，第谷又考入了瑞士巴塞尔大学。这是他学习的最后一所大学。不过此时第谷的身份似乎和我们今天所熟悉的大学生相当不同：他已经不时在旅行中和一些天文学家会晤，并开始为朋友制作天文仪器。而丹麦国王弗雷德里克二世（Frederick II）也已经正式给了他一个牧师会会员的职位。他那时的状态，也许有点类似于我们今天大学中的"博士后"位置。

青年贵族第谷的婚姻也不是很正常。他从1573年也就是27岁起，就一直和一个名叫克尔斯滕（Kirsten）的女子同居生活。他们共育有三子五女，其中一个女儿后来嫁给了第谷的一位助手。这个女子的姓氏出身等等我们都一无所知，能确定的只有两点：克丽丝汀是她的名字；她没有贵族血统。虽然第谷一直和她生活到去世为止，克丽丝汀却没有正式的"名分"。不过按照古老的丹麦法律，一个女子若与某男子公开同居，并且"握有他的钥匙，和他同桌吃饭"三年以上，就被认为是该男子的合法妻子。

父亲去世之后，第谷和大弟弟继承了父亲在家乡的领地，但整个家族中极少有人对他的科学热情持赞同态度。在沉溺于化学实验——那个时代通常和炼金术难分彼此——长达一年半时间之后，1572 年的超新星将第谷拉回天文学轨道。这颗超新星后来被称为"第谷超新星"，第谷通过对它的观测和研究在国际天文学界崭露头角。

在数年的旅行和讲学之后，第谷在天文学方面的名声越来越大。1576 年，可能是由于赫尔辛堡伯爵的推荐，丹麦国王弗雷德里克二世将丹麦海峡中的汶岛赐予第谷，并拨给巨额经费，命他在岛上建设宏大的天文台。

一个世界天文学史上的神话开始了……

（原载《新发现》2009 年第 1 期）

遥想当年，天堡星堡

——关于第谷的往事之二

汶岛（Island of Hven）在丹麦的厄勒海峡（Øresund）中，地处北纬 55°53′，东经 12°41′。这个在地图上很难找到的小岛，因为第谷而得以名垂青史。

1576 年，第谷 30 岁，幸运地成为汶岛的主人，但更重要的是丹麦国王对他极为慷慨的财政资助，使他得以在汶岛大展宏图。他在汶岛工作了 21 年，创造了一个天文学史上激动人心而且影响深远的神话。

在第谷掌管汶岛之前，欧洲的基督教世界还从来没有建设过大型天文台。那时欧洲人倒是听说过远方一些伟大的天文台，不过它们都建造在东方，比如蒙古人建立的伊儿汗王朝在马拉盖（Maragha，今伊朗西北部大不里士城南）建造的的天文台、帖木儿王朝的国王兀鲁伯（Ulugh Beg）在撒马尔罕（Samarkand，在今乌兹别克斯坦境内）建造的天文台等等。那时欧洲人还只能用一些小型天文仪器，第谷年轻时偷偷用来熟悉星座的天球仪只有拳头大小。

第谷在汶岛大兴土木，不只建造了两座天文台——天堡和星堡，还建造了天文仪器修造厂、造纸厂、印刷厂、图书馆、工作室和宽敞舒适的生活设施。汶岛被誉为"基督教欧洲第一个重要的天文台"。

第谷为汶岛上两座天文台所取之名，皆有来历。较大的那座名为"天堡"（Uraniborg），意为"天上的城堡"、"绝妙无双的城堡"，源于希腊神话中女神 Urania 之名，她正是九位缪斯中司天文的。稍小的那座名"星堡"（Stjerneborg，这是丹麦文的拼法，拉丁文为 Stellaeburgum，得名于拉丁文 stellae，即恒星之意）。

从天堡东面看过去，天文台在正中心，周围有大约三百棵树的装饰性花园，有高墙保护，东西两端的门口甚至还安排了警犬的犬舍。仆人们的住所在天堡北端，南端是印刷厂。天堡顶层有八间助手们的卧室，主楼上有四个带圆锥型屋顶的观测室，南北两端各两个，中间则是各种用途的房间，包括一个临海的夏季餐厅。图书馆设在底层，里面有一个巨大的天球仪（对主人年轻时摆弄拳头大小的天球仪的特别补偿？），上面标出了肉眼可见的约一千颗恒星在公元1600年的位置。作为当时驰誉全欧的星占学家，第谷也没有忘记设置炼金术实验室——它被安置在地下室。

第谷在岛上研制精度极高的大型天文观测仪器，达到了"前望远镜时代"天文观测无可争议的精度巅峰——测量精度高于1′（圆周的二万一千六百分之一）。借助于这些仪器，第谷获得了前所未有的完整而精确的观测资料。虽然第谷利用这些观测资料构造的宇宙模型最终成为过眼烟云，但往后我们将看到这些观测资料在当时已经产生了革命性的影响。

第谷晚年离开汶岛后完成了《新天文仪器》（*Astronomae Instauratae Mechanica*，1598）一书，书中有他曾在汶岛两座天文台中使用过的 17 件天文仪器的图示和文字描述，这也可以看作是他对汶岛岁月的纪念。那些仪器中有三类特别值得注意。

第一类是浑仪。这本来是欧洲和古代中国都有的仪器，所不同的是，欧洲自古使用黄道浑仪，即以黄道为基准，而中国的浑仪一直是赤道式的。第谷在欧洲首创使用赤道式浑仪，当时被认为是新奇的天文仪器（第谷和欧洲的天文学家那时并不知道遥远的中国早就在使用赤道式浑仪）。第谷一共造过三架赤道式浑仪，其中安放在汶岛天堡的那一架，他用得最多，是他认为最准确的仪器之一，其赤纬环的直径达9.5 英尺（2.9 米）。

第二类称为象限仪，因为刻度环是一个圆周的四分之一。这又可分为两种形式：一种通常固定在子午面，即正南北方向的立面墙上，故又名"墙象限仪"。这种仪器早在托勒密的著作中就有详细描述，中世纪阿拉伯天文学家也非常喜欢使用。另一种是第谷更为重视的，仪器被安置在地平圈上，因而可以在360度任意方位角的立面内测量天体的地平高度。第谷共建造过四架这种仪器，它们的重要用途之一是用来确定时刻，即测得太阳的地平高度，然后推求出当地时刻。此法相传由九世纪时阿拉伯天文学家首先采用，十五世纪才传入欧洲。汶岛的天文台上已有机械时计，但这些早期的机械时计精度还很差，在观测上精益求精的第谷对它们不太信任。

第谷的天文仪器中最值得注意的是第三类——纪限仪，这是第谷发明的仪器。第谷著作中指称这种仪器的拉丁原文是 sextans trigonicus，词根 sex 即"六"之意，因该仪器的主要部分是一个圆面的六分之一。该仪器在英语中通常写成 sextant，恰好与航海测量用的"六分仪"是同一个词，结果造成一些混乱，有人将第谷的这种仪器也称为"六分仪"。事实上航海测量用的"六分仪"是望远镜发明之后的产物，其原理被认为由牛顿首先提出。

第谷发明纪限仪是为了更方便地直接测量两颗恒星之间的角距离。第谷曾用它来确定1572年新星与仙后座诸恒星的相对位置。第谷后来在汶岛进一步改进了这种仪器，它被安放在一个固定的球形万向接头上，观察者从金属制作的六分之一圆弧向圆心的照准器观看，两人合作，一人沿着一根固定的半径观测恒星 A，一旦恒星 A 和这个半径共线后就将仪面固定，此时另一观测者沿一根可移动的半径观测另一

图 2-5　第谷建造在天堡的"大墙象限仪"

在一堵正南北向的墙上，有黄铜制成的四分之一圆周，半径超过 6 英尺（1.83 米），刻度精确到 10″。圆心处是固定的准星，两个后视照准器可以在圆周上滑动。观察者（应该就是第谷本人）正在等候恒星上中天时刻的到来。一个助手正在测读钟表（只有一个时针），另一个助手坐在桌子前记录数据。大墙象限仪的背景中，第谷的助手们正在用各种仪器进行观测；而下面一层的图书馆中，更多的学生和助手在天球仪旁工作；再下面一层正是第谷的炼金术试验室。图中甚至还画上了第谷忠实的狗。第谷身后墙上的壁龛两旁，挂着第谷的赞助人——国王和王后的肖像。

颗恒星 B，这样就能直接读出这两颗恒星之间的角距离。

第谷的纪限仪有一架直接的仿制品，完好保存在今北京建国门古观象台上，它是由来华耶稣会士南怀仁在 1673 年为康熙皇帝建造的六架大型天文仪器之一。

第谷慷慨的赞助人丹麦国王弗雷德里克二世于 1588 年 4 月 4 日驾崩。新王即位之后，丹麦宫廷对第谷开支浩大的天文学研究的资助热情逐渐消减，最终使得第谷不得不寻求新的赞助人。1597 年 3 月 15 日，第谷在汶岛做了最后一次天文观测，就永远告别了这个他曾经生活工作过二十多年的传奇小岛。

这时另一个赞助人出现了，神圣罗马帝国皇帝鲁道夫二世（Rudolf II）决定资助第谷。1599 年 6 月，第谷到达皇帝当时的驻地布拉格。尽管他完全没有料到自己的未来岁月只剩两年多了，但他注定还要上演天文学史上意味深长的新一幕。

（原载《新发现》2009 年第 2 期）

使超新星革命，让大彗星造反

——关于第谷的往事之三

 许多人认为第谷对天文学史影响最大的事件发生在他的晚年，这个看法不太站得住脚。第谷在中年时期作出的最大勋业——观测 1572 年超新星和 1577 年大彗星——才是那个时代在天文学上最具革命意义的行动。

 在当时的欧洲，虽然哥白尼已经提出了他的日心宇宙模型，但是传统的"水晶球"宇宙体系仍然占有教会官方学说的地位。这个宇宙体系，是亚里士多德在古希腊天文学家欧多克斯（Eudoxus）和卡利普斯（Callippus，约公元前 370—约前 300）两人工作的基础上作了一些改进而建立起来的，其中有如下要义：

 其一，以地球为中心的诸天体（包括月球、太阳、五大行星和众恒星）附着在各自所属的球层上，被携带着运转；

其二，这些球层皆属实体，并由不生不灭、完全透明、坚不可入的物质构成——水晶球之名即由此而来；

其三，整个宇宙是有限而封闭的；

其四，月球轨道以上的部分，是万古不变的神圣世界，只有"月下世界"才是变动不居、"会腐朽的"尘世。

这就意味着：新星爆发、彗星、流星等天象，都只能是大气层中的现象。

第谷并不主张日心地动之说，他建构的宇宙体系是对地心的托勒密体系和日心的哥白尼体系的一种折衷。他也无意在哲学上成为亚里士多德的敌人。但是他却在实际上给了水晶球体系以致命打击。

1572年11月，仙后座出现一颗新星，亮得连大白天都可以看到。本来这样的奇异天体出现在天空，世人有目共睹，那个时代的天文学家、星占学家，或者用更广泛的说法，任何"自然哲学家"，都可以观测到。然而这颗新星却在天文学史上被称为"第谷超新星"，这是因为第谷对它作了极其细致的观测和方位测量。

第谷用各种方法反复观测这颗新星，发现它既没有视差（这表明离地球的距离非常遥远），也不移动位置。所以他最后的结论是：这颗新星位于恒星天球层。

对现代恒星演化理论来说，新星和超新星爆发都是正常现象，是一颗恒星在它生老病死的一生中的一段晚年。对古代中国人来说，大千世界无奇不有，新星——古代中国通常称它们为"客星"——的出现也不会和任何教义或意识形态发生冲突。但是在那时的欧洲知识界，第谷的这个结论不啻一颗思想炸弹！因为这个结论直接挑战了作为教会官方理论的亚里士多德水晶球体系：按照水晶球体系的理论，恒星天球属于万古不变的区域，新星这种现象只可能出现在"月下世界"。

不过，在翌年发表他的观测成果时，第谷本人尚未与水晶球体系彻底决裂。尽管他已经在客观上让这颗超新星打开了对亚里士多德教条的叛逆之门。

然而，1577年大彗星又出现了。

在当时一张印刷于布拉格的绘画中，这颗明亮的大彗星的尾巴被描成从土星一直延伸到月亮。这时第谷已经成为汶岛的主人，岛上的种种新建天文仪器和一众学生助手，当然要被动员起来全力观测和测量这个震惊全世界的新天象——汶岛的观测使得这颗彗星又在天文学史上被命名为"第谷彗星"。

第谷从1577年11月13日开始观测这颗大彗星，一直持续到1578年1月26日，此时彗星远去，肉眼几乎已经无法辨识了。在观测中，第谷使用了半圆仪、纪限仪和带有地平圈的象限仪。他还逐日观测并计算彗星的位置，以此来推算彗星运行的速度。

图 2-6 当时绘画中的 1577 年大彗星横亘天际，震惊世人

亚里士多德关于彗星的教义，此前从未受到过严峻挑战。这种教义认为，彗星的元素是火。在其所著《天象学》中，亚里士多德认为，火元素的全体和大多数在它下面的气元素都被旋转的天体带动着，有时候因为某个特定的恒星或行星的运动，"在此运行过程中，无论处在何种连接部位，它经常被点燃"，这就形成各种各样的流星和彗星之类的天体。

这样一来，彗星当然就不是天体了，彗星被认为是由"地球物质"构成的，因而对它们的研究不属于天文学，而是属于"形而上学"。由于对亚里士多德的教条深信不疑，欧洲的天文学家在观测彗星时很少测量它的高度，因为答案是预设好的——在月球下面。但是第谷的观测证明了这种天象是发生在月球天层之上的。

第谷的观测无可怀疑地表明：这颗彗星在行星际空间运行，而且穿行于诸行星轨道之间。也就是说，这颗彗星正在毫不费力地穿越那些先前被认为携带着各行星的"完全透明、坚不可入"的天球！这使第谷明白了：原来这些天球其实根本不存在。这些事实与水晶球体系的冲突更为严重，更为直接，终于促使第谷断然抛弃了水晶球体系。1588年他发表了《论新天象》（*De Mundi Aetherei Recentioribus Phaenomenis*）一书，在观测基础上构建了新的宇宙体系，他明确指出：

天空中确实没有任何球体。……当然，几乎所有古代和许多当今的哲学家都确切无疑地认为，天由坚不可入之物造成，分为许多球层，而天体则附着其上，随这些球运转。但这种观点与事实不符。

　　第谷对超新星和大彗星的观测，是那个时代对水晶球教条最有力的打击。对于其他反对理由，水晶球体系捍卫者皆可找到遁词，但对于第谷提供的观测事实，则很难回避——除非否认他的观测事实本身。

　　亚里士多德学说的卫道士们很快认识到了这一点，而且确实有人做过这样的尝试。例如教皇指定的伽利略著作审查官之一齐亚拉蒙第（Scipione Chiaramonti），几十年后还为此专门写过两部著作，试图釜底抽薪，直接否认第谷的观测结果。1621 年他发表《反第谷论》（Antitycho），断言第谷彗星仍是在"月下世界"，而第谷超新星则根本不是天体；1628 年他又发表《三新星论》（De Tribus Novis Stellis），说第谷超新星也在"月下世界"。伽利略曾在《关于托勒密和哥白尼两大世界体系的对话》一书中力驳齐氏的上述谬说。

　　此时开普勒的行星运动三定律已发表多年，伽利略的望远镜观测结果也已公布一二十年了，对亚里士多德学说的反叛已经如火如荼，齐氏的书根本救不了这场大火了。

（原载《新发现》2009 年第 3 期）

双面人：天文学家和星占学家
——关于第谷的往事之四

以 1588 年《论新天象》的出版为标志，第谷在欧洲天文学界搞了一场相当温文尔雅的革命，捅碎了亚里士多德的水晶天球。这一年，他那慷慨的资助人丹麦国王弗雷德里克二世也龙驭上宾了。虽然此后第谷仍然在汶岛过了十年神话般的王家天文学家/星占学家生活，带领着助手和学生们夜观天象，但新国王对他的资助热情已经日益下降。

丹麦国王资助第谷，并不是单纯让他搞"科学研究"的，第谷还有另一项职责：为丹麦王室提供星占学服务。

比如，有时他得为王子们算算 horoscope（算命天宫图，一种根据人出生时刻日、月、五大行星在黄道十二宫位置来推测此人一生穷通祸福的星占学文献）。他为克里斯蒂安（Christian）王子、尤里克（Ulrik）王子和另一个王子推算的算命天宫图原件，至今都还保存在丹麦王家图书馆。其中后两位王子的算命天宫图都厚达三百页，简直就是一份冗长的报告，里面有具体的预言，还有详细的论证。而且报告都用拉丁文和德文各写一遍（据说是因为王后看不懂拉丁文）。

第谷在报告中的预言相当具体。例如，他预言克里斯蒂安王子将始终病魔缠身（看来他还很有"职业道德"，并非"只报喜不报忧"来讨好国王和王后），12 岁将有大病，29 岁要特别注意健康，而 56 岁很可能就是王子的大限，倘能过此一劫，则王子将有幸福的晚年。不过第谷在每份报告最后都要强调：上述预言不是绝对的，"因为上帝根据他的心意可以改变一切"。这样他就使得他的星占学预言变成了"不可证伪"的东西。

第谷是当时驰誉欧洲的星占学家，如果仅仅靠几下模棱两可的滑头招数，应该很难获此盛誉。事实上他很早就醉心于星占学，而且颇有"理论造诣"。

例如，他还在求学于莱比锡大学的少年时代，就替波伊策尔教授（Caspar Peucer，1525—1602）计算过算命天宫图。又如，第谷 20 岁那年，适逢一次日食（1566 年 10 月 28 日），他作出星占学预言称：此次日食兆示着土耳其苏丹苏莱曼（Suleiman，又拼作 Soliman）的死亡，不久果然传来了苏丹的死讯。因为当时土耳其奥斯曼帝国的势力正如日中天，基督教欧洲处在它扩张的阴影之下，所以第谷看来大获成功。当然，人们后来知道，其实苏丹死于日食发生之前的9月6日。不过，如果按照中国传统星占学中的"事应"之说，第谷的上述星占学预言仍然可以算是成功的。

1574年，第谷在哥本哈根作过一次关于星占学的演讲，题为《论数学原理》（*De Disciplinis Mathematicis*），这篇演讲被认为是那个时代星占学史上的重要文献。第谷在演讲中提出了这样的观点：

其一，星占学与神学并无冲突。因为《圣经》只禁止妖术，并不禁止星占学。

其二，人的命运虽然可以由天象来揭示，但人的命运也可以因人的意志而改变，还可以因上帝的心意而改变，"如果上帝愿意的话"。第谷宣称："星占学家并未用星辰来限制或束缚人的愿望，相反却承认人身上有比星辰更崇高的东西，只要人像真正的人，像超人那样生活，他就能依靠这种东西去克服那带来不幸的星辰影响。"这种诗意盎然的话语，当然可以让所有的星占学预言都立于不败之地。

第谷当然也没有忘记在演讲中搞一些哗众取宠的花样，例如他宣称，在星占学的所有反对者之中，只有当日的贵族和哲学家米兰多拉的皮科伯爵（Pico della Mirandola，1463—1494）是"唯一有真才实学的"，因为皮科伯爵试图从根本上驳倒星占学（伯爵写过驳斥星占学家的著作，据说对当时的星占学造成很大打击）。然而第谷接着又指出：不幸，伯爵之死恰好证明了星占学的正确，因为有三位星占学家都预言火星将在某一时刻威胁伯爵的生命，而伯爵竟真的死于当时（1494年11月17日）。

当时的天文学著作中，大都有谈论星占学的内容，因为那时尚在天文学和星占学分道扬镳的前夜。第谷"使超新星革命，让大彗星造反"的著作也不例外。他在1573年的《论新星》（*De Nova*）中，就讨论了1572年超新星的星占学意义。而在讨论1577年大彗星的德文小册子中，他也用了很大篇幅论述大彗星出现所具有的星占学意义。此外，在与友人的书信中（书信交流仍是那个时代学术交流最主要的途径之一），他也很认真地讨论着星占学，他致贝洛（H-Below）的长信就是一个重要例子。

文艺复兴带来了星占学的"第二黄金时代"——第一个在希腊化时代（公元前四世纪到公元一世纪）。与希腊化时代相比，星占学"第二黄金时代"的盛况又有过之。从表现形式看，两次黄金时代虽相去千年，却大有相同之处，突出表现为两点：一是君王贵族等上流社会人物普遍沉迷此道；二是都出现了第一流天文学家与第一流星占学家一身二任的代表人物：在希腊化时期当然是托勒密，在文艺复兴时期则是第谷和开普勒。

有的历史学家相信，第谷的星占学活动，很可能真对那个时代北欧的政治形势产生过实际影响！第谷曾为古斯塔夫·阿道夫（Gustave Adolphe）作过星占预卜，他预言这位瑞典王室的支系后裔将会成为瑞典国王。在第谷去世之后十年，此人果真登上了瑞典王位。据十七世纪的历史学家记载，正是第谷的星占预言鼓动了王室支系的勇气，使他们下决心去夺取嫡系手中的王位。从心理学的角度来看，这样的推测不无道理。

1599年，第谷似乎有机会重演一次汶岛的传奇，他来到布拉格，入主神圣罗马帝国皇帝鲁道夫二世赐给他的位于城外小山上的贝纳特基（Benatky）城堡。不久后的一天，29岁的开普勒来到城堡，成为第谷的助手（也就是学生）之一。因为开普勒最终是借助于第谷留下的精密观测资料才得以建立行星运动三定律的，所以开普勒到来的这一天（1600年2月3日），被认为是天文学史上意味深长的一天。但这一天也可以视为星占学史上意味深长的一天，因为这也是两位驰誉全欧的著名星占学家相会的日子。第谷和开普勒，这两位集第一流天文学家与第一流星占学家于一身的双面人，还将相处一段短暂的日子。

（原载《新发现》2009年第4期）

两百年的东方奇遇

——关于第谷的往事之五

1599 年，第谷入主布拉格城外的贝纳特基城堡，次年 2 月 3 日开普勒来到城堡，成为第谷的助手。第谷正准备在神圣罗马帝国皇帝鲁道夫二世的资助下，再展开一段帝国御用天文学家的如歌岁月，却想不到上帝竟提前召他去天国了。1601 年 10 月他不幸染病，11 天后就溘然长逝（10 月 24 日），享年仅 54 岁。

第谷的巨著《新编天文学初阶》(*Astronomiae Instaurata Progymnasmata*)，生前未及完成，开普勒在 1602 年将它出版。还有以赞助人鲁道夫二世命名的《鲁道夫星表》(*Rudolphine Tables*)，第谷生前也未能完成，他在临终病榻上殷殷嘱咐开普勒尽快接着完成。他还希望《鲁道夫星表》能够建立在他自己构建的宇宙模型之上，但这个要求开普勒后来并未遵从。《鲁道夫星表》直到 1627 年方才出版，那时开普勒的行星运动三定律也已经发表多年，天文学已经进入开普勒时代了。

第谷对自己构建出来的宇宙体系模型，还是相当自信和珍爱的。他一直是哥白尼日心说的怀疑者。他在《论天界之新现象》(De Mundi，1588；来华耶稣会士译为《彗星解》) 中提出自己的新宇宙体系，试图折中哥白尼和托勒密的学说。他让地球仍然留在宇宙中心，让月亮和太阳绕着地球转动，同时让五大行星绕着太阳转动。

第谷提出的宇宙体系模型，在当时和稍后一段时期内，获得了欧洲相当一部分天文学家的支持。例如雷默斯 (Nicolaus Reimers，1551—1600) 的《天文学基础》(Fundamentum Astronomicum，1588)，其中的宇宙体系几乎与第谷的完全一样，第谷还为此和他产生了发明权之争。又如后来丹麦宫廷的"首席数学教授"、哥本哈根大学教授朗高蒙田纳斯 (Christen Sørensen Longomontanus，1562—1647) 的《丹麦天文学》(Astronomia Danica，1622)，也完全采用第谷体系。直到意大利天文学家里乔利 (Giovanni Battista Riccioli，1598—1671) 雄心万丈的著作《新至大论》(New Almagest，1651)，仍然明确主张第谷学说优于哥白尼学说。该书封面图案（见图 2-7）因生动反映了作者的观点而流传甚广。

图 2-7 《新至大论》封面图案

右面的司天女神正手执天秤，衡量第谷体系和哥白尼体系，天秤表明第谷体系更重。托勒密体系则已被委弃于地下。

第谷体系至少在他提出之后数十年内，也经受住了天文学新发现的考验。

1610年，伽利略在《星际使者》一书中介绍了他用望远镜观测天象所获得的新发现，造成巨大轰动，对当时各家宇宙体系形成了严峻考验。伽利略的新发现可归纳为六点：其一，木星有卫星；其二，金星有位相；其三，太阳有黑子；其四，月面有山峰；其五，银河由众星组成；其六，土星为三体（实际上是光环造成的视觉形象）。

当时相互竞争的宇宙体系主要是如下四家：

其一，1543年问世的哥白尼日心体系；其二，1588年问世的第谷准地心体系；其三，尚未退出历史舞台的托勒密地心体系；其四，仍然维持着罗马教会官方哲学中"标准天文学"地位的亚里士多德水晶球体系。

伽利略新发现的后四点与日心地心之争没有直接关系（但三、四两点对亚里士多德水晶球体系是沉重打击），木卫的发现，虽然为哥白尼体系中把地球作为行星这一点提供了一个旁证（因为按哥白尼学说，地球也有一颗卫星即月亮），但这毕竟只是出于联想和类比，并无逻辑上的力量。最重要的一点是金星位相。地心体系不可能解释这一天象，而金星位相正是哥白尼日心体系的演绎结论之一。它对哥白尼日心体系来说是一曲响亮的凯歌。然而这曲凯歌却也同样也属于第谷体系，因为第谷体系也能够圆满地解释金星位相。所以在这一点上，第谷体系也能与哥白尼体系平分秋色。

在欧洲,《新至大论》或许已经是第谷体系最后的颂歌,此后第谷体系逐渐成为过眼云烟。但是第谷做梦也不会想到,他的体系居然会在遥远的中华帝国,成为帝国官方天文学说,并且长达二百年!

1629年,明朝大臣徐光启奉命召集来华耶稣会士修撰《崇祯历书》,五年后修成。第谷宇宙模型被《崇祯历书》用作理论基础,在"五纬历指"之"周天各曜序次第一"中,有"七政序次新图",即第谷的宇宙体系模型。而全书中的天文表全部以这一模型为基础编算。1644年明朝灭亡,耶稣会士汤若望将《崇祯历书》略加修订后,献给清政府,更名为《西洋新法历书》,清廷于顺治二年(1645)颁行天下,遂成为清代的官方天文学。

1722年,清廷又召集学者撰成《西洋新法历书》之改进本《历象考成》,在体例、数据等方面有所修订,但仍采用第谷体系,许多数据亦仍第谷之旧。《历象考成》号称"御制",表明第谷宇宙模型仍然保持官方天文学理论基础的地位。

1742年,清朝宫廷学者又编成《历象考成后编》,其中最引人注目之处,是改用开普勒第一、第二定律处理太阳和月球运动。按理这意味着与第谷宇宙模型决裂,但《历象考成后编》别出心裁地将定律中太阳与地球的位置颠倒(仅就数学计算而言,这一转换完全不影响结果),故仍得以维持地心体系。不过如将这种模式施之于行星运动,又必难以自圆其说，然而《历象考成后编》却仅限于讨论日、月及交蚀运动，对行星全不涉及。而且《历象考成后编》又被与《历象考成》合为一帙，一起发行，这就使得第谷模型继续保持了"钦定"地位，至少在理论上是如此。此后清朝的天文学长期处于停滞状态，第谷体系的官方地位也就继续保持不变。

第谷在中华帝国还有一段留存至今的华彩乐章——他的天文仪器。

第谷晚年在离开汶岛后完成了《新天文仪器》（*Astronomae Instauratae Mechanica*，1589）一书，此书也是耶稣会士带到中国的重要参考书之一。1673年，耶稣会士南怀仁奉康熙之命建造了六件大型天文观测仪器，依次是：天体仪、黄道经纬仪、赤道经纬仪、地平经仪、象限仪、纪限仪。这六件大型青铜仪器几乎就是约一个世纪前第谷所建造天文仪器的直接仿制品，至今仍完好保存在北京建国门古观象台上。

（原载《新发现》2009年第5期）

哥白尼的圆：尚未扑灭的"谬种"

我们知道，哥白尼，和许许多多古代天文学家一样，是吮吸着托勒密的精神乳汁长大的，他自己也坦然承认这一点。

但是，托勒密在他的行星运动几何模型中引入"对点"（equant），这被认为是对"匀速圆周运动"这一古希腊理念的不忠或背叛。对点与地球分别位于均轮中心的两侧，而本轮中心则在均轮圆周上以相对对点而言的等角速度运行，行星则在本轮圆周上运行。

据说，哥白尼比托勒密更忠诚于上述理念。尽管现在有人认为，托勒密在《至大论》中的"对点"模型，实际上已开后世开普勒椭圆运动模型的先声，但在哥白尼和他的某些追随者看来，这却是相当离经叛道的。所以德国天文学家伊拉斯谟·莱因霍德（Erasmus Reinhold，1511—1553）在他评注的哥白尼《天体运行论》（1543年初版）扉页上写道："天界运动，不是匀速圆周运动就是匀速圆周运动的组合"。

哥白尼虽然在《天体运行论》中抛弃了托勒密的"对点"，重归于对"匀速圆周运动"的忠诚，但在数学上，他仍然要面对与托勒密所面对的等价问题，而他的办法是采用"双小本轮"。这种方案被认为"下面隐藏了一座冰山"，因为研究伊斯兰天文学史的权威、美国科学史学者爱德华·肯尼迪（Edward S. Kennedy，1912—2009）和他的学生，在十三、十四世纪一些波斯和大马士革的伊斯兰天文学家那里发现过完全相同的方案。哥白尼是从何处知道这种方案的？或者是他自己独立想出来却刚好与前人巧合？这些都还是未解之谜。

不管是托勒密的模型还是哥白尼的模型，它们都是古希腊传统的几何模型，在这些模型中，对天体运行的数学描述，总的来说都符合"不是匀速圆周运动就是匀速圆周运动的组合"这一原则（托勒密的"对点"方案只是稍稍偏离了一下"匀速"而已）。这些模型通过一系列的"均轮""本轮"的组合，并调整它们的半径、转速和运行方向，就能给出任意时刻运行中的天体在天球坐标系中的位置。

以前有一个说法，曾在一些天文学史著作中流行：随着天文学的发展，托勒密的地心体系不得不越来越繁琐，到了哥白尼时代，托勒密体系已经繁琐得让人难以忍受了。而新生的哥白尼体系则简洁明了，所以哥白尼学说的胜利是必然的。

这个说法源头何在，尚未考证出来，但它至少得到了1969年版的《不列颠百科全书》中有关条目的支持。那条目中说，到了中世纪晚期的《阿尔方索星表》时代，在托勒密体系中，仅仅处理一个行星的运动就需要40到60个本轮！

说起《阿尔方索星表》，现在知道的人很少了。这个星表因一位国王得名，此人是伊比利亚半岛的莱昂（Leon）王国和卡斯提尔王国的国王，通常译为阿尔方索十世（Alfonso X，1223—1284）。因为赞助天文学研究（他本人想必也对此很有兴趣），所以当时风行欧洲的《阿尔方索星表》和另一部天文学著作都归在他名下。阿尔方索十世在哥白尼时代，仍是在天文学上大有地位之人。例如，当年来华耶稣会士在《崇祯历书》（1634年修成）中曾这样说："兹惟新法，悉本之西洋治历名家曰多禄某（按即托勒密）、曰亚而封所（按即阿尔方索十世）、曰歌白泥（按即哥白尼）、曰第谷（按即我们熟知的丹麦天文学家第谷）四人者。盖西国之于历学，师传曹习，人自为家，而是四家者，首为后学之所推重，著述既繁，测验益密，立法致用，俱臻至极。"

托勒密的《至大论》是欧洲整个中世纪的天文学圣经，《阿尔方索星表》当然是以托勒密体系为基础编算的。但是，它真的像1969年版《不列颠百科全书》中那个条目说的那样繁琐吗？

这里我们有必要参考一个曾读过哥白尼《天体运行论》六百次的人的意见。

这是一个名叫欧文·金格里奇（Owen Gingerich）的美国人。他是哈佛大学的天文学教授和科学史教授，曾担任该校科学史系主任，还担任过国际天文学联合会美国委员会的主席。他是研究欧洲十六世纪天文学史的权威，在这方面发表了大量论著。他有一个奇特的癖好：三十多年间行程数十万英里，在世界各地查阅了近六百册第一、第二版的《天体运行论》。金格里奇在此基础上汇编了一本《哥白尼〈天体运行论〉第一第二版评注普查》[1]。而他最重要的著作之一是《哥白尼大追寻与其他天文学史探索》[2]。

金格里奇曾就托勒密体系仅处理一个行星的运动就需要 40 到 60 个本轮的说法，向《不列颠百科全书》的编辑们质疑其真实性，但那些编辑"闪烁其词"，他们推说那一条目的撰写者已经去世，而关于条目中上述说法的证据，他们也无法提供任何线索。

金格里奇用电脑重新计算了在哥白尼之前曾长期流行的《阿尔方索星表》，发现它完全依据托勒密的原初方案，它"纯粹而简单的计算"数据竟然与十六世纪上半叶记录

1　Owen Gingerich, *An Annotated Census of Copernicus' De Revolutionibus: Nuremberg, 1543 and Basel, 1566*, Leiden: Brill, 2002.

2　Owen Gingerich, *The Great Copernicus Chase: and Other Adventures in Astronomical History*, Cambridge: Cambridge University Press, 1992.

下来的实际观测极为吻合。而在 1531 年问世的德国天文学家施特夫勒（Johannes Stoeffler，1452—1531）的《星历表》（*Ephemeridum Opus*）——金格里奇认为它是当时最优秀的——中，也"绝对没有任何关于本轮相叠加的证据"。所以金格里奇认为，"一个重复了多次并且似乎已经确定无疑的传说，大概就这样破灭了"。

虽然在《天体运行论》完成之前，哥白尼本人确实曾经在他的小册子《纲要》中欢呼过："看哪！只需要 34 个圆就可以解释整个宇宙的结构和行星们的舞蹈了！"但是金格里奇指出，由于哥白尼添加了许多小本轮，"他实际上得（用）到了与《阿尔方索星表》或施特夫勒《星历表》所用的托勒密的计算方案相比而言更多的圆"。

上面这个关于托勒密体系复杂而哥白尼体系简洁的错误传说，至今仍在流传。金格里奇对此颇有些愤愤不平，他说："显然，我并没有扑灭这个谬种。"

（原载《新发现》2008 年第 9 期）

哥白尼学说往事：科学证据是必要的吗？

教师在课堂向学生传授科学知识时，通常也会描绘一些相关的历史图景，不过这些图景往往不是真实的，而是根据"教学需要"建构起来的虚假图景。人们相信，这种图景对学生尽快掌握教师所要传授的知识是有利的。

在这种图景中，一个科学理论之所以会获得胜利，必定是因为它得到了实验（或观察）的证实，也就是它被证明是"正确的"。例如，爱因斯坦在 1915 年提出广义相对论，并预言：远处恒星的光线在到达地球被我们看见的路程中，如果经过大的引力场，就会偏折。在 1919 年发生日全食之后，世人普遍相信这个预言已经由爱丁顿爵士在日食观测中证实了（现在我们知道这并非事实），于是广义相对论被证明是正确的。在教师于课堂上所描绘的图景中，科学学说的胜利普遍遵循上述模式。

哥白尼学说的提出及其胜利，被认为是近代"科学革命"的第一场大戏，真是"革命如此多娇，引无数学者竞折腰"！许多科学史和科学哲学的大家都对"哥白尼革命"专门下过功夫。可是偏偏在这个哥白尼学说的胜利问题上，教师们如果不想歪曲事实，就只好顾左右而言他了。因为哥白尼学说的胜利之路，明显违背了上述普遍模式。

哥白尼无法回答的诘难

哥白尼的日心说，是一个和人们的日常感觉直接冲突的学说，因为它断言太阳静止在宇宙的中心，我们每天看见的太阳东升西落，和太阳在黄道上的周年运动，实际上是我们地球自转并围绕着太阳旋转造成的现象。而哥白尼学说打算取代的，是已经被世界广泛接受的托勒密地心说，它主张地球静止在宇宙的中心，这与我们的日常感觉完全相符。

按照常理来推想，一个与人们的日常感觉明显冲突的学说，要取代一个长期被广泛接受而且与日常感觉完全相符的学说，显然特别需要实际的观测证据来证明它的正确性。可是在哥白尼提出他的日心学说时，关于这一学说的任何实际观测证据都还没有出现。

事实上，古希腊的阿利斯塔克（Aristarchus，约公元前310—约前230）早就提出过日心地动学说了，当然他未能做出哥白尼那样的系统论证。日心地动学说之所以长期得不到认可，是因为始终存在着两条重大的反对理由。对这两条反对理由，哥白尼本人也未能给出有效的反驳。

第一条，如果地球真的是围绕太阳旋转，那我们为何观测不到恒星的周年视差（annual parallax）？

地球如果确实在绕日进行周期为一年的公转，则相隔半年，从它的椭圆轨道自此端运行至彼端，这两端的距离可达近3亿公里。从三角测量的角度来说，在一根长达3亿公里的基线两端观测远处的恒星，它们的方位无论如何应该有所改变，这就是恒星的周年视差。

由于自古以来，天文学家从来没有观测到恒星的周年视差，这就成为对日心地动学说的致命反证，即无法证明地球是在绕日公转的。在哥白尼学说问世之后，第谷的天文观测被欧洲公认达到了前无古人的精度，他也没有观测到恒星的周年视差。哥白尼在《天体运行论》中，只能强调恒星非常遥远，因而周年视差非常微小，无法观测到。这确实是事实。但要驳倒这条反对理由，只有将恒星周年视差观测出来才行。

第二条反对理由，被用来反对哥白尼学说中的地球自转，也是从日常感觉出发的：如果地球真的在自转，那我们垂直向上抛掷一个物体，它落回地面的地点，应该偏向上抛位置的西边。或者换一种更简单的实验：从桅杆顶端垂直落下一块石头，石头落地的位置应该在桅杆西边一点。而在日常生活中，我们观测不到任何这样的效应。

带着这样两条"致命伤"，哥白尼学说怎么可能被承认为正确的科学学说呢?

迟来的科学证据

哥白尼学说的那两条致命伤口,后来随着科学的发展,终于慢慢愈合了。

小的那条伤口愈合得早一些,到十七世纪伽利略阐明运动的相对性原理,以及有了速度的矢量合成之后,得到了合理解释:由于地球在自转,所以石头从一开始就拥有向东的横向速度,垂直速度和横向速度的合成就使得石头落回原处。

大的那条伤口,用了更长的时间才得以愈合。随着望远镜的广泛应用,人们可以观测到更为微小的差值,1838年,德国天文学家贝塞尔(Friedrich Wilhelm Bessel,1784—1846)终于观测到了恒星天鹅座 61 的周年视差。哥白尼当年的解释,至此可以成立了。

不过在此之前,已经出现了另一个支持哥白尼学说的证据。1728 年,英国天文学家布莱德雷(James Bradley,1693—1762)发现了恒星的周年光行差(annual aberration),作为地球绕日公转的证据,这和恒星周年视差具有同等效力。三十年后,1757 年,罗马教廷取消了对哥白尼学说的禁令。所以,严格地说,哥白尼学说最早也要到 1728 年才得到了科学的证明，才可以被承认为一个正确的学说。

但是为什么在此之前，许多人已经接受这个学说了呢?开普勒就是一个非常有说服力的例子。他在伽利略做出望远镜新发现之前，就已经勇敢接受了哥白尼学说（有他 1597年 10 月 13 日致伽利略的信件为证），而当时，反对哥白尼学说的理由还一条也未被驳倒，支持哥白尼学说的发现还一项也未被做出。

"先结婚后恋爱"

哥白尼学说"革命"的对象，是他自己的精神乳母——托勒密宇宙学说。但是革命总要有思想资源，然而哥白尼的学说既没有提高精确性（和第谷相比，哥白尼在天文观测的水准和精度方面都大大逊色），自己的理论还有着无法解释的和日常现象的明显冲突。那当时哥白尼依靠什么来发动他的革命呢?

美国科学史学者托马斯·库恩（Thomas S. Kuhn，1922—1996）在他的力作《哥白尼革命》[1]中指出，哥白尼革

---

1 Thomas S. Kuhn, *The Copernican Revolution: Planetary Astronomy in the Development of Western Thought,* Cambridge: Harvard University Press, 1957.
［美］托马斯·库恩：《哥白尼革命：西方思想发展中的行星天文学》，吴国盛、张东林、李立译，北京大学出版社，2020 年。

命的思想资源，是哲学上的"新柏拉图主义"。出现在三世纪的新柏拉图主义，是带有神秘主义色彩的哲学派别，他们"只承认一个超验的实在"；他们"从一个可变的、易腐败的日常生活世界立即跳跃到一个纯粹精神的永恒世界里"；而他们对数学的偏好，则经常被追溯到相信"万物皆数"的毕达哥拉斯学派。当时哥白尼、伽利略、开普勒等人，从人文主义那里得到了两个信念：其一，相信在自然界发现简单的算术和几何规则的可能性和重要性；其二，将太阳视为宇宙中一切活力和力量的来源。

"革命"本来就包含着"造反"的因素，即不讲原来大家都承认的那个道理了，要改讲一种新道理，而这种新道理是不可能从原来的道理中演绎出来的，那样的话就不是革命了。科学革命当然不必如政治革命那样动乱流血，但道理是一样的。如果不革命，那么满足于在常规范式下工作的天文学家们，只能等到布莱德雷发现恒星周年光行差，或等到贝塞尔发现恒星周年视差之后，才能够完全接受哥白尼的日心体系。然而这并不是历史事实。因为在此之前，哥白尼体系实际上已经被越来越多的学者所接受。因此哥白尼革命的胜利，明显提示我们：科学革命实际上借助了科学以外的思想资源。

在这场提前获得的胜利中，科学证据不是必要的。开普勒、伽利略等人基于哲学理念而对哥白尼学说的接纳（例如，开普勒的"宇宙和谐"信念，就与新柏拉图主义一脉相承），类似于"先结婚后恋爱"：先接受这个学说，再"齐心合力将转动的马车拉到目的地"（开普勒鼓动伽利略的原话）。

（原载《新发现》2012 年第 10 期）

哥白尼和星占学的隐秘关系

哥白尼会和星占学有关系吗？

在以往我们熟悉的历史论述中，哥白尼是"科学革命"的旗帜，他的《天体运行论》是科学的经典。而在哥白尼稍后的第谷，以及第谷之后的开普勒，不仅在天文学上名垂青史，他们同时也是那个时代最著名的星占学家[1]。但是哥白尼的名字，似乎从未和星占学发生关系。

确实，在哥白尼的《天体运行论》中，无一语涉及星占

---

[1] 参见第二辑《双面人：天文学家和星占学家——关于第谷的往事之四》及《开普勒：星占学与天文学的最后交点》。

学。从现有的文献来看，哥白尼没有绘制过一幅算命天宫图，没有发表过一部星占预言，"甚至没有撰写过一篇占星学赞美诗"，而那些行为，在哥白尼生活的那个时代，是相当普遍的。这难免使人怀疑：哥白尼会和他生活时代的文化氛围隔绝得那么彻底吗？对那个时代极为盛行的星占学活动，哥白尼真的能够"一尘不染"吗？

有这样的怀疑当然是合理的，但真要确立哥白尼和星占学的关系，我们必须看到足够的有力证据。十年前，真有人打算认真给出这样的证据。美国科学史学者韦斯特曼（Robert S. Westman）写了一本大部头著作《哥白尼问题：占星预言、怀疑主义与天体秩序》[1]，他表示自己穷二十三载之功，始得撰成此书。

此书中译本分上下两卷，近1300页，极可能是2020年度国内书业最重磅的科学史出版物。书中呈现了广阔的历史和文化背景，写作风格可能会让许多人或望而生畏，或如堕五里雾中，很快放弃对它的阅读尝试；但也会让一些人很快沉溺于其中，甚至产生类似"无力自拔"的感觉。也许这正是作者希望的效果。

1　Robert S. Westman, *The Copernican Question: Prognostication, Skepticism, and Celestial Order,* Berkeley: University of California Press, 2011. ［美］罗伯特·S. 韦斯特曼：《哥白尼问题：占星预言、怀疑主义与天体秩序》，霍文利、蔡玉斌译，广西师范大学出版社，2020年。

哥白尼和诺瓦拉

和一般的科学史著作不同，和以往库恩《哥白尼革命：西方思想发展中的行星天文学》（1957年初版）之类或多或少以科学哲学为着眼点的著作也不同，韦斯特曼的书有更为浓厚的史学风格，历史材料非常丰富，问题讨论非常深入细致，甚至到了琐碎的地步。在这样不厌其烦的细致追问之下，许多先前人们没有注意到的细节就会被揭示出来，许多先前人们没有想到的问题也会一起被提出来。

比如，1496年哥白尼来到博洛尼亚，居住在当地著名人士诺瓦拉（Domenico Maria Novara，1454—1504）的宅邸中。哥白尼是从诺瓦拉那里学习天文学的。

但这诺瓦拉何许人也？他是当时的星占学大家。在哲学上，诺瓦拉是一个新柏拉图主义者，这种哲学认为太阳至高无上，这对日心学说而言显然是一种重要的思想资源。关于这一点，库恩在《哥白尼革命》中也指出过。但更重要的是，诺瓦拉又是当时活跃的星占学家，有着一堆博洛尼亚地区的星占学朋友。韦斯特曼认为，诺瓦拉不可能不在星占学方面对哥白尼产生某种程度的影响。

支持韦斯特曼这种想法的另一个理由，是当时的时代氛围。韦斯特曼详细描述了当时欧洲星占学极为流行的盛况，并且认为："15世纪的最后25年，印刷术兴起之后，作为一种新现象而出现的学术性占星和民间流行预言……为后面详尽分析哥白尼思想的形成过程，做好了必要的铺垫。"

1496 年哥白尼到达博洛尼亚时，米兰多拉的皮科伯爵批判星占学的书刚刚出版，韦斯特曼认为："哥白尼自此以后考虑的一个主要问题，就是要回应皮科对行星秩序的质疑和否定，只不过这一点几乎不被人所觉察。"

这里可以补充一点历史背景：皮科对星占学的批判，可以说是当时欧洲重要的文化事件之一，引起了持久的反响。例如，将近八十年后，当时欧洲的著名星占学／天文学家第谷，还在一次著名演讲中回应皮科，说皮科虽是唯一有真才实学的星占学反对者，但皮科死于三个星占学家预言他有生命危险的时刻，恰好证明了星占学的正确。

所以，哥白尼心心念念要回应皮科，在那个时代是非常有可能的，尽管这并不意味着《天体运行论》中必然出现关于星占学的论述。

科学革命和星占学

自从库恩 1962 年推出《科学革命的结构》[1] 以来，尽管对"科学革命"的定义和论证都言人人殊，但在论述科学发

---

1 Thomas S. Kuhn, *The Structure of Scientific Revolutions*, Chicago: University of Chicago Press, 1962. ［美］托马斯·库恩:《科学革命的结构》(第四版)，金吾伦、胡新和译，北京大学出版社，2012 年。

展的历史时，"革命"成为时髦，不谈论"科学革命"好像就跟不上潮流了。

但韦斯特曼对"革命"是没有兴趣的。而且由于他力求回到历史现场，在大量的史料和细节面前，一切都变得细致而连续，通常我们想象的那种"革命"也就很难呈现了。在我以往的阅读经验中，通常在那种相当脱离历史现场和细节的"思想史"风格的作品中，才更容易看到"革命"。当然，一切历史都离不开某种程度的建构，到底是呈现连续的细节，还是呈现"革命"的高潮，基本上取决于作者的认识和选择。

韦斯特曼分析了《天体运行论》问世之后约半个世纪欧洲的天文学发展形势，特别是1572年的新星爆发和1577年的大彗星所产生的影响，深入讨论了开普勒思想的形成及其复杂性和开放性，还详细讨论了开普勒和伽利略两人之间的关系，以及他们和哥白尼思想之间的关系。事实上，他的《哥白尼问题》几乎就是一部以哥白尼为中心的十五到十七世纪的欧洲天学外史。

在以往我们熟悉的论述中，通常不会将科学革命和星占学联系在一起，因为在我们已经习惯的认知中，这两者是冲突的，甚至是敌对的。但实际上，哥白尼的革命恰恰就发生在一个星占学极度盛行的时代，如果我们讨论哥白尼及其学说时，硬要将星占学极度兴盛的时代背景过滤掉，将讨论对象和时代氛围割裂开来，确实没有道理。

对十五到十七世纪的欧洲而言，天文学确实在很大程度上扮演着星占学的数理工具这样一种角色，所以韦斯特曼关于哥白尼本人以及他的学说与星占学之间关系的猜测，至少是值得重视的。但实事求是地说，要想确立哥白尼和星占学之间的关系，韦斯特曼给出的几条理由都还比较勉强，只能说他指出了这样一种可能：哥白尼写《天体运行论》是想为星占学提供更好的天文学工具。

关于哥白尼是不是革命者，韦斯特曼赞成并引述了库恩《哥白尼革命》中的意见，认为哥白尼学说是"制造革命的"（revolution-making）而非"革命性的"（revolutionary），这确实不失为一番相当高明的见解：

> 哥白尼的成就并不是"现实性的"（realist），即新的理论并没有对应现实成果，它最有价值之处，不在于揭示了"自然的真相"，而在于它的启发性，在于随后带来了"丰富的成果"。……正是从他这里开始，开普勒、伽利略、牛顿才能前赴后继，不断地想象他们的新世界。

（原载《新发现》2021 年第 11 期）

开普勒：星占学与天文学的最后交点

我年轻时，对自己未来的生活状况未能正确估计，曾发一愿：40岁那年要开始养一只花猫，猫的名字也预先起好了，就叫开普勒。结果现在50也过了，一直就根本没有时间养猫。不过我对开普勒其人的种种行事，兴趣始终不减。

为猫取名开普勒，其实未必吉利：开普勒虽是天才，却从小体弱多病，差点死于天花，又生性好斗，不是一个好相处的人，所以人际关系一直不和谐。不过很奇怪，在思想上，他却是特别向往和谐的，他最重要的著作之一就是《宇宙和谐论》（1619年初版，行星运动三定律中的第三定律即发表于此书中），书中的思想可以往上一直追溯到古希腊的毕达哥拉斯。

在现代人心目中，开普勒之所以能够名垂青史，是因为他发现了行星运动三定律。但开普勒曾经是那个时代全欧洲最著名的星占学家之一，事实上，没有他的星占学也就没有行星运动三定律。至少到十七世纪早期，天文学家仍然同时就是星占学家。开普勒就是这个传统最后的代表人物。

开普勒生活的时代，是魔法师、炼金术士、星占学家掌握话语权的时代，这些人对当时世界的影响远远超过任何一个科学家——如果那时已经有这种人的话。当时主要有两件事使开普勒声名远播：一是他编算的星占历书，二是他用星占学为当时的大人物算命。

星占历书是十六、十七世纪最为畅销的读物，据说销售册数超过圣经。

这种东西大致相当于中国古代的"黄历"，里面包括这一年的历日，一年中重要的天文事件（如日月交食、行星"合"之类），但更重要的是对这一年大事的预言（这需要用星占学来"推算"），包括战争、灾害、年成丰歉等等。此外还有五花八门的内容，诸如集市一览、公路里程、医药处方、法律用语、园艺须知……几乎就是生活中的小型百科全书。

开普勒 24 岁那年第一次编星占历书，他在其中所作的"好战的土耳其人入侵奥地利""这年冬天特别寒冷"等预言，据说都应验了，于是声名鹊起，每年都有出版商找他编这种书。

开普勒一生都未曾富有过，纯粹的天文学研究又是只会花钱不能挣钱的事情，他又很少遇到财力雄厚生性慷慨的赞助人，因此他需要用星占学来挣钱。他那"星占学女儿不挣钱来，天文学母亲就要饿死"的名言，就是这样来的。

编算星占历书固然对开普勒的财政状况不无小补，但他更重要的星占学活动是为大人物算命，这些活动给他带来传奇性的声誉。

1608 年，有人请开普勒为一位"不想说出姓名"的贵族排算"算命天宫图"，并推算命运。这种匿名算命是当时流行的做法。开普勒知道此人是当时的捷克贵族瓦伦斯坦因（Albrecht von Wallenstein，1583—1634），但他并不说破。他预言此人有"争名夺利的强烈愿望"，将会"被暴徒们推为首领"等等。16 年后，这份算命天宫图又被送到开普勒手中，上面已经有瓦伦斯坦因的亲笔批语，这次是要求开普勒"补充未来命运的细节"。此时瓦伦斯坦因已经是神圣罗马帝国的"弗里德兰和萨冈公爵、最高统帅、大洋和波罗的海将军"，即将出任联军统帅。

奇怪的是，这次开普勒拒绝了他的要求，反而教训说，如果现在还相信命运是由星辰决定的，那此人"就还未将上帝为他点燃的理性之光放射出来"。更奇怪的是，开普勒的拒绝竟丝毫未破坏瓦伦斯坦因对他的好感，他继续赞助开普勒的天文学研究，为开普勒提供住宅和各种方便，让开普勒能够安心编撰《鲁道夫星表》（1627 年出版）。而最奇怪的是，开普勒当年为瓦伦斯坦因所作的星占推算，终止于1634年：恰恰在这一年的2月25日，瓦伦斯坦因遇刺身亡。此时开普勒自己也已经去世四年了。他26年前所作的推算恰恰止于此年，因此被认为有星占学上的深意存焉。

开普勒的拒绝，看来是出于对瓦伦斯坦因的爱护。对此可以从他的另一次著名星占学活动得到旁证。1610年，神圣罗马帝国处于皇帝鲁道夫二世和反叛的匈牙利国王之间的内战中。交战双方都要求开普勒为他们占卜。开普勒是鲁道夫二世的"皇家数学家"，尽管薪水经常被拖欠，他还是打算恪守臣节，忠于皇帝，所以他为皇帝作了吉利的占卜，而给了即将攻城的叛军不利的结论（希望以此动摇他们的信心）。但同时他向皇帝的拥护者们大声疾呼，应该把星占学"从皇帝的视野中完全清除出去"！因为他知道城是不能靠星占学守住的。尽管开普勒的努力无济于事，叛军攻入布拉格，皇帝退位后不久就去世了，但17年后开普勒完成他的行星表时，仍然将其命名为《鲁道夫星表》。

星占学向来就是各种神秘主义学说中的翘楚，而开普勒一生都沉溺在神秘主义之中。38岁那年他在巨著《新天文学》（*Astronomia Nova*，1609）中发表了行星运动三定律中的第一、第二定律。而此前他一直在用神秘主义的方法探索行星运动，他早期的著作《宇宙神秘》（*Mysterium Cosmographicum*，1596）中，那幅在五种正多面体中间嵌合行星轨道的著名示意图，反复出现在现代的科学史著作中。而他之所以很早就接受哥白尼的日心学说（《宇宙神秘》就是捍卫日心学说的），也不是因为被科学证据说服，而是因为托马斯·库恩所说的"数学巫术和太阳崇拜"，后者是文艺复兴时期流行的"新柏拉图主义"（Neoplatonism）哲学思潮中的要义，哥白尼和开普勒两人对此都是非常服膺的。

开普勒的一生，体现了星占学与天文学的最后交点。

（原载《新发现》2006 年第 10 期）

1835年的月亮：一场可喜的骗局

一场精心策划的科学骗局

1835年的月亮没有什么特别，但一场精心策划的骗局却让全欧洲都来注视它。这场骗局为什么竟是可喜的呢？

1834年1月，英国天文学家约翰·赫歇耳（John Herschel，1792—1871）赴南非好望角建造了一座天文台，准备对整个南天星空进行观测。由于约翰成就卓著的父亲威廉·赫歇耳（William Herschel，1738—1822）已经奠定了赫歇耳家族在欧洲天文学界响当当的名头，小赫歇耳的这次远征观测在当时广为人知。

1835年8月21日（周五），纽约《太阳报》（*The Sun*）在第二版上刊登了一条不太起眼的简讯：天上的发现——来自爱丁堡的杂志报道——我们刚刚从这座城市一位著名的出版人处得知，小赫歇耳通过一架自制的大型望远镜，在好望角获得了一些非常奇妙的天文发现。几天后，《太阳报》头版以连载的形式刊登了一篇长文，它的大标题非常醒目：约翰·赫歇耳先生在非洲好望角刚刚获得伟大的天文发现（来自《爱丁堡科学杂志副刊》）。

文章开篇，列出了赫歇耳"显然是利用基于新原理之上制成的广角望远镜，所获得的多项有冲击力的天文学新发现"。这些惊人的新发现包括："从太阳系的每一颗行星上都获得了非凡的发现；给出了一种全新的彗星解释理论；发现了其它太阳系行星；解决修正了数理天文学上几乎每一个重要难题"。而其中最令人震惊的成果，莫过于赫歇耳"用望远镜把月亮上的物体拉近到类似我们看一百码（91.44米）之外的物体那么近，确切无疑地解决了地球这颗卫星是否适宜居住的问题"。接下去很长的篇幅，主要是对赫歇耳"直径达 24 英尺（7.32 米）、重达 15000 磅（6803.89 千克）、放大倍数为 42000 倍"的望远镜的详细介绍。

经过这样一番精心铺垫之后，读者终于看到了赫歇耳用巨型望远镜从月亮表面获得的惊人发现：1835 年 1 月 10 日晚上，当他把望远镜指向月亮时，他看到了各种月亮植被和成群结队的棕色四足动物。

从 8 月 27 日起，《太阳报》对赫歇耳的月亮新发现进行了为期四天的连载，其中 8 月 28 日这天刊载的内容将整个事件推向高潮：赫歇耳在月亮上看到了有智慧的生命。文章对

图 2-8　1835 年 8 月 28 日，纽约《太阳报》刊登描绘月球生物的图片

这些月球智慧生物的外貌特征进行了详细的描绘，其中特别提到，它们最令人惊讶的地方是"长着像蝙蝠一样的翅膀"，而且在水中的时候，它们很敏捷地把翅膀全部打开，出水的时候，它们会像鸭子一样抖落水滴，然后很快收拢闭合。

好奇心被撩拨起来的大多数读者，注意力已完全被月亮新发现的内容所吸引，根本没想到要去辨识真伪。一种广为流传的说法是，甚至连耶鲁大学的几位天文学教授也上当了。作家爱伦·坡（Allan Poe，1809—1849）后来回忆起"月亮骗局"时也提到，弗吉尼亚学院的一位资深数学教授很严肃地告诉他，自己对整个事件一点都不怀疑。

骗局的结果出人意料

仅在一周内，《太阳报》凭借"月亮新发现"的报道就蹿升为美国报界的一颗新星。"月亮故事"甚至成为报业发展史上具有里程碑意义的事件。8月28日刊登的那篇描写赫歇耳观测到"像蝙蝠一样的月亮人"的文章，使《太阳报》当天的总发行量达到19360份：当时世界上发行量最大的报纸《泰晤士报》（Times），当天的总发行量也只有17000份。

《太阳报》获得巨大成功，它的竞争对手们也不得不纷纷不同程度地跟进。一些报纸作了全文转载，发行量也随之大增。包括《泰晤士报》在内的一些报纸也先后发表评论文章，认为《太阳报》所登载的月亮新发现"有可能是真实的"。

正在此时，《太阳报》一位名叫洛克（Richard Adams Locke，1800—1871）的记者，向朋友透露了整件事情的秘密，说所谓的月亮新发现，除约翰·赫歇耳正在南非进行观测确有其事之外，其它内容纯属子虚乌有，全出自他本人笔下。此事很快被曝光为一场骗局。

两周后的 9 月 16 日，《太阳报》刊登了一篇文章对此进行回应。文章表示，大多数人对整个故事表示赞赏，他们不仅乐意称它为智慧和天才的杰作，而且也乐见其所产生的积极效果。它把公众的注意力"从苦涩的现实中，从废奴的争斗中，稍稍解脱出来了一会儿"。对于所造成的"误解"，文章辩解说，虚构的月亮新发现可以被解读为"一个机智的小故事"，或是"对国家政治出版机构以及各种党派负责人令人厌恶的行为的一种嘲讽"。它拒绝承认这是一场骗局。文章中有一段在今天看来意味深长的话：

> 许多明智的科学人士相信它是真实的，他们至死都会坚信这一点；而持怀疑态度的人们，即使让他们身处赫歇耳先生的天文台，也仍然是麻木不仁。

《太阳报》居然采用这样的方式来化解尴尬局面，而更令它的对手意想不到的是，公众在知道"月亮故事"是一场骗局后，却并不拒斥它。事实上，这种戏剧性的情节反而更加刺激了公众的阅读热情。为了满足大众的需求，《太阳报》把"月亮故事"连载文章合编成一本小册子。小册子除了在美国国内畅销，还被翻译成各种语言，迅速在法国、德国、意大利、瑞典、西班牙、葡萄牙等欧洲国家传播开来。

科学只是现代大众媒体利用的资源

一场骗局为什么竟会产生如此戏剧性的后果呢？

首先，在今天看来绝对荒诞无稽的关于"月球智慧生物"的讨论，在当时却是许多科学界头面人物都在认真研讨的"科学课题"。例如，德国天文学家奥伯斯（Heinrich Wilhelm Matthias Olbers，1758—1840）和格鲁伊图伊森（Franz von Paula Gruithuisen，1774—1852）都认为，有理性的生命居住在月亮上是非常有可能的；而著名的数学家高斯（Karl F. Gauss，1777—1855）甚至设想了和"月亮居民"进行交流的具体方案，他认为"如果我们能和月亮上的邻居取得联系的话，这将比美洲大陆的发现要伟大得多"。这些讨论至少出现在《哲学年鉴》（*Annals of Philosophy*）、《爱丁堡新哲学杂志》（*Edinburgh New Philosophical Journal*）之类的学术刊物上。

其次，那时的大众媒体，看来已经和今天完全一样——

以娱乐公众为终极目的。在媒体眼中，科学只是供它们利用的资源之一，传播科学不是它们的义务，而只是它们的手段。所以"月亮故事"这样一场科学骗局，不仅没有受到公众的谴责，反而赢得公众的欢心，成为一场皆大欢喜的"多赢"喜剧。

当"月亮故事"正在如火如荼上演时，真正的"受害人"约翰·赫歇耳正在孜孜不倦地观测整个南天星空。1838年，他从好望角返回英国，出版了论著《1834—1838年间好望角天文观测结果》[1]。在此期间他对"月亮故事"究竟持何种态度，长期以来一直没有人注意。直到2001年，才有学者在赫歇耳家族的私人档案馆中找到小赫歇耳于1836年8月21日写给伦敦《雅典娜神殿》（*The Athenaeum*）杂志的一封公开信，他在信中就"月亮故事"颇为无奈地表达了自己所处的尴尬境地。

但不知何故，赫歇耳最终没有把信寄出。

也许，他并不反对让自己的名字继续和这出喜剧联系在一起吧。

（原载《新发现》2011年第9期）

1　John F. W. Herschel, *Results of Astronomical Observations Made during the Years 1834, 5, 6, 7, 8, at the Cape of Good Hope: Being the Completion of a Telescopic Survey of the Whole Surface of the Visible Heavens, Commenced in 1825*, London: Smith, Elder and Co., 1847.

3.

古代天学与中外交流

为什么孔子诞辰可以推算？

并不是所有历史人物的诞辰都可以用天文学方法推算，但孔子的诞辰恰好可以。这是因为，在有关的历史记载中，孔子诞辰碰巧与一种可以精确回推的周期天象——日食——有明确的对应关系。

在此之前，孔子诞辰历来就有争议，前人也尝试推算过。但当我们注意到日食之后，这个推算工作就可以变得相当"投机取巧"了。具体的推算过程，我已经于1998年在海峡两岸同时发表了。不过，此事虽然不算复杂，但涉及一些大众不太熟悉的约定，从多年来的反映看，仍有一些读者不无疑问。

史料的甄别和利用

关于孔子的出生，一共只有三条历史记载传世：

其一，《史记·孔子世家》：鲁襄公二十二年而孔子生。

其二，《春秋公羊传》：（鲁襄公）二十有一年，……九月庚戌朔，日有食之。冬十月庚辰朔，日有食之。……十有一月，庚子，孔子生。

其三，《春秋谷梁传》：（鲁襄公）二十有一年，……九月庚戌朔，日有食之。冬十月庚辰朔，日有食之。……庚子，孔子生。

第一条没有月、日的记载，无法提供诞辰；第二条自相矛盾："十月庚辰朔"之后二十天是庚子，则整个十一月中根本没有"庚子"的日干支。只有第三条自洽而且提供了月份和日期，当然只能依据这一条来推算孔子诞辰。

很多人以为，要推算以中国夏历记载的历史事件日期，就必须知道该历史事件当时所使用的历法。这在一般情况下是对的，前人推算孔子诞辰也全都遵循这一思路。但公元前六世纪时中国所用历法的详情，迄今尚无定论，前人推算孔子诞辰之所以言人人殊，主要原因就在这里（因为各家都要对当时的历法有所假定和推测）。

其实孔子诞辰问题非常幸运，它根本不必遵循上述思路。因为在上述第三条记载中，有日食记录，而且已经分别提供了日食那天和孔子诞生那天的纪日干支（历史学界一致约定中国古代的纪日干支数千年来连续并且没有错乱），这就使我们可以借助天文学已有的成果，一举绕过历法问题而直取答案。

孔子诞辰的推算

这些已有的天文学成果包括：

其一，对历史上数千年来全部日、月食的精确回推计算。

其二，对公元前日期表达的约定：即公元前日期用儒略历表达。所谓"公元前"，是我们对公元纪年的向前延伸，延伸自然应该连续，不能设想，让十六世纪才开始使用的格里历向前跳跃一千五百多年去延伸。格里历虽比儒略历精确些，但天文学家推算历史日期时，其实并不使用这两种历法中的任何一种，约定使用儒略历表达只是为方便公众理解而已。

其三，"儒略日"计时系统：这是一种只以日为单位（没有年和月），单向积累的计时系统，约定从公元前4713年1月1日（儒略历）起算。这可以使天文学家在推算古代事件时，避开各古代文明五花八门的历法问题，获得一个共同的表达系统。中国古代连续不断的纪日干支系统实际上与"儒略日"异曲同工。

其四，中国古代纪日干支与公历日期的对应。

那么，鲁襄公二十一年是公元前552年，这年8月20日（儒略历），在曲阜确实可以见到一次食分达到0.77的大食分日偏食，而且出现此次日食的这一天，纪日干支恰为庚戌，这就与"九月庚戌朔，日有食之"的记载完全吻合（至于"冬十月庚辰朔，日有食之"的记载则无法获得验证，这次日食实际上并未发生）。然后，从"九月庚戌"逐日往下数五十天，就到十月"庚子"，这天就是孔子的诞辰。事情就这么简单！

从下面这个表可以看得更清楚：

儒略日	史籍记载历日	天象与事件	公历（公元前）
1520037	襄二十一年九月庚戌朔	日食	552年8月20日
1520067	襄二十一年十月庚辰朔	日食（实际未发生）	552年9月19日
1520087	襄二十一年十月庚子	孔子诞生	552年10月9日
1546536	哀十六年四月己丑	孔子去世	479年3月9日

《史记·孔子世家》说"鲁襄公二十二年而孔子生"，但下文叙述孔子卒年时，却说"孔子年七十三，以鲁哀公十六年四月己丑卒"，鲁哀公十六年即公元前479年，551减479只有72岁，这个问题只能用"虚岁"之类的说法勉强解释过去。

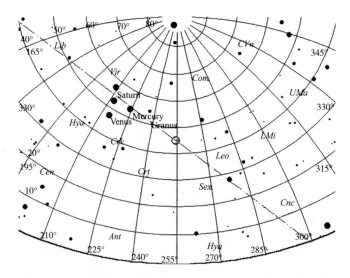

图 3-1 电脑模拟的孔子诞辰前 50 天，即公元前 522 年 8 月 20 日在曲阜所见日食及天象

所以结论是:

孔子于公元前 552 年 10 月 9 日诞生,公元前 479 年 3 月 9 日逝世。

这个结果与《史记》中"孔子年七十三"的记载确切吻合。

另外,在上面的推算中,不需要对公元前六世纪的中国历法作任何假定和推测,事实上,我们根本不需要知道当时用什么历法。

邮电部的低级错误

顺便说说,邮电部[1]在 1989 年发行"孔子诞辰 2540 周年"纪念邮票,是依据孔诞为公元前 551 年而发的,这就在年份上出了差错,因为 1989 +(551—1)= 2539 年。这是一个低级错误,并不存在一个"公元 0 年",所以公元前的年数必须减去 1。同样道理,2006 年就是孔子诞辰 2556 周年。2007 年纪念孔子时,改正这个错误的出路只有两条:或者再纪念一次孔诞 2557 周年,或者采纳孔诞为公元前 552 年 10 月 9 日的结论,倒又可以纪念 2558 周年了。

---

1 1998 年 3 月,邮电部和电子工业部合并为信息产业部,邮电部被撤销。——编者注

还有的人可能出于"国粹"之类的考虑，对"阳历的孔子生日"极为反感，其实也无必要，因为在推算出正确的孔子诞辰之后，我们完全可以用对应的农历日期来表达孔诞（比如 2006 年这一次就是"丙戌年八月十八日"），只是这样的话，每年对应的农历日期就要浮动了，不方便记忆。

目前国家有关部门和孔子家族尚未正式接受我所推算的结果，他们可能有他们的考虑吧。

（原载《新发现》2007 年第 1 期）

周武王伐纣时见过哈雷彗星吗?

　　武王伐纣是中国历史上第一场留下了较多史料和理论建构的"革命"。"革命"这个词,本义是"改变天命",我们今天仍在使用的词汇如"改革""革新""革除"中的"革"字,都还是类似意义。儒家虽然有"汤武革命"之说,但成汤灭夏桀只有简单记载且缺乏理论建构,非武王伐纣可比。

　　理论建构的要点,就是论证"天命归我"。但"天命"如何得知呢? 那就需要观察天象了,所以武王伐纣这样一场"革命",留下了 16 条与天象有关的记载。这些记载有真有伪,有些可以用现代天文学方法回推检验,但都可视为周人及后人为伐纣进行理论建构的一部分。

"武王伐纣，彗星出而授殷人其柄"

《淮南子·兵略训》载："武王伐纣，……彗星出而授殷人其柄。"按后世流传的星占学理论来看，这是一个不利于周武王军事行动的天象，因为"时有彗星，柄在东方，可以扫西人也"。就是说，周武王的军队在向东进发时，在天空中可以见到一颗彗星，它像一把扫帚，帚柄在他们要进攻的殷人那一边（东边）。但对天文学家来说，这条记载给出了彗头、彗尾的方向，不失为一个宝贵信息。毕竟，古人记载天象是"搞迷信"用的，不是给现代天文学家当观测资料用的，所以一点一滴的信息都很宝贵。

1970 年代，曾任紫金山天文台台长的张钰哲（1902—1986），利用当时还很稀罕的 TQ-6 型电子计算机，计算太阳系大行星对哈雷彗星轨道的摄动，描述哈雷彗星三千年轨道变化趋势，在此基础上，他对中国史籍中可能是哈雷彗星的各项记录进行了分析考证。经张钰哲的研究，我们现在知道，从秦始皇七年（公元前 240 年）起，下至 1910 年，我国史籍上有连续 29 次哈雷彗星回归的记载；秦始皇七年之前还有 3 次回归记载。当然，记载了哈雷彗星的出现，并不意味着发现了哈雷彗星，因为古代中国人并不知道这 32 次记录的是同一颗彗星，因而实际上也就谈不到哈雷彗星的"回归"。

不过，张钰哲发表在《天文学报》1978 年第 1 期上的论文《哈雷彗星的轨道演变的趋势和它的古代历史》中，最引人注目的是，他详细探讨了中国史籍中第一次哈雷彗星记录，即公元前 1057 年的那次。它至少引出了一段持续二十年的学术公案。

天文学家和历史学家的差别

张钰哲在论文中，详细讨论了哈雷彗星于公元前 1057 年的回归和前述《淮南子·兵略训》中"武王伐纣，……彗星出而授殷人其柄"记载的相关性，最后他得出结论："假使武王伐纣时所出现的彗星为哈雷彗，那么武王伐纣之年便是公元前 1057—（前）1056 年。"

张钰哲这个结论，从科学角度来说是无懈可击的，因为他的前提是"假使武王伐纣时所出现的彗星为哈雷彗"——也就是说，他并未断定那次出现的彗星是不是哈雷彗星。或者也可以说，张钰哲并未试图回答"周武王见过哈雷彗星吗"这个问题。

但到了历史学家那里，情况就出现了变化。例如，历史学家赵光贤在张钰哲论文发表的次年，在《历史研究》杂志上撰文介绍了张钰哲的工作："张钰哲等同志从天象的研究上证实了在公元前 1057 年年初，当武王伐纣之时，哈雷彗星和木星在东方天空出现，而且木星正在鹑火之次运行，这个结论是确凿可信的，因为天象是客观存在的。"[1] 然而，在赵光贤的介绍中，张钰哲的"假使"两字被忽略了，结果文科学者普遍误认为"天文学家张钰哲推算了武王伐纣出现的彗星是哈雷彗星，所以武王伐纣是在公元前 1057 年"。

这里需要注意的是，文科学者通常不会去阅读《天文学报》这样的纯理科杂志，而《历史研究》当然是文科学者普遍会阅读或浏览的，所以赵光贤的文章，使得无意中被变形了的"张钰哲结论"很快在文科学者中广为人知。在此后的二十年中，尽管中外学者关于武王伐纣的年代仍有种种不同说法，但公元前 1057 年之说，挟天文科学之权威，加上紫金山天文台台长之声望，俨然占有权重最大的地位。一位文科学者的话堪称代表。在和我的私人通信中，他写道："（公元前）1057 年之说被我们认为是最科学的结论而植入我们的头脑"。

周武王伐纣时没有见过哈雷彗星

转眼到了 1998 年，"夏商周断代工程"开始了。

我负责的两个专题中，"武王伐纣时的天象研究"是工

1　赵光贤：《从天象上推断武王伐纣之年》，载《历史研究》1979 年第 10 期，第 61 页。

程中最关键的重点专题之一，因为武王伐纣的年份直接决定了殷周易代的年份，而这个年份一直未能确定，所以古往今来有许多学者热衷于探讨武王伐纣的年代，到我们开始研究这个专题时，前人已经先后提出了44种武王伐纣的年份！这些年份分布在大约一百年的时间跨度中，几乎每两年就有一个。

在这44种伐纣年份中，公元前1057年当然是最为引人注目的，也是我们首先要深入考察的。

前面说过，后世流传的武王伐纣时的天象记录共有16条之多。这些天象记录并非全都可信，而且其中还有不少是无法用来推定年份的。我们用电脑——这时个人电脑时代已经来临，我们当时用的是486电脑——对这16条天象记录进行了地毯式的回推计算检验，结果发现只有7条可以用来定年。而在这7条天象记录中，《淮南子·兵略训》的"武王伐纣，……彗星出而授殷人其柄"居然未能入选。

因为只要回到张钰哲1978年发表在《天文学报》上的论文的原初文本，就必须直面张钰哲的"假使"——我们必须解决这个问题：武王伐纣时出现的那颗彗星，到底是不是哈雷彗星？

张钰哲对哈雷彗星轨道演变的结论是可以信任的，所以我们可以相信哈雷彗星在公元前1057年确实是回归了；但由于武王伐纣的年份本身是待定的，我们必须先对伐纣年份"不持立场"，所以伐纣时出现的那颗彗星是不是哈雷彗星，首先不能通过年份来判断。

初看起来，这个问题几乎是无法解决的。但是我团队中的卢仙文博士和钮卫星博士，发挥了青年天文学家的聪明才智，居然找到了解决问题的途径。办法是，对武王伐纣年份所分布的一百年间，哈雷彗星出现的概率进行推算。1999年，我们在《天文学报》（当年第3期）上发表了论文《古代彗星的证认与年代学》，算是了却了这段学术公案。我们提出：

在天文学上，将回归周期大于两百年的彗星称为"长周期彗星"，这样的彗星无法为武王伐纣定年，先不考虑。周期小于两百年但大于二十年的彗星，称为"哈雷型彗星"，这样的彗星在太阳系中已知共有23颗（哈雷彗星当然也包括在内）。利用1701—1900年的彗星表，可以发现在此期间，有彗尾的彗星共出现80次（"彗星出而授殷人其柄"表明这颗彗星是有彗尾的），其中哈雷型彗星的占比是6%。如果将彗星星等限制到三等（考虑到过于暗淡的彗星肉眼难以发现），这个占比就下降到4%。以目前的理论而言，可以认为近四千年间太阳系彗星出现的数量是均匀的，因此可以认为上述比例同样适合于武王伐纣的争议年代。

目前已知的23颗哈雷型彗星中，有6颗周期大于一百年，这意味着，在公元前1100—前1000年间，至少会出现其中的17颗，其中某颗是哈雷彗星的概率已小于十七分之一；再与前面统计所得哈雷型彗星的占比4%~6%相乘，概率就降到了 0.24%~0.35% 以下。或者说，武王伐纣时的彗星为哈雷彗星的概率约为 0.3%。再考虑到任何周期长于一百年的彗星都有可能出现在这一百年中，这个概率实际上还要更小。

而当我们从另外 7 条天象记录中得出武王伐纣之年是公元前 1044 年的结论之后，则哈雷彗星既然出现在公元前 1057 年，就反过来排除了武王伐纣时所见彗星为哈雷彗星的可能性。所以结论是：周武王伐纣时没有见过哈雷彗星。

（原载《新发现》2015 年第 11 期）

星盘真是一种奇妙的东西

乔叟的占星学和教皇的手艺

说到英国作家乔叟（Geoffrey Chaucer，1342 或 1343—1400），许多人当然会想到他的《坎特伯雷故事集》（*The Canterbury Tales*），因为他在世界文学史上牢牢占有一席之地。但是乔叟在星占学上也大有造诣，许多人就不知道了。尽管在《坎特伯雷故事》中，他忍不住技痒，也透露过一些蛛丝马迹，比如在"武士的故事""律师的故事""巴斯妇的故事"中都有谈论星占学的段落，还有在一则故事开头介绍人物时，对一位医生的介绍中也有"他看好了时辰，在吉星高照的当儿为病人诊治，原来他的星象学是很有根底的"这样的话头。

乔叟可是正儿八经写过星占学著作的，他留下了《论星盘》(*Treatise on the Astrolabe*) 一书 (1391 年完成)。相传此书是他为儿子所作。他在书中像所有的星占学家一样,坚信行星确实能够影响人生的境遇。

乔叟书中所论的星盘,是一种奇妙的东西。这种东西在现今欧洲的博物馆中不时可见,有时被当作"科学仪器",有时也会被当作艺术品或工艺品——事实上星盘确实同时具有这两种属性。星盘在中世纪欧洲和伊斯兰世界都大行其道,留下了许多著名作品,其中有些还相当珍贵。

比如在星盘制造史上,有一个重要人物吉尔伯特 (Gerbert of Aurillac,约 946—1003),他是十世纪驰名欧洲的学者,博览群书,而且在西班牙呆过很长时间,因而熟悉伊斯兰文化,当时西班牙是基督教世界与伊斯兰世界交融的重镇。有趣的是此人还做过一任罗马教皇,即西尔维斯特二世 (Sylvester II,999—1003 年在位)。这位博学的教皇对天文学、星占学、数学有着浓厚的兴趣,而且以擅长制作星盘和其他天文仪器驰誉当时。现今保存在佛罗伦萨博物馆中的一具星盘,相传就是他亲手制作或使用过的。由于星盘使用时与当地的地理纬度有直接关系,而这具星盘恰好被设定为罗马的地理纬度,这被认为是该星盘出于教皇西尔维斯特二世之手的证据之一。

中世纪的高科技和艺术品

星盘通常用黄铜制成，主体是一个圆形盘面和几个同心的圆环，还有一根绕着这一圆心在盘面上任意旋转的测量标杆（称为 alidade）。圆盘中心对应的是天球北极，围绕着北极，有三个同心圆，分别代表北回归线、天球赤道和南回归线。在这样的坐标系统中，南回归线以南的天空，以及南天的群星，都无法在星盘上得到反映。不过考虑到几乎所有的古代文明都在北半球，所以对古人来说，在星盘上忽略南天星空是完全合理的。

作为星盘主体的圆盘，通常由两层组成。下层盘面上刻着几个坐标系统：包括天球黄道、天球赤道以及天球上的回归线，还有地平纬度和地平经度。使用者可以由此测量天体的位置。上层则是一个大部分镂空了的圆盘，称为"网环"（rete，这个拉丁文词汇来源于阿拉伯语"蛛网"），它可以绕着代表北天极的圆心在下层圆盘上旋转。"网环"之所以大部分要镂空，是为了让下层盘面上的坐标系统显示出来。如果古代就有今天的透明塑料或有机玻璃，古人想必就不用那么麻烦去制作"网环"了。

这里还有一个麻烦：在盘面的地平坐标网中，北天极的位置是随着当地的地理纬度而变化的。也就是说，任何一具星盘，都只能在某个固定的地理纬度上使用。这一点倒是和中国古代的赤道式浑仪必须安放在固定的地理纬度上使用异曲同工。不过中国古代的浑仪是大型仪器,固定使用地点当然没有问题;而星盘原本是具有浓厚便携色彩的小型仪器,如果也要受地理纬度约束的话就太不方便了。解决的办法,是为星盘提供一系列圆盘,每个圆盘上刻有不同地理纬度的投影坐标。这些被称为"climate"的圆盘可以一个个重叠起来,星盘的使用者可以选择最适合当地地理纬度的一个来使用。当然,这样一叠黄铜圆盘也必然使星盘变得沉重许多。

不难想象,在古代要制作这样一具星盘,实在不是一件容易的事情。这需要天文学、几何学的知识,需要黄铜冶炼、机械装置、金属蚀刻等方面的工艺。所以,星盘完全可以视为古代欧洲和伊斯兰世界的"高科技产品"。

这种身兼科学仪器和艺术品两种属性的贵重物品,又有多少实用价值呢?

它是古代星占学家的枕中鸿秘,妙用颇多,主要有如下各项:

测定天体的地平高度。只需将星盘悬挂起来,这样它就垂直竖立了,让测量标杆指向要测量的天体,就可以在圆盘边缘的刻度上读出该天体的地平高度。

测定当地时间。只要在星盘上测得了太阳的地平高度,即可利用星盘外侧的圆环之一——"时圈"求得当地时间。如果是在夜晚,可以用一颗已知其坐标的恒星(通常在"网环"上已经标出了若干著名的明亮恒星),用它取代太阳,也能够获得同样结果。所以一具星盘同时就是一具时钟。

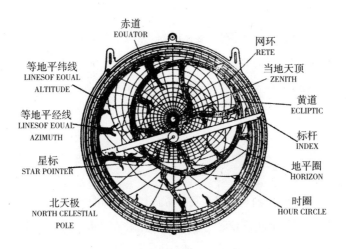

赤道
EQUATOR

网环
RETE

等地平纬线
LINESOF EQUAL
ALTITUDE

当地天顶
ZENITH

等地平经线
LINESOF EQUAL
AZIMUTH

黄道
ECLIPTIC

标杆
INDEX

星标
STAR POINTER

地平圈
HORIZON

北天极
NORTH CELESTIAL
POLE

时圈
HOUR CIRCLE

图 3-2 典型星盘的结构示意图，据藏牛津大学默顿学院（Merton）
的一具公元 14 世纪的星盘实物摹绘

演示当地所见星空的周日视运动。只需缓缓转动"网环","网环"上所标示出来的那些恒星，就会在底盘上所刻画的当地地平坐标网中画出周日视运动的轨迹。这个功能，和今天用软件在电脑屏幕上演示当地星空周日视运动完全相同。

预推某个天文事件发生的时刻。例如，如果要知道当地何时日出，只需旋转"网环"，直至太阳处于地平线的最东部，然后用测量标杆读出对应的时刻，即为当地日出时刻。

星盘和古希腊人的投影几何

可以肯定的是，星盘与古希腊有着明确的渊源，它至迟在希腊化时代已经被发明出来。托勒密在《至大论》卷五中专门有一节详述星盘的构造和使用方法。尽管他并未明确说明这究竟是前人的创造还是他自己的发明，但重要的一点是，托勒密所描述的星盘构造，已经和留传至今的中世纪星盘实物非常吻合。

星盘的奥秘，简单说来，就是将天球上的球面坐标投影到平面上。古希腊人对球面坐标系统以及这种系统所需要的球面几何学，都已经掌握（今天全世界天文学家统一使用的天球坐标系统，就是从古希腊原封不动继承下来的）。对平面几何学，当然更不用说了。但是更奇妙的是，从星盘的原理上可以清楚地看出，古希腊人还掌握了将球面坐标投影到平面上的方法，以及这种投影过程中所涉及的几何学原理。

星盘上刻画的坐标系统，实际上就是从天球南极将整个北半天球投影到天球赤道平面上的结果。当然从天球北极投影也是等价的，但这样投影出来的只能是南天星空，而如前所述，古人需要处理的是北天星空。

古希腊人已经知道，在这样的投影中，北天球上的每一个点，都可以精确投影到天球赤道平面上。而且他们还知道一个奥秘，这样的投影有着一种令人惊奇的特性：弯曲的天球球面上的角度，经过投影不会改变。所以天球上的球面三角问题就可以轻易转换为更简单的平面三角问题。事实上，不知道这个奥秘，就不会有星盘。

古希腊人的星盘，在伊斯兰阿拉伯人手中进一步完备，中世纪和文艺复兴时期的西欧又使之更为精致。在伊斯兰阿拉伯世界，和中世纪基督教欧洲，星盘都是天文学、星占学、星占医学最常用的基本仪器之一。

（原载《新发现》2012 年第 3 期）

六朝隋唐：
中国历史上第一次西方天学输入浪潮

亚历山大大帝东征与西方天学东传

这里的"西方"是指中国以西的广大地区，包括印度、中亚、西亚、欧洲。

所谓"天学"，和"天文学"有点差别，尽管"天学"这个词汇在古代也能找到，确实也有人使用，但是我用这个词是为了把它和"天文学"区分开来。因为在古代世界，"天学"讲的是天上的学问，主要是星占学，这在西方和中国是一样的，和今天的"天文学"不是一回事，但是很多人会把这两个概念混淆。

星占学确实要用到天文学这个工具，很多人就觉得，既然用了天文学做工具，那它就是天文学了。但现代天文学旨在探索自然，古代"天学"则是政治巫术，我们不能因为一个活动用了科学做工具，就认为活动本身变成了科学活动。

也许古代世界唯一的例外就是古希腊天文学，那确实是探索自然的，逐渐发展到今天的现代天文学。除了古希腊天文学之外，在古代世界的广大地区，人们所进行的天学活动都不是现代意义上的天文学。

古希腊马其顿王国的亚历山大大帝（公元前356—前323）虽然32岁就死了，但他的东征类似于某种原始推动，比如说推动后面的所谓希腊化时代等等。他的东征也包括把欧洲的一些东西向更东方的地方传播，就好像往水中投下一个石子，水波就一轮一轮往远处传出去，这种历史波纹的传播，可能好几百年还在持续不断。中国古代天学上的中外交流，在两千年中就持续不断。

也许有人会想，那有没有从中国传到西方去的呢？有，但确实比较少。亚历山大的东征是一个由西向东的传播，它的推动也是由西向东的运动。中国向西方传播确实也有，但是现在看来，这和从西方逐渐传播过来的运动似乎是两个独立的事情，具体表现也不一样。比方说日本在唐代全面学习中国的一切文化制度，唐代一部不起眼的历法《宣明历》在日本被用了七百年。当然我们也向外传播，但基本上在汉字文化圈传播，比方传播到朝鲜半岛、琉球、日本、越南等等。这与从遥远的西方传播过来有所不同。

巴比伦天学和希腊天文学在东方的踪迹

很多现代人觉得古代世界不同文化间的交流非常困难，其实这种交流比我们所想象的更多、更活跃。虽然在古代，从欧洲到中国要走上一两年，但当我们谈论古代世界的时候，我们是在以几百年几千年做时间尺度，在这样长的时间里，足够很多商人走很多来回。另外还会有战俘、外交使节等等。

巴比伦是世界四大古文明中最早的，它有相当发达的天文学工具，当然那是为星占学服务的。亚历山大大帝死后，他的部将把各自占领的地方建成独立王国，其中塞琉古王国恰好在巴比伦故地。现代考古学家很意外地发现了一处巴比伦泥版图书馆，里面藏着的七千多块泥版是天文表。三个耶稣会神父花了毕生精力，整理了泥版上的天文表，将它们转换成阿拉伯数字。从这些表上可以发现，巴比伦人几乎用"折线函数"描述一切天体运行的状态，比如太阳周年运动、行星运动等等。

尽管时空相距甚远，而且背景也完全不一样，但奇怪的是，这种方法居然也会出现在公元六世纪中国的历法里。巴比伦的东西到底是怎么来到中国的呢？现在还不知道细节。这只是一个例子，还可以再看一个：

佛经原本是用梵文、巴利文等写成的，但是因为现今留下来的汉译佛经中，很多经品的原文都已失传，所以汉译佛经很珍贵，在世界上有特殊地位，和今天把国外某本书翻译过来的性质不一样。从东汉、三国时期开始，佛经翻译工作就一直在进行。在汉译佛经里，印度天学附带传过来的不少。如果追溯源头，可以发现印度天学受过希腊天文学的重大影响。

今天《大藏经》的"密教部"里，可以找到《七曜攘灾诀》这个经品，这是一种星历表。李约瑟曾在其著作中提到过《七曜攘灾诀》，认为这个东西值得研究，但他不懂天文学，所以希望别人来研究。这是他在二十世纪五十年代提出的，但过了三十年也没有人研究。到了1990年，我在中国科学院上海天文台开始指导第一个研究生，就是今天的钮卫星教授，我决定让他研究《七曜攘灾诀》。他很努力，先把《七曜攘灾诀》的结构搞清楚了，发现它实际上是一个星历表——就是描述一段时间里太阳、月亮和五大行星运行的表，即用数学工具描绘天体运行规律。接着他追溯了这个星历表中天文学知识的源头，发现在这个表上，可以看到希腊天文学的明显影响。

这个例子表明，印度天学随着佛教东来，而它传来的东西里还有更西方的东西。

印度天学在唐朝传播中土的盛况

唐朝是一个非常开放的王朝，政府机构里有很多外国人任职，甚至有一些外国人担任皇家禁卫军军官。至少有三个印度家族在唐朝的皇家天学机构担任要职，其中最有名的是瞿昙家族中的瞿昙悉达，他担任过皇家天学机构的负责人。瞿昙悉达保留着印度姓氏，尽管他本人已经华化，他们已经好几代在中国，也娶了中国女性，已非完全的印度血统。瞿昙悉达利用皇家天学机构收藏的各种星占学文献，编了一部《开元占经》，这是中国古代星占学的集大成著作。

《开元占经》里还记载着一种印度历法《九执历》，不过它只记下了一些最主要的参数和基本原则。围绕此事，唐朝爆发过相当激烈的争议。唐朝皇家天学机构中，有中国传统的数理天文学方法，同时也将印度的方法，以及从更遥远的希腊那里传来的方法，拿来作为参考。《新唐书》和《旧唐书》的《天文志》《律历志》中，偶尔会在一些记载着中国方法的地方，用小字标注着印度方法，记载着用印度方法算出来的结果是什么。这说明当时中国人也参考印度人的方法，将印度人的方法当作一个对照。所以唐朝皇家天学机构里，也有人懂西方的天学。

还有一种情形是在公众层面。汉译佛经带来很多经品，比如《七曜攘灾诀》，"攘灾"就是要把灾祸赶出去。在民间层面，人们当然不关心天文学工具哪个好哪个不好，人们关心的是怎么利用星占方法为自己的幸福服务。隋唐时有一种风尚，很多人家里挂着一个星神的画像来"攘灾"。通过一些类似算命的活动，星占学家会告诉你应该供奉哪个星神。一般老百姓会到外面买一个比较朴素的像版画一样的线描画像，在《大藏经》的有关经品中就收录了一些这样的画像。达官贵人当然不满足于购买批量生产的东西，他们的风尚是找著名画家"私人定制"星神画像。当时一些非常有名的画家，像张僧繇、尉迟乙僧等等，他们的一个重要业务就是替达官贵人画星神画像。

这种星神画像的原件，在中国古籍里至今尚未发现，却在日本保留了不少。当时日本以及朝鲜半岛的贵族热衷于从中国寻求文化产品，如唐代文人的集子、中国人的绘画、中国人刻印的佛经等等，这些都是日韩贵族们可以向人夸耀的东西。现在日本的一些佛寺和博物馆里还保留着不少唐代的星神画像，也有些是日本人仿制的。从日本人留下的星神画像上，可以隐约看到它和更遥远的西方有某种联系。例如，星神画像仍然要画七曜，即太阳、月亮和五大行星，但是在那些星神画像里，绝大部分情况下金星的神像是一个女性，这和西方的金星是维纳斯完全可以对应起来。

（原载《新发现》2016 年第 12 期）

193

元蒙帝国带来的第二次西方天学输入浪潮

丘处机在撒马尔罕的天学交流

成吉思汗建立了大帝国，他死后，几个儿子各自建立汗国，这些汗国实际上是独立的，但是他们有一个名义上的宗主国，就是忽必烈在中国建立的元朝。由于这几个汗国都是成吉思汗的子孙建立的，它们之间有密切来往，这个横跨欧亚的大帝国当然会给天学交流带来很多机缘。

挑一个例子来看。丘处机是金庸小说里塑造的人物之一，历史上也真有其人（1148—1227），他确实是一个道士，因得到成吉思汗的某种礼遇，奉召前去为成吉思汗讲道。丘处机的随行弟子写了《长春真人西游记》记录他们西行的事。有一处记到他在中亚和当地天学家讨论最近的一次日食，还保留了一些讨论的细节。

丘处机于1221年岁末到达撒马尔罕（今属乌兹别克斯坦），他在该城与当地天文学家讨论了这年五月发生的日偏食（公历5月23日），《长春真人西游记》卷上载其事云：

> 至邪米思干（即今撒马尔罕）……时有算历者在旁，师（指丘处机）因问五月朔日食事。其人云：此中辰时食至六分止。师曰：前在陆局河时，午刻见其食既。又西南至金山，人言巳时食至七分。此三处所见各不同。……以今料之，盖当其下即见其食既，在旁者则千里渐殊耳。正如以扇翳灯，扇影所及，无复光明，其旁渐远，则灯光渐多矣。

丘处机此时已73岁高龄，在万里征途中仍不忘考察天文学问题，足见他在这方面兴趣之大。他对日食因地理位置不同而可见到不同食分的解释和比喻，也是正确的。

丘处机在撒马尔罕与当地天学家接触交流，此事实看来并非偶然。一百五十年之后，此地成为新兴的帖木儿王朝的首都，到兀鲁伯即位时，此地建起了规模宏大的天文台（1420年），兀鲁伯亲自主持其事，通过观测编算出著名的《兀鲁伯天文表》——其中包括西方天文学史上自托勒密之后千余年间第一份独立的恒星表（托勒密的恒星表载于《至大论》中，此后西方的恒星表都只是在该表基础上作一些岁差改正之类的修订，不是独立观测而得）。故撒马尔罕当地，似乎长期存在着很强的天文学传统。

古代天文学中，预测一次日食是有很高技术含量的。中国古人虽然没有掌握古希腊那样精密的天文学，但是用自己的方法也可以在相当高的精度上预测日食。而从我们知道的历史背景来看，当时中亚的天学家掌握的天文学工具以古希腊方法为主。

欧洲在西罗马帝国灭亡后的数百年被称为黑暗时代，其实这个时代并不是绝对黑暗，但是文化确实倒退了。七世纪阿拉伯帝国兴起，建立过好几个强盛的帝国，帝国首领喜欢赞助学术活动，出钱供养一些著名学者。从欧洲弄来很多希腊手稿，翻译成阿拉伯文。因此伊斯兰天学使用的天文学工具基本都是希腊的天文学，在此基础上做一些符合民族风格的改进，方法都差不多。所以可以推测，丘处机在撒马尔罕和当地天文学家交流日食推算时，用的应该是中国传统方法，中亚天学家用的则是经过阿拉伯人翻译改造的希腊方法，这两种方法几乎没有共同之处。

中亚天学家带来的阿拉伯天文仪器

元世祖忽必烈统一中国全境后建立的元朝，名义上是宗主国，所以和其他几个兄弟汗国之间的交流比较多。上面提到丘处机的例子，也许只能算一次民间活动，并不是官方安排的。官方安排比较著名的是扎马鲁丁带来的七件阿拉伯仪器。

扎马鲁丁应该是一个中亚人，忽必烈把他召来，让他负责元朝的皇家天学机构。扎马鲁丁带来了七件阿拉伯仪器，这七件仪器在史书上有记载，虽然实物没有保存下来，但能推断这是阿拉伯人进行天文观测用的。据《元史·天文志》，七件仪器依次如下：

其一，咱秃哈刺吉（dhatu al-halaq-i），汉言混天仪也。是古希腊的经典天文观测仪器。

其二，咱秃朔八台（dhatu'sh-shu 'batai），汉言测验周天星曜之器也。中外学者都倾向于认为即托勒密在《至大论》中所说的"长尺"（organon parallacticon）。

其三，鲁哈麻亦渺凹只（rukhamah-i-mu'-wajja），汉言春秋分晷影堂。测春秋分准确时刻的仪器，与一座密闭的屋子连成整体，仅在屋脊正东西方向开有一缝。

其四，鲁哈麻亦木思塔余（rukhamah-i-mustawiya），汉言冬夏至晷影堂。测冬夏至准确时刻的仪器，与上仪相仿，但在屋脊正南北方向开缝。

其五，苦来亦撒麻（kura-i-sama'），汉言浑天图也。即中国与西方古代都有的天球仪。

其六，苦来亦阿儿子（kura-i-ard），汉言地理志也。即地球仪。

其七，兀速都儿刺不（al-ustulab），汉言定昼夜时刻之器也。即中世纪在阿拉伯世界与欧洲都十分流行的星盘（astrolabe）。

其中两座晷影堂显然是某种建筑物，扎马鲁丁当然不可能把一座房子带过来，他只能带来建筑物的尺寸和参数，到了中土再依法建造起来。

郭守敬天学仪器背后有没有阿拉伯的影响？

郭守敬是元代最著名的天文学家，他编制了《授时历》，也造了很多天文仪器。郭守敬的天文仪器和阿拉伯的仪器之间，可能有着某种隐秘的关系，表面上不容易看出来。

元朝很奇怪，有两个司天台，在文书里，一个叫"回回司天台"，一个叫"汉儿司天台"。汉儿司天台是中国传统的天学机构，回回司天台是伊斯兰的天学机构，它们同属一个上级机关即秘书监领导。但它们的功能是一样的，只不过使用的工具方法不一样，因此不难推测，这两个司天台处于某种竞争状态中。

郭守敬造的仪器，表面上看是中国式的，比如郭守敬造过一个"简仪"。其实"简仪"就有西方仪器的影响，只不过这一点郭守敬从来没讲过，其他人也没注意，但是仪器本身可以看出来。

中国和欧洲的天文仪器的一个差别，就是中国人喜欢用赤道作为基准，而欧洲人习惯用黄道作为基准，这看起来只是对坐标系选取的不同，这两个坐标系在理论上是等价的，可以从黄道推出赤道，也可以从赤道推出黄道。但欧洲人的习惯是一个仪器只观测一组数据，甚至一组数据中的经度和纬度还要分别各用一个仪器来观测，比方说只观测黄道经度或者黄道纬度。中国人则喜欢在一个仪器上同时观测好多种数据。同时能观测多个坐标的天文仪器，结构就更复杂。结构复杂的仪器，不但运行起来麻烦，而且制造、安装、使用都麻烦。郭守敬的"简仪"，就是把环组分开，让一个环组只观测一个坐标，这里其实就有通过阿拉伯天学传递过来的欧洲影响。

又如郭守敬还有一个著名的天文仪器"高表"，建在河南登封，有几层楼高。这种把一个仪器建成几层楼高的建筑，恰恰是阿拉伯的风格。阿拉伯很多天文观测仪器都是这样的，建成一整面墙，甚至造成一座小楼，例如上面提到的晷影堂。这种阿拉伯的大型化仪器风格现在在印度某些地方还能看到，因为后来印度又受伊斯兰天学影响。郭守敬的"高表"虽然形状完全是中国式的，但是大型化的想法很明显来自阿拉伯，之前中国人从未造过这种巨型化的仪器。北宋的"水运仪象台"实物今不存，文献记载的尺寸有几层楼高，但那是好多件仪器和装置的组合，单件仪器从没有如此巨型化的。所以从巨型化的"高表"以及表前地上的"量天尺"，都可以看出郭守敬至少是受了阿拉伯人的启发。

（原载《新发现》2017 年第 1 期）

明清之际：第三次西方天学输入浪潮（上）

耶稣会士初来中国

明代末年，耶稣会士开始进入中国。耶稣会是一个直接听命于罗马教皇的宗教团体，创建人罗耀拉（Ignatius of Loyola，1491—1556）是一个西班牙贵族。耶稣会组织严密，持续时间很长，至今犹在，它和梵蒂冈的关系一直比较紧密。

今天如果查字典，会发现"耶稣会"是一个不好的词，作为名词或形容词都有不好的意思，这是因为耶稣会在某些事情上表现不好。明末，耶稣会在欧洲做了一些什么事情，到底怎么评价，也许见仁见智，但有一点是肯定的，欧洲有很多非常好的学校是耶稣会建立的。当时该组织派往东方的耶稣会士，都是一些受过良好教育并且富有献身精神的人。

所以明清时代中国人对来华的耶稣会士还是相当尊敬的。

今天北京市委党校的院子里，有三个最著名的来华耶稣会士利玛窦、汤若望、南怀仁的墓，墓旁还有康熙题字的碑。这些耶稣会士都在中国去世，还是有点献身精神的。他们在欧洲受了良好教育，奉派到中国工作，不结婚，一直工作到死，最后埋葬在中国。以前极左的年代把这说成文化侵略，这个说法显然不妥，这些人在中国也没做过什么坏事，好事倒是确实做过，所以至少得承认他们的献身精神。

耶稣会士刚进入中国的时候，他们还不知道怎么跟中国上层社会打交道。他们穿上和尚的服装，结果在南中国的境遇很不好，因为在传统观念中，和尚的社会等级比较低，士大夫们看不起他们。后来他们开始向中国士大夫阶层看齐，穿上士大夫的服饰，学汉语，写汉文文章，跟士大夫们交往，于是他们被称为"西儒"，就是从西方来的儒者，这才得到上流社会的接纳。

利玛窦亲自经历了这样的过程。1600 年，利玛窦获准进北京觐见皇帝，皇帝允许他在京师居留。因为他们必须住在教堂里，所以允许居留就等于允许他们建立教堂，也就等于允许他们传教。利玛窦从此就在北京城里住着再不出去，直到十年后去世。

明朝的改历之争

这十年里，利玛窦注意到一件重要的事情——明末正在发生关于改历的争议。

改历在中国历史上每朝每代都会出现。为什么要不停地改呢？

这是中国历法的基本结构决定的。中国古代历法本质上是一种数理天文学工具，用来计算在给定时刻和给定地点的日、月、五大行星位置——这可以说是古代世界各文明中天文学共同的终极问题。古代中国人用会合周期叠加的方法，来描述太阳、月亮和五大行星的运行规律，并推算出它们在任意时刻的位置。由于会合周期的叠加会使误差积累，所以每部历法刚开始用的那些年往往很准确，用的时间久了，误差积累起来，就不准确了，接着就会有人提出要改历，所以中国历史上先后留下一百多部历法。明朝继承元代郭守敬的《授时历》，稍微更新了一下参数，取名《大统历》，从明朝开国就一直使用，到明末已经用了两百多年，误差明显积累起来，所以就有不少人提出改历。

这时利玛窦从北京给他在罗马的耶稣会上级写信，说你们要快点派懂天文学的传教士来，因为这个国家对天文学家有特殊的尊敬。其实这是因为利玛窦开始理解到，在中国，天学与王权之间有着特殊关系。

明清时代，钦天监作为一个皇家天学机构，实际上和王权的关系已经不像以前那么重要了。古代早期这种关系非常重要，天学是王权成立的必要条件之一。到了明清时代，天学基本上就只是王权的象征了。但利玛窦认识到，即使只是象征，也仍然很重要。利玛窦向罗马报告说，这个国家正在改历，如果我们能够参与进去，我们就能够走通上层路线，直达中国社会的最高层。

耶稣会听从了他的意见，派了懂历法的人来，派来的人有好几个，但是现在留下名气比较大的就是汤若望和南怀仁。利玛窦自己也懂一点天文学，但他掌握的只是欧洲的古典天文学，他自己觉得已经不够用了。

明朝那个时候日子非常难过，关外有满清崛起，内部有民变酝酿，真正是内外交困。在这样的多事之秋，王朝已经到了生死关头，怎么还有闲工夫在那里讨论改历这种不急之务呢？历法真的有那么重要吗？

历法在古代和现代不一样，现在历法就是个纯粹的工具，但在中国古代，历法是政治上的大关节。以明朝为例，明朝每年要向承认中国宗主权的国家，例如朝鲜、琉球等国，颁赐历法。具体的做法，或者是他们派使臣到这里来领取，或者中国派使臣到那里去颁赐。这些国家用中国的历法，象征着承认中国的宗主权。所以历法有重大政治含义，不仅仅是一个科学工具。

比如那时，中国每年向朝鲜颁赐一百部原版历法，同时授权他们在国内翻印。对他们的老百姓来说，肯定只能用翻印的版本，那一百部原版应该是王室、达官贵人用的，这也是一种特权。所以历法不像我们今天想象的那么简单，以至于国家即使正逢内忧外患，讨论改历在政治上仍然不失为正确。

徐光启和《崇祯历书》

徐光启（1562—1633）是明朝早期几个身任高官同时又接受西方文化、甚至自己都是天主教领洗的重要人物之一，做到大约相当于今天副总理级别的高级官员。徐光启等人和传教士接触之后，觉得传教士那套天文学方法确实先进，就上书皇帝，说应该把这些人引进来参与改历，这正是利玛窦当初所期望的。

明朝政府后来同意让徐光启来做这件事情，崇祯帝在位时，于1629年设立历局，由徐光启领导。徐光启召集四位耶稣会士以及一些中国助手，着手编撰《崇祯历书》。这部被现代人称为"欧洲古典天文学百科全书"的《崇祯历书》于1634年编成，前一年徐光启已经去世，后面的工作由李天经（1579—1659）负责继续完成。

历书编成之后，按理说就应该颁行，但是却遭到很多人反对。因为《崇祯历书》不再用中国传统的天文学方法，而是改用欧洲的天文学体系——第谷的体系。这一点让很多中国人受不了，觉得历法一直是王权的象征，如今却要用西方人的东西来计算，这简直就是"用夷变夏"。他们强烈反对皇帝颁行这部历法，为此一直争论了十年。

在这十年里，《崇祯历书》的支持者和反对者至少进行过八次关于天象预推和实际观测的较量，这在《明史·历志》中都有记载。比如有日食，或者有某种行星天象，以耶稣会士为代表的历局就给出一个预测，坚持中国传统历法的钦天监守旧派也给出一个预测，然后到了时间，大家就一道来实际观测，看谁的预测准确。古代天文学的终极问题就是给出时间和地点，问日月和五大行星这七个天体中的某个（或某几个）在天空什么位置上，这八次较量都是在比哪一方给出的预测更准确。有时候某个天象在北京城里观测不到，还要专门派人到别的地方去观测，再向北京报告观测数据。

八次较量的结果，都是《崇祯历书》那一派的西方天文学胜出，精确度都比中国的传统方法要高。尽管谁也没有100%的精确，科学上也不存在100%精确的事情，观测也都只能是达到一定的精度。但在当时双方都同意的观测精度下，确实是西方天文学的方法更精确。所以争论了十年之后，崇祯帝终于相信西法优胜，下诏颁行，不料却已经晚了。

（原载《新发现》2017 年第 2 期）

明清之际：第三次西方天学输入浪潮（下）

汤若望的科学政治学赌注

崇祯帝颁行历书的诏是 1644 年春天下的，下完没多久，李自成的军队攻进北京，崇祯帝在煤山上了吊，整个国家陷入混乱，颁历之事自然不了了之。可是李自成的军队踌躇满志占领北京没多久，又在满清和吴三桂联军的进攻下退出北京向西逃窜，清兵随即进入北京。半年时间，北京城换了三个主人，当此剧变，城里的汤若望做了一个非常正确的决策。

北中国沦陷之后，明朝残部在南方建立了南明政权，南明政权维持了好几十年，继续抵抗清军。当时在中国的不少耶稣会士选择跟南明政权合作。甚至有耶稣会士书生气十足地写信给教皇，要他出兵支援南明政权，当然实际上这是不可能的，教皇哪有那样的力量去管遥远东方的事情。但是汤若望不一样，汤若望从一开始就决定和清政府合作。

从李自成进城，北京城头变换大王旗的日子里，汤若望就争分夺秒，进行《崇祯历书》的改编工作。

《崇祯历书》主要由四个耶稣会士修成，四个人里龙华民（Nicholas Longobardi，1559—1654）、罗雅谷（Giacomo Rho，1590—1638）死得早，邓玉函（Jean Terrenz，1576—1630）地位最高，他和伽利略都是山猫学院（现代意大利科学院的前身）院士，但是邓玉函死得更早，汤若望在四个人中活得最长。

汤若望改编时添入了多种由他署名的小篇幅著作，这样就能够突出他的贡献。达官贵人不可能将卷帙浩繁的《崇祯历书》全部看一遍，他们也看不懂，通常就是翻翻目录。在改编后的历书目录上一翻，汤若望的名字出现很多次，这确实会给人一个印象，以为这部书的作者中，汤若望是最重要的。这其实只是对《崇祯历书》的技术性处理，里面绝大部分内容仍然原封不动。

汤若望把改过的历书献给清政府。历书是一个王权的象征，一个新政权总要弄一部新的历书，清朝刚刚在中国建立，南明还在抵抗，清朝迫切需要一个正统性的象征。这时汤若望给它送来一部新的历书，这正是清朝想要的东西。而且从科学上说，这个历书也比原来明朝的历书更优越。顺治皇帝很快御笔亲题了新历书的名字——《西洋新法历书》，于 1645 年颁行，顺治还任命汤若望做钦天监的负责人。

汤若望极善于走上层路线。明朝时他在北京城里就跟王室成员及达官贵人打得火热，到了清朝，他甚至能让顺治皇帝叫他爷爷，因为顺治的母亲有一次犯疟疾，太医都治不好，汤若望因为有奎宁之类的药，替她治好了，皇太后一激动认他做了义父，顺治当然就得叫他爷爷了。汤若望和顺治处得很好，史料记载，顺治没事还爱到汤若望那儿走动走动，"欢若家人父子"，关系很融洽。汤若望使宫廷里很多达官贵人都领了洗，信了天主教。他把上层关系搞得非常好。

从汤若望开始，清朝近两百年都保持着由耶稣会士任钦天监负责人的传统。汤若望去世后由南怀仁接任。雍正时，清廷和耶稣会之间闹出"礼仪"之争，几乎绝交，但是钦天监的负责人仍然是耶稣会士，一直到清朝最后几十年，情况才改变。

《崇祯历书》为何选用第谷体系

《崇祯历书》在 1634 年最后编完。那时的欧洲天文学界，托勒密所代表的古典天文学仍有市场；哥白尼《天体运行论》初版于 1543 年，到那时也有九十年了。哥白尼学说当时已受教廷批判，但实际上教廷把《天体运行论》列入禁书目录的时间很短，也就是审判伽利略的那一段时间。

当时还有第谷的学说——这是《崇祯历书》所采纳的学说。第谷是丹麦天文学家，受到丹麦国王的资助，给了他一个叫汶岛的小岛，给了他很多钱，他成为那座岛屿的主人，在岛上建了两个天文台，那里一度成为欧洲天文学的中心。第谷当时制作的天文仪器精度很高，被认为达到望远镜发明之前天文观测的巅峰。今天在北京建国门古观象台上，还能看到有八件仪器，其中六件是南怀仁为康熙造的，这六件仪器完全是第谷仪器的拷贝。

托勒密体系、哥白尼体系、第谷体系，都是几何模型。第谷体系是日心和地心体系的折中。地球是中心，太阳绕着地球转，五大行星绕着太阳转。这些体系只要适当调整其中的参数，都可以相当准确地描述天体运行。由于第谷的观测精度非常高，和实际情形的吻合程度也最高，所以当时在欧洲，第谷的体系是精度最高的。而哥白尼本人不是一个优秀的观测者，他的体系在精度上比较差，在当时的欧洲连第三位都不一定排得到。

有一些例子可以表明，哥白尼不精于天文观测。例如，哥白尼一辈子没见过水星。水星确实不容易观测到，但作为创立了一个天文体系的人，连水星都没见过，这有点意外。又如，哥白尼的学生说，他老师观测的精度到 10′ 就满意了。而第谷的精度是在角秒的量级上，所以哥白尼的精度远远不如第谷。

在编《崇祯历书》时，耶稣会士选择第谷的体系而不选择哥白尼体系。以前的解读是因为教廷反对哥白尼，所以耶稣会士要从政治上考虑问题。政治是一个因素，但实际上被夸大了。因为中国人关心的是怎么把日月和五大行星的位置计算出来，而不是太阳和地球哪个在中心。耶稣会士们对这一点也完全理解，他们知道当时中国人讲的是"密"——精密。当然第谷体系是最精密的，所以他们采用第谷体系，最能说服中国人。这是耶稣会士选择第谷体系的主要原因。

《崇祯历书》中大量的天文表都是根据第谷体系编算出来的，但耶稣会士也没有封锁哥白尼学说，《崇祯历书》里也介绍了哥白尼学说，对它的评价还很高。

从"西学中源"到"中体西用"

所谓"西学中源"，是说欧洲的天文学其实都是从中国古代源头上成长起来的，是中国古代学说传到西方以后重新发展起来的。

这类说法最初从一些明朝遗民，比如天文学家王锡阐（1628—1682）那里出现，后来康熙大力提倡。这类说法在明清两朝被很多中国士大夫所接受，虽然在事实上无法成立，但是当时这么说，能够让更多的中国人接受西方的方法和工具。既然本来就是老祖宗的东西，"礼失求诸野"，古代的那套东西，有一部分传到西方，西方把它发展了，但其实那还是我们的东西。这样的说法能够给自己提供精神安慰；对学习西方来说，思想上的障碍也可以消除。从明末开始，"私习天文"就合法化了，民间都可以学，民间的大部分人确实也都学习了《崇祯历书》中的欧洲天文学。

至于"中学为体，西学为用"的说法，虽是晚清才出现的，但事实上古代中国人一直是这样做的。西方天学不断输入中国，中国人一直把西方传来的方法当作辅助工具。唐代就将印度天文学方法"与大术相参供奉"：我们本土的方法是"大术"，正大之术，外来的东西是偏门，我们可以参考采纳。

"中学为体"的"体"其实不光是"主体"的意思，它又是一个性质问题。以钦天监为例，钦天监是皇家的天学机构，从顺治开始由耶稣会士担任钦天监负责人，它有两个监正：满监正由满族人担任，有点类似于现在的党委书记，管政治上的事情；耶稣会士担任的监正，类似于天文台台长，是技术上的领导。

但即使耶稣会士领导着钦天监，钦天监的性质也没有改变：继续编黄历——清朝时叫《时宪书》。耶稣会士用欧洲天文学的方法来编黄历，也仍然为皇家做各种择吉、算命的事。只是把天文学当作一个工具来用，工作性质是不变的。

（原载《新发现》2017 年第 3 期）

日食的意义：从"杀无赦"到《祈晴文》

　　日食这种相当罕见的天象，在现代人看来，只是一种自然现象，当然也有一些科学意义。现代的媒体和受媒体左右的广大公众，通常总是将天文学冷落在一边，只有在日食、彗星之类的异常天象出现时，天文学和天文学家才有机会来到媒体和公众的短暂注视中。

　　这次数百年一遇的日全食[1]，全食带经过大量人口稠密的大都市。上海、杭州等处的风景点，日食发生之前好些日子就已经盛况空前，遍布各种临时营地，各国旅游者和天文爱好者铆足了劲，要在中国过一把瘾，出一把风头。东方卫视、山西卫视、上海电视台则联合中国科学院上海天文台和新浪网，派出多路记者，从印度到日本，横贯亚洲大陆，现

1　这次日全食发生于 2008 年 8 月 1 日。——编者注

场报导这场日全食的全过程。

在这样的背景下，重新回顾日食意义的历史演变，倒也饶有趣味。

日食的科学意义已经消解殆尽

现代人经常喜欢赋予日食以某种"科学"意义，这样的意义在中国古代也可以找到，尽管只能是表面上的，即用日食检验历法的准确程度。

对中国古代历法，许多人常有误解。可能是因为最初在翻译西文 calendar 一词时，随手用了中文里一个现成词汇"历法"，造成了这样的后果。其实能够和该词正确对应的现成中文词汇，应该是"历谱"。由于现在我们已经习惯了将"历法"对应于 calendar，即俗语所谓的"月份牌"，就渐渐忘记了在中文词汇中"历法"这个词的本义。

其实中国古代的历法，与西文的正确对应应该是 mathematical astronomy，即"数理天文学"。因为中国古代的历法，完全是为了用数学方式描述太阳、月亮和五大行星这七个天体（即所谓"七政"）的运行规律。至于排出一份历谱（"月份牌"），那只是历法中附带的小菜一碟。因此，历法可以说是中国古代天学中真正"科学"的东西，尽管这科学工具是为"通天"巫术服务的，就像今天某些算命者手中的电脑。

在中国传统历法中，采用的是若干基本周期持续叠加的数值模型来描述七政的运行，从历元（起算点）开始，越往后的年份叠加次数越多。而任何周期都是有误差的，随着叠加次数的增加，误差就会积累，这就是中国古代为何不断进行"改历"（制作新历法，改用新历法）的原因。

在上述七个天体中，太阳的运动最简单，故最容易掌握，月亮的运动最复杂，故最难以掌握，而日食是月亮的影子遮住太阳造成的，这就要求同时对太阳和月亮两个天体的运动都精确掌握，才可能正确预报一次日食。于是古人很自然地将日食视为检验历法准确程度的标尺。如果我们将"检验历法"视为日食的科学意义，那么这个科学意义在中国至少已经有两千年历史了。

在西方现代科学中，日食同样具有上述检验功能，即看对太阳和月亮运动的描述是否精确。在现代天文学中，这种描述是以天体力学为基础的。不过因为这种描述在现代天文学中早已不是问题，所以已经没有人关注这一点了。

当天体物理学成为现代天文学的主流之后，日食有了一个新的科学意义——观测日冕。因为日冕平时是观测不到的。不幸的是，1931年法国人发明了"日冕仪"，可以在任何时候"人造日食"，以观测日冕，于是日食的这个科学意义又被消解。

日食有史以来最重大的科学意义，"呈现"于1919年。

1912年，爱因斯坦发现空间是弯曲的，光线经过太阳边缘时会发生偏折，1915年他计算出日食时太阳边缘的星光偏折值是1.74″（在此之前，有人将光微粒视为有质量的粒子，也能够计算出0.87″的偏折值）。

适逢其会，1919年5月29日将有日全食发生，人们当然指望在这次日食时一举将爱因斯坦的预言验证出个真假来。爱因斯坦本人则早已确信他的理论肯定是正确的。相传1919年英国人爱丁顿爵士率队进行的日食观测验证了爱因斯坦关于引力导致光线弯曲的预言，但现在我们知道，那次验证在相当程度上是不合格的，真正合格的验证要到二十世纪七十年代中期才最终完成。

可以这么说，到1975年之后，日食的科学意义已经消解殆尽。如今，日食被赋予了新的意义——媒体和公众的"科普嘉年华"。更多时候，日食被当作一种"科普活动"，常年被媒体冷落在一边的天文学家，在日食发生的前后几天，会有难得的机会在媒体上露露面，谈谈日食的科学意义。

日食在古代中国的意义：上天示警

说句开玩笑的话，要是唐代有电视节目，那被请到电视上露面谈日食意义的，就会是天文学家、僧人一行（683—

727）之类的人物了。但是他们肯定主要是谈日食的"文化意义"，因为在中国古代，日食这一天象，被附上了太多的政治和文化。

古代皇家天学家的重要职责之一，就是预报日食。此事非同小可，如果失职，就有被杀头的危险！最著名的记载见于《尚书·胤征》：

> 惟时羲和颠覆厥德，沈乱于酒，……乃季秋月朔，辰弗集于房。瞽奏鼓，啬夫驰，庶人走。羲和尸厥官，罔闻知。昏迷于天象，以干先王之诛。政典曰：先时者杀无赦，不及时者杀无赦。

此即著名的"书经日食"。羲和（相传为帝尧所任命的皇家天学官员）因沉湎于酒，未能对一次日食做出预报，结果引起了混乱。这一失职行为给他带来了杀身之祸。注意这里"先时者杀无赦，不及时者杀无赦"（预报日食发生之时太早或太迟就要"杀无赦"）之语，若古时真有这样的"政典"，未免十分可怕。从后代有关史实来看，这两句话大致是言过其实的。有西方学者解读为：中国古代的天文学家羲和，因为酗酒，未能及时预报一次日食，就受到了死刑的惩罚，从此以后中国的天文学史再也不敢玩忽职守了，所以中国人留下了如此丰富的天象记载。这段有点"戏说"色彩的解读，大体还是正确的，尽管玩忽职守的天文学家在中国也不是那么难以想象的。

上述《尚书·胤征》中的记载涉及日食最早的意义——上天的警告。日食之所以需要预报，最直接的原因就是需要在日食发生时进行盛大的"禳救"仪式，而这种巫术仪式是需要事先准备的。

要是觉得"书经日食"毕竟属于传说时代，尚难信据，那还可举较后的史事为例，比如《汉书》卷四"文帝纪"所载汉文帝《日食求言诏》：

> 朕闻之，天生蒸民，为之置君以养治之，人主不德，布政不均，则天示之菑，以诫不治。乃十一月晦，日有食之，谪见于天，菑孰大焉！朕获保宗庙，以微眇之身托于兆民君王之上，天下治乱，在朕一人，……朕下不能理育群生，上以累三光之明，其不德大矣。令至，其悉思朕之过失，及知见思之所不及，白以告朕。

汉文帝相信日食是上天对他政治还不够清明所呈示的警告，因此下诏，请天下臣民对自己进行批评，指出缺点过失。这类似于现代的"开门整风"。

将日食视为上天示警，这一观念在古代中国深入人心。所谓示警，意指呈示凶兆，如不及时采取补救措施，则种种灾祸将随后发生，作为上天对人间政治黑暗的惩罚。以下姑引述经典星占文献中有关材料若干则为例：

（日食）又为臣下蔽上之象，人君当慎防权臣内戚在左右擅威者。（《乙巳占》卷一"日蚀占"）

无道之国，日月过之而薄蚀，兵之所攻，国家坏亡，必有丧祸。（同上）

人主自恣不循古，逆天暴物，祸起，则日蚀。（《开元占经》卷九引《春秋纬运斗枢》）

《史记》卷二七"天官书"所言最能说明问题：

日变修德，……太上修德，其次修政，其次修救，次修禳，正下无之。

"修德"是最高境界，较为抽象；且不是朝夕之功，等到上天示警之后再去"修"就迟了。"其次修政"就比较切实可行一些，汉文帝因日食而下诏求直言，可以归入此类。再其次的"修救"与"修禳"，则有完全切实可行的规则可循，故每逢日食，古人必进行"禳救"：在天子，有"撤膳"（减少公款吃喝）、"撤乐"（暂停音乐伴奏）、"素服"（不穿豪华礼服）、"斋戒"（不和美女上床）等举动；在臣民，则更有极为隆重的仪式。《尚书·胤征》中羲和未能及时预报日食之所以会引起混乱，就是因为本来应该事先准备的盛大"禳救"巫术仪式来不及举行了。

迷信与科学

不过，到了后世，如果日食预报失败，也有"转祸为福"之法。例如，《新唐书》卷二七"历志三·下"记载：

> （开元）十三年十二月庚戌朔，于历当蚀太半，时东封泰山，还次梁、宋间，皇帝撤膳，不举乐，不盖，素服，日亦不蚀。时群臣与八荒君长之来助祭者……不可胜数，皆奉寿称庆，肃然神服。

东封泰山，即所谓"封禅"，被认为是极大功德，历史上只有少数帝王获得进行此事的资格。归途中预报的日食届时没有发生，被解释为皇帝"德之动天"，所以群臣称庆。但不可否认，这次日食预报是错误的，对此该如何解释？

唐代僧人一行是中国历史上最重要的几个天学家之一，他写有著名的《大衍历议》，其中讨论当食不食问题，对上引玄宗封禅归途中这次当食不食，他的解释是："虽算术乖舛，不宜如此，然后知德之动天，不俟终日矣。"他表示相信，在上古的太平盛世，各种"天变"可能都不存在（这是古代天学家普遍的信念）："然则古之太平，日不蚀，星不孛（不出现彗星），盖有之矣。"在他看来，历法无论怎样精密，也不可能使日食预报绝对准确：

图 3-3　1936 年日本北海道枝幸寻常高等小
学校为各国观测队顺利进行日食观测而张贴的
《祈晴文》,见《民国二十五年六月十九日日全
食北海道队观测报告》

使日蚀皆不可以常数求，则无以稽历数之疏密；
若皆可以常数求，则无以知政教之休咎。

这是说，如果日食完全没有规律，那历法的准确性就无从谈起；但如果每次日食都有规律可循，那就无法得知上天对人间政治优劣所表示的态度了。我们甚至还可以猜测：这次错误的日食预报本来就是故意的，目的就是向群臣显示皇帝"德之动天"。

即使到了二十世纪，"科学昌明"的年代，关于日食也还能生出相当"文化"的八卦来。例如，1936年的日食，各国派出观测队前往日本北海道北见国枝幸郡海滨的一个小村庄枝幸村进行观测，当地的小学"枝幸寻常高等小学校"为日食观测时能有晴天而贴出了一篇《祈晴文》。其中谈到日食在科学上的重要性，以及此次观测机会之"千岁一遇"，因此祈求上天降恩放晴。天文观测本是科学，求雨祈晴则是迷信，但在这个具体事件上，两者竟可以直接结合起来：以迷信形式，表科学热情，真是相当奇妙的事情。

（原载《新发现》2008年第6期）

水运仪象台：神话和传说的尾巴

水运仪象台真的存在过，但如今已成神话

在以往的大众读物中，北宋的水运仪象台总是被描绘成一件盖世奇器，它高达 12 米，可以自动演示天象，自动报时，而且是用水力驱动的。

由于天文学家苏颂（1020—1101）在建成水运仪象台之后，又留下了一部《新仪象法要》，里面有关于水运仪象台的详细说明，还有水运仪象台中 150 个部件的机械图，这在中国古代仪器史上，实在是一个激动人心的异数。《新仪象法要》唤起了现代学者极大的研究热情，以及由此滋生复制水运仪象台的强烈冲动。

水运仪象台的神话发端于 1956 年。这年 3 月的一期《自

然》杂志上发表了一篇两页长的文章《中国天文钟》[1]，报告了一项对《新仪象法要》的研究成果。三位作者相信，"在公元七至十四世纪之间，中国有制造天文钟的悠久传统"。他们在文章末尾报告说："所有的有关文件都已译成英文，并附详细注释和讨论，希望不久将由古代钟表学会出版一部发表这项研究成果的专著。"

这篇文章由三位作者署名，依次是：李约瑟、王铃、普赖斯。王铃是李约瑟最重要的助手之一，但值得注意的是第三位作者普赖斯（Derek J. Price），他在机械史方面应该是权威人士，任耶鲁大学科学史教授，还担任过国际科学史与科学哲学联合会（IUHPS）主席。三位作者所预告的研究专著，后来也出版了[2]。

李约瑟和普赖斯的上述研究成果问世之后，很快就风靡了中国学术界。许多人认为，这项成果发掘了古代中国人在时钟制造方面被埋没了的伟大贡献，因而"意义极为重大"。

---

1 Joseph Needham, Wang Ling & Derek J. Price, "Chinese Astronomical Clockwork," *Nature*, Vol.177, No. 4509(31 March 1956), pp.600-602.

2 Joseph Needham, Wang Ling & Derek J. de Solla Price, *Heavenly Clockwork: The Great Astronomical Clocks of Medieval China*, Cambridge: Cambridge University Press，1960.

"擒纵器"之争

水运仪象台之所以"意义极为重大",很大程度上是因为李约瑟和普赖斯在上述文章中宣布,水运仪象台中有"擒纵器"(escapement),它"更像后来十七世纪的锚状擒纵器"。尽管他们也承认"守时功能主要是依靠水流控制,并不是依靠擒纵器本身的作用",但仍然断言:"这样一来,中国天文钟的传统,和后来欧洲中世纪机械钟的祖先,就有了更为密切的直接关系。"

然而,恰恰是在"擒纵器"问题上,存在着严重争议。

1997年,两位可能是在水运仪象台问题上最有发言权的中国学者,不约而同地出版了他们关于这个问题的著作:胡维佳教授译注的《新仪象法要》[1]和李志超教授的《水运仪象志:中国古代天文钟的历史》[2]。

胡维佳教授强调指出,李约瑟和普赖斯"错误地认为关舌、天条、天衡、左天锁、右天锁(皆为《新仪象法要》中的机械部件——引者按)的动作原理与机械钟的擒纵机构,特别是与十七世纪发明的锚状擒纵机构相似"。这个错误被李约瑟多次重复,并被国内学者反复转引,结果流传极广。

---

1 [宋]苏颂:《新仪象法要》,胡维佳译,辽宁教育出版社,1997年。
2 李志超:《水运仪象志:中国古代天文钟的历史》,中国科学技术大学出版社,1997年。

224

李约瑟和普赖斯使用的 escapement 一词很容易误导西方读者，让他们联想到"十七世纪的锚状擒纵器"。为此胡维佳教授还考察了西方学者在这个问题上的一系列争议。

对于《新仪象法要》中的"擒纵器"，李志超教授也有与李约瑟和普赖斯完全不同的理解。他认为："水轮-秤漏系统本身已经由秤当擒纵机构，那就不会再有另外的擒纵器。李约瑟的误断对水运仪象台的研究造成了极大的干扰。"

为何对《新仪象法要》中的文字和图形，理解会如此大相径庭？这恐怕和《新仪象法要》自身的缺陷有关。例如，南宋朱熹曾评论此书说："元祐之制极精，然其书亦有不备。乃最是紧切处，必是造者秘此一节，不欲尽以告人耳。"工程制图专家也曾指出，对《新仪象法要》中的图，今人无法确定它们与实物构件之间的比例关系。文字和图形两方面信息的不完备，给今人的复制工作留下了相当大的争议和想象空间，也使得严格意义上的复制几乎成为一项"不可能的任务"。

关于水运仪象台究竟达到何种成就，李志超教授持肯定态度，他认为"韩公廉（苏颂建造水运仪象台的合作者——引者按）是一位超时代的了不起的伟大机械师"，"水运仪象台是技术史上集大成的世界第一的成就"。但胡维佳教授似乎对水运仪象台是否真的具有古籍中所记载的那些神奇功能持怀疑态度。他认为，值得注意的是，关于水运仪象台的实际水运情况，"找不到任何相关的记载或描述"，"对于这样一座与天参合的大型仪器来说，这是十分奇怪的"。

所以，《新仪象法要》固然陈述了水运仪象台的"设计标准"，但我们也不是没有理由怀疑：这座巨型仪器当年建成后，是否真的达到了这些标准？

要证明水运仪象台真的可能具有那样神奇的功能，唯一的途径，就是在严格意义的现代复制品中，显现出古籍所记载的那些神奇功能。

事实上，对水运仪象台的复制运动已经持续了数十年。1958 年，科技史学者王振铎（1911—1992）率先在中国历史博物馆进行复制，比例为缩小了的 1∶5，但并不能真正运行。据不完全统计，从 1958 年到 2010 年，半个世纪中，至少有十几件复制品出现，比例从 1∶10 到 1∶1 不等，其中 1∶1 的复制品就已经有三件。这些复制品大部分不能运行，有的要靠内部装电动机运行，即使是号称"完全以水为动力，运行稳定"的，也缺乏完整的技术资料和运行状况的科学报告。

因而，在关于《新仪象法要》中那些关键性技术细节获得统一认识，并据此造出真正依靠水力驱动而且能够稳定运行、精确走时的复制品之前，水运仪象台的那些神奇功能，就仍有洗不净的神话色彩，和割不掉的"传说"尾巴。

希腊"Antikythera 机"和欧洲背景

建构水运仪象台神话的另一个要点，是对西方相关历史背景的忽略，而如果考虑了这种背景，水运仪象台的伟大就不得不大打折扣。

英国格林威治皇家天文台台长利平科特（Kristen Lippincott）等人在《时间的故事》[1]中告诉读者，从公元前三世纪起，地中海各地就已有水力驱动的能够演示天文现象的机械时钟。虽然随着罗马帝国的崩溃，拉丁西方丧失了大部分这类技术，但是稍后在拜占庭和中东的一些伊斯兰都市中，仍在使用水力驱动的大型机械时钟。而到了公元十一世纪末（注意这正是苏颂建成水运仪象台的年代），拉丁西方已经找回这些技术，那时水力驱动的大型机械时钟已经在欧洲许多重要中心城市被使用。所以水运仪象台恐怕很难谈得上"超时代"。

地中海地区早期机械天文钟的典型例证，是一具二十世纪初从希腊安提基特拉岛（Antikythera）附近海域的古代（公元前一世纪）沉船中发现的青铜机械装置残骸，通常被称为"Antikythera 机"（现藏雅典国家考古博物馆）。这具"奇器"的著名研究者，不是别人，正是和李约瑟合写"中

---

1 ［英］克里斯滕·利平科特等：《时间的故事》，刘研、袁野译，中央编译出版社，2010年。

国天文钟"文章的普赖斯！他断定这一机械装置"肯定与现代机械钟非常相似"，而且"它能够计算并显示出太阳和月亮，可能还有行星的运动"。这和水运仪象台的功能岂非如出一辙？公元前一世纪竟能造出如此精密的机械，难怪它被称为"技术史上最大的谜之一"，但它确实为上述利平科特谈到的历史背景提供了实物旁证。

（原载《新发现》2011 年第 7 期）

梁武帝：一个懂天学的帝王的奇异人生

在中国历史上，懂天学且有史料证据的帝王，据我所知仅二人而已，一是清康熙帝，二是南朝梁的开国之君梁武帝萧衍（464—549）。两人之学又有不同，康熙从欧洲耶稣会士那里学的基本上是今天被称为"天文学"的知识，而梁武帝所懂的才是"正宗"的中国传统天学——天文星占之学。

奇特的《梁书·武帝纪》

在历代官史的帝王传记中，《梁书·武帝纪》几乎是绝无仅有的一篇——星占学色彩极为浓厚。其中结合史事，记载天象凡14种57次。官史其他帝纪中，不但南朝诸帝，即使上至两汉，下迄隋唐，皆未有记载如此之多天象者。这些天象中最引人注目的是"老人星见"，竟出现了34次。

老人星即船底座 α，为南天 0 等亮星。公元 530 年时，其坐标为：赤经 87.90°，赤纬 -52.43°；黄经 84.70°，黄纬 -76.02°。这不是一颗北半球常年可见的恒星。史臣在《武帝纪》中反复记载"老人星见"，寓意只能从中国传统星占理论中索解。唐代《开元占经》卷六十八"石氏外官·老人星占二十九"述老人星之星占意义极为详备，最典型的如"王政和平，则老人星临其国，万民寿"。在中国传统星占学体系中，"老人星见"是少数几种安详和平的吉庆天象之一。

《梁书·武帝纪》中的天象记录，从梁武帝即位第四年开始，至他困死台城而止。在他统治比较稳定且能维持表面上的歌舞升平之时，"老人星见"的记录不断出现。而他接纳侯景的太清元年（公元 547 年），是为梁朝战乱破亡之始，出现的天象记录却是"白虹贯日"；此后更是只有"太白昼见"和"荧惑守心"，皆大凶之象。可见这是一篇严格按照中国古代星占学理论精心编撰的传记。

史臣为何要为梁武帝作一篇如此奇特的传记呢？

对印度佛教天学的极度痴迷

梁武帝在位 48 年，绝大部分时间可算"海晏河清"，梁朝虽偏安江左，但仍能在相当程度上以华夏文化正统的继承者自居。大约在普通（梁武帝的第二个年号）六年（公元525年）前后，梁武帝忽发奇想，在长春殿召集群臣开学术研讨会，主题居然是讨论宇宙模型！这在历代帝王中也可算绝无仅有之事。

这个御前学术研讨会，并无各抒己见自由研讨的氛围，《隋书·天文志》说梁武帝是"盖立新意，以排浑天之论而已"，实际上是梁武帝个人学术观点的发布会。他一上来就用一大段夸张的铺陈将别的宇宙学说全然否定："自古以来谈天者多矣，皆是不识天象，各随意造，家执所说，人著异见，非直毫厘之差，盖实千里之谬。"这番发言的记录保存在《开元占经》卷一中。此时"浑天说"在中国早已被绝大多数天学家接受，梁武帝并无任何证据就断然将它否定，若非挟帝王之尊，实在难以服人。而梁武帝自己所主张的宇宙模型，则是中土传统天学难以想象的：

> 四大海之外，有金刚山，一名铁围山。金刚山北又有黑山，日月循山而转，周回四面，一昼一夜，围绕环匝。于南则现，在北则隐；冬则阳降而下，夏则阳升而高；高则日长，下则日短。寒暑昏明，皆由此作。

梁武帝此说，实有所本：正是古代印度宇宙模式之见于佛经中者。现代学者相信，这种宇宙学说还可以追溯到古代印度教的圣典《往世书》，而《往世书》中的宇宙学说又可以追溯到约公元前1000年的吠陀时代。

召开一个御前学术观点发布会，梁武帝认为还远远不够。他的第二个重要举措是为这个印度宇宙在尘世建造一个模型——同泰寺。同泰寺现已不存，但遥想在杜牧诗句"南朝四百八十寺"中，必是极为引人注目的。关于同泰寺的详细记载，见于《建康实录》卷十七"高祖武皇帝"，其中说"东南有璇玑殿，殿外积石种树为山，有盖天仪，激水随滴而转"。以前学者大多关注梁武帝在此寺舍身一事，但日本学者山田庆儿曾指出，同泰寺之建构，实为模拟佛教宇宙。

"盖天仪"之名，在中国传统天学仪器中从未见过。但"盖天"是《周髀算经》中盖天学说的专有名词，《隋书·天文志》说梁武帝长春殿讲义"全同《周髀》之文"，前人颇感疑惑。我多年前曾著文考证，证明《周髀算经》中的宇宙模型很可能正是来自印度。故"盖天仪"当是印度佛教宇宙之演示仪器。事实上，整个同泰寺就是一个充满象征意义的"盖天仪"，是梁武帝供奉在佛前的一个巨型礼物。

梁武帝在同泰寺"舍身"（将自己献给该寺，等于在该寺出家）不止一次，当时帝王舍身佛寺，并非梁武帝所独有，稍后陈武帝、陈后主等皆曾舍身佛寺。这看来更像是某种象征性仪式，非"敝屣万乘"之谓。也有人说是梁武帝变相给同泰寺送钱，因为每次"舍身"后都由群臣"赎回"。

梁武帝又极力推行漏刻制度的改革，将中国传统的每昼夜分为 100 刻改为 96 刻。初看这只是技术问题，且 96 刻也有合理之处，但实际原因是，梁武帝极度倾慕佛教中所说佛国君王的作息时间，不仅自己身体力行，还要全国臣民从之。

梁朝之后，各朝又恢复了 100 刻制。直到明末清初，西洋民用计时制度传入中国，一昼夜为 24 小时，与中国的 12 时辰制度也相匹配，于是梁武帝的 96 刻制又被启用。到今天，一小时 4 刻，一昼夜恰为 96 刻，亦可谓梁武旧制了。

成也天学，败也天学

古代中国传统政治观念中，天学与王权密不可分：天学是与上天沟通、秉承天命、窥知天意最重要的手段，而能与上天沟通者才具有为王的资格。

萧衍本人通晓天学。《梁书·武帝纪》说他"阴阳纬候，卜筮占决，并悉称善"。《梁书·张弘策传》记萧衍早年酒后向张弘策透露自己夺取齐朝政权的野心，就是先讲了一通星占，结果张弘策当场向他表示效忠，后来果然成为梁朝开国元勋。萧衍在进行起兵动员时，自比周武王，也以星占说事："今太白出西方，仗义而动，天时人谋，有何不利？"在中国古代星占理论中，金星（太白）总是与用兵有着密切关系，如《汉书·天文志》有"太白经天，天下革，民更王"

之说。故萧衍之言，从星占学角度来说是相当"专业"的。

东昏侯被废，萧衍位极人臣，接下来就要接受"禅让"了。搞这一出也要用天文星占说事，但这时要让别人来说了，"齐百官、豫章王元琳等八百一十九人，及梁台侍中范云等一百一十七人，并上表劝进"，萧衍还假意谦让。最后"太史令蒋道秀陈天文符谶六十四条，事并明著"，萧衍才接受了，即位为梁武帝。不过他在《净业赋·序》中却说："独夫既除，苍生苏息。便欲归志园林，任情草泽。下逼民心，上畏天命，事不获已，遂膺大宝。"仍然极力撇清自己。

梁朝承平四十余年，最后出了侯景之乱，华夏衣冠，江左风流，在战乱中化为灰烬。此事梁武帝难辞其咎。侯景原是东魏大将，领有黄河以南之地，不见容于魏主高澄，遂向梁投降。梁武帝因自己梦见"中原牧守皆以其地来降"，他相信自己"若梦必实"，群臣也阿谀说这是"宇宙混一之兆"，就接纳了侯景。解梦在古代也是星占之学的一部分，即所谓"占梦"，故梁武帝的决策仍有星占学依据。

不料侯景乘机向梁朝进军，于公元 549 年春天攻入首都建康城，颠覆了萧梁政权。梁武帝当年改朝换代，雄姿英发，那时他更多的只是利用天学；但在决策接纳侯景时，他似乎真的相信那些神秘主义学说了，这让他一世英名毁于一旦，最终竟饿死在皇宫里。

（原载《新发现》2013 年第 1 期）

私人天文台之前世今生

天文台的官营传统和私人传统

中国古代是没有私人天文台的，非但没有这个传统，而且几千年来"私习天文"都是要治罪的，所以只有官营传统。现代意义上的天文台——这里指的是天文学家从事作为科学探索活动的天文观测场所——在中国古代本来是不存在的（无论官营还是私人），不过如果只从"在台上有人观测天象"这个意义着眼，我们也可以将古代的"灵台"视为天文台的前身。

《诗经·大雅》有《灵台》一诗，歌咏周文王动用人海战术快速建起了灵台。不过孔颖达注疏时，引用公羊说，一则曰"非天子不得作灵台",再则曰"诸侯卑,不得观天文,无灵台",如果我们注意到当时姬昌还只是诸侯身份("文王"是他儿子武王伐纣获胜改朝换代之后追封的名号),就不难意识到孔颖达实际上是在向读者指出:周文王建造灵台是一件"违法乱纪"的事情。

事实上,这些法纪都是后世儒家逐渐建构起来的。自从汉代独尊儒术之后,"私习天文"一直是历朝历代反复重申的重罪,灵台也始终只限皇家才能拥有。直到明朝晚期才放宽了对"私习天文"的限制,清代承之,民间才开始出现公开的天文学活动。尽管康熙曾对民间天文学家梅文鼎(1633—1721)表示过很高的礼遇,但整个清代仍然没有出现过任何一个私人天文台。与梅文鼎齐名的民间天文学家王锡阐,为了观测天象,也只能夜间爬上自己的屋顶看看,充其量也就是摆弄个把简陋的小型仪器而已。

说来有趣,中国至今仍然保持着官营天文台的传统。中国现有三大天文台(在北京的国家天文台、在南京的紫金山天文台、在上海的上海天文台),都是由中国科学院直接管辖的"中央直属机关",而非地方政府所属。此外分布在中国各地的天文台,绝大部分是上述三大天文台的下辖机构。其余零星的小天文台,基本上有其名而无其实,其中相对比较像样的是南京大学天文系的教学天文台,然而南京大学本身就是教育部直属高校——仍然是"中央直属机关"。

与中国的情形形成鲜明对照,在古希腊,以及在科学史上属于希腊直系后裔的欧洲，却长期保持着私人天文台的传统。公元前二世纪希帕恰斯在罗得岛上的私人天文台，或许可以视为这一传统的最早证据。

近现代最著名的三座私人天文台

说到西方的私人天文台，近现代天文学史上有三座特别著名的，值得在这里谈一谈。这三座私人天文台不仅都已青史留名，我们还可以从中略窥私人天文台到底可以在天文学上有些什么作为。

第一座是十七世纪但泽（即今波兰格但斯克）富商赫维留的。他的观测台横亘在三幢相连的房屋顶上，上面安装了多种大型观测仪器。这座天文台被认为是当时欧洲最优秀的天文台。十六世纪第谷在丹麦汶岛上的天文台，当然规模和建筑都远远过之，但一者那是"皇家"的天文台，二者第谷死后早已人去楼空，三者第谷的天文台上还没有望远镜。

关于赫维留的天文台，至少有两幅非常著名的图流传后世。一幅是他和他的第二任妻子伊丽莎白一起用"纪限仪"夜观天象，另一幅是他的天文台上那架著名的悬吊式长焦距折射望远镜。前一幅图相当著名，于是被《剑桥插图天文学史》[1]选作内封的封面图案，图中的那架"纪限仪"正是第谷发明的仪器，用来直接测量任意两个天体之间的角距。赫维留那架悬吊式长焦距折射望远镜，则是在望远镜发展史上有一席之地的"名镜"。尽管赫维留对在天体测量中使用望远镜抱有偏见（他一直拒绝将望远镜装置在测量仪器上，只使用望远镜观测天体表面），他仍被认为是那个时代最重要的天文观测者之一。不幸的是，他的天文台在1679年毁于大火。

欧洲第二座著名私人天文台的出现，已经是两百年后了。1882年，法国的弗拉马利翁（Camille Flammarion, 1842—1925）建立了他的私人天文台。弗拉马利翁是当时著名的科学作家，他的三卷本《大众天文学》[2]，即使在中国也脍炙人口，更不用说在法国了。弗氏还发起成立法国天文学会，自任首任会长，他又主编《法国天文学会会刊》，又自办《天文学》杂志（Astronomie），当真是活力四射。仿佛冥冥中追踪前贤赫维留的脚步，弗氏的第二任妻子也是一位女天文学家。

1　Michael Hoskin, *The Cambridge Illustrated History of Astronomy*, Cambridge: Cambridge University Press, 1997.［英］米歇尔·霍斯金：《剑桥插图天文学史》，江晓原、关增建、钮卫星译，山东画报出版社，2003年。

2　Camille Flammarion, *Astronomie Populaire: Description Générale du Ciel*, Paris: C. Marpon et E. Flammarion, 1880.［法］C. 弗拉马里翁：《大众天文学》，李珩译，广西师范大学出版社，2003年。

弗氏在他的天文台上，进行了大量当时红极一时的火星观测：当时许多人相信火星上有高等文明所开掘的"运河"。弗氏在他办的《天文学》杂志上也著文宣称，他的天文台观测到了火星上有六十余条"运河"和不下二十条"双运河"，并表示"我完全确信我所观测到的"。1892年，弗氏出版了他的《火星和它适宜居住的环境》第一卷。他对此事的兴趣长期持续，1909年又出版了此书的第二卷。[1]

对火星的观测热潮又从欧洲席卷到北美大陆，财大气粗的美国爆发户们理应能够支持一座私人天文台，这样的天文台也果然很快就出现了。1894年，洛韦尔（Percival Lowell，1855—1916）凭借家族的雄厚财力，在亚利桑那州的旗杆镇（Flagstaff）建立了他的私人天文台，并自任台长，全力投入火星观测的热潮中。洛韦尔还在杂志上高调发表《建台宣言》，其中宣称：他的天文台的主要目标是研究太阳系，但他又表示他还有更大的抱负，因为他坚信"我们所居住的这颗太空海洋中的小星球，不会是宇宙中拥有智慧生命的唯一运载工具"。

尽管专业天文学家有点看不上洛韦尔，他的《建台宣言》中的一些说法也受到批评，但这丝毫没有打击这位超级

---

1 Camille Flammarion, *La Planète Mars et ses Conditions d'Habitabilité*, Volume I, II, Paris: Gauthier-Villars, 1892, 1909.

"民科"的勇气和信心，他第二年就出版了专著《火星》[1]，主张火星上有大气，有云，有水，很可能有高级智慧生物。令专业天文学家非常恼火的是，《火星》一出版就成了科学畅销书，他们那些有时尖酸刻薄的批评完全阻挡不了洛韦尔的声名远播。洛韦尔再接再厉，1906年出版《火星和它的运河》[2]，1908年出版《作为生命居所的火星》[3]。

虽然洛韦尔的许多结论后来都被证明是错的，但《剑桥插图天文学史》仍然不得不承认"他的工作有深远影响"，该书作者还认为，洛韦尔天文台的其他一些工作导致了冥王星的发现，而且对二十世纪的观测宇宙学也有重要贡献。洛韦尔最终还是青史留名了。

今天拥有一座私人天文台可能吗？

中国自古缺乏私人天文台的传统和土壤，我虽然是学天体物理专业出身，也有一架相当专业的小望远镜，但在写这篇文章之前，从来没有对私人天文台问题产生过兴趣。不

1 Percival Lowell, *Mars,* Boston and New York: Houghton, Mifflin and Company, 1895.

2 Percival Lowell, *Mars and its Canals,* New York: The Macmillan Company, 1906.

3 Percival Lowell, *Mars as the Abode of Life,* New York: The Macmillan Company, 1908.

过现在从网上初步得到的信息来看，国内已经有人真的开始考虑这个问题了。这里姑以我个人见闻所及，提供一点初步意见。

1990 年代我去韩国访问，曾受邀到汉城大学天文系主任罗逸星——真是个注定要当天文系主任的名字——教授家中做客，他家中就有一座小型私人天文台。因为是白天去的，对它的夜间观测环境难以判断，估计不会太好，现代大都市周边的光污染通常都难以避免。台上最主要的设备是一具相当大的专业望远镜，记忆中好像是 40 厘米口径，当然也配备有转仪钟等辅助设备。

考虑到中国此后经历了近二十年的高速经济增长，今天如欲建设罗教授家中那样的小型私人天文台，对相当一部分中国人来说，钱已经不是问题，关键要看他对天文学热爱到什么程度了。

（原载《新发现》2013 年第 2 期）

天文年历之前世今生

1679年在巴黎出版的《关于时间的知识》[1]，通常被认为是时间上最早的天文年历。

其实，类似出版物早已有之，就是星占年历，其中包括一年中重要的天文事件，如日月交食、行星冲合；当然也包括历日以及重大的宗教节日，以及对来年气候、世道等的预测。星占年历中还包括许多各行各业的常用知识汇编，比如给水手用的年历中有航海须知，而给治安推事用的年历中有法律套语等。

1600年之前，在欧洲这类读物至少已经出现了六百种，

---

1 完整法语名称：*La Connoissance des Temps, ou calendrier et éphémérides du lever & coucher du Soleil, de la Lune & des autres Planètes*。直译为"关于时间的知识，或关于太阳、月亮和其他行星升起和落下的日历和星历"。

此后更是迅猛增长。例如，十七世纪英国著名的星占学家黎里（William Lilly，1602—1681）编的星占年历，从1648年起每年可以售出近三万册。而在此之前，伟大的天文学家开普勒，早就在编算1595年的星占年历了。他因为在年历中预言那一年"好战的土耳其人将侵入奥地利""冬天将特别寒冷"都"应验"，而名声鹊起，此后不断有出版商来请他编年历，这对他清贫的生活来说倒也不无小补。

如果说那些被赋以政治使命，或是出于星占目的的年历，不能算"纯粹"的天文年历的话，那么比较"纯粹"的天文年历出现于十八世纪。《英国天文年历》从1767年起逐年出版，九年后《德国天文年历》开始逐年出版，《美国天文年历》1855年起出版，苏联自己编的《苏联天文年历》1941年才开始出版。

要说起天文年历在中国的身世，那真可谓家世悠久，血统高贵。

据《周礼》记载，周代有天子向诸侯"颁告朔"之礼，所谓"颁告朔"，就是告诉诸侯"朔"在哪一天，用今天的眼光来看，这可以视为天文年历的滥觞，因为朔仍是今天的天文年历中的内容之一。而与包括日月及各大行星及基本恒星方位数据、日月交食、行星动态、日月出没、晨昏蒙影、常用天文数据资料等内容的现代天文年历相比，清代钦天监编算的《七政躔度经纬历》也算得上天文年历的雏形。

诸侯接受"颁告朔"，就意味着遵用周天子所颁布的历法，也就是奉周天子的"正朔"，这是承认周天子宗主权的一种象征性行为。这种带有明显政治色彩的行为，在中国至少持续了三千年之久。在政权分裂或异族入侵的时代，奉谁家的"正朔"是政治上的大是大非问题；而当中国强盛时，向周边国家"颁赐"历法，又成为确认、宣示中国宗主权的重要行为。

但是天文年历在中国的现代化却又命途多舛。说起来，中国编算现代天文年历比苏联还早。然而在中国当时特殊的社会环境中，此事却总和政治纠缠在一起。

1912年中华民国成立，临时大总统孙中山发布的第一条政令，就是《改用阳历令》。改用当时世界已经通用的公历（格里历），当然是符合科学的；然而立国的第一条政令就是改历法，这本身就是中国几千年政治观念的不自觉的延续：新朝建立，改历法，定正朔，象征着日月重光，乾坤再造。让历法承载政治重任的传统旧观念，在新时代将以科学的名义继续产生影响。

中华民国成立的"中央观象台"，曾出版过1915年和1917年的《观象岁书》，接着在军阀战乱中，此事无疾而终，停顿了十几年。直到1930年，才由中央研究院天文研究所开始比较正式的天文年历编算工作。没想到此时却爆发了长达两年的高层争论，而争论的焦点，竟是在今天看来几乎算是鸡毛蒜皮的细节：要不要在新的天文年历中注出日干支和朔、望、上下弦等月相！

　　首先，今天难以想象的是，那时编算天文年历的工作是当时的"党中央"——国民党中央党部直接过问的，许多会议都有中央党部的代表参加。而那些天文学家，虽然大都是从西方学成归来，受的都是现代科学训练，可是他们在年历问题上却比如今的官员更为"政治挂帅"！例如，在新编算的天文年历中，每页的下面都印着"总理遗嘱"，天文学家们说这是为"以期穷陬僻壤，尽沐党化"。后来根据"中央宣传部"的意见，又决定改为在年历中刊印"训政时期七项运动纲要""国民政府组织大纲""省县政府组织法"等材料，几乎将天文年历编成了一本政治学习手册。

　　在要不要注出日干支和月相的问题上，"党部"的意见是"朔望弦为废历遗留之名词，若继续沿用，则一般囿守旧习之愚民，势依此推算废历，同时作宣传反对厉行国历之口实"，所以要求在年历中废除。但是一部分天文学家认为，月相是各国年历中都刊载的内容，应该注出，他们反驳说："想中央厉行国历，原为实现总理崇尚大同之至意，自不应使中国历书在世界上独为无朔望可查之畸形历书。"而教育部官员原先主张在年历中废除日干支，不料"本部长官颇不以为然"，认为干支纪日"与考据有益，与迷信无关，多备一格，有利无弊"。各种意见争论不休，最终似乎是天文学家的意见稍占上风。

　　当时清朝的"皇历"早已废弃，但是由于民国政府未能按年编印新历，民间仍有沿用旧时历法或根据旧法自行编算者，这些旧历都被天文学家们称为"废历"，认为应坚决扫除。但是天文研究所的天文年历编算工作，时断时续，从1930年至1941年，只编了七年，此后又告中断，直到1948年才又恢复。1948年的年历已经相当完备，却没有费用付印，后来靠空军总部、海军总部和交通部分担费用，才得以印刷。1949年的年历编好后，竟要依靠七个中央部门分担费用才得付印，但是印到一半，蒋家政权覆灭，印刷厂倒闭，这年的年历最终也未能出版。

从1950年起，中国天文年历才算终于走上正轨，由紫金山天文台每年编算出版。从1969年起正式出版《中国天文年历》及其测绘专用版，此外还有《航海天文年历》和《航空天文年历》。1977年起又由紫金山天文台与北京天文馆合作编印《天文普及年历》，专供普及天文知识及指导业余爱好者观测之用。

至此，中国天文年历上基本完成了与国际接轨。

（原载《新发现》2007年第2期）

古代历法：科学为伪科学服务吗？

人们常说"天文历法"，但历法究竟是用来干什么的？也许你马上会想到日历（月份牌）：历法历法，不就是编日历的方法吗？这当然不算错，但编日历其实只是历法中极小的一部分功能。

当我们谈论"历法"时，其实涉及三种东西：

历谱，也就是今天的日历（月份牌），至迟在秦汉时期的竹简中已经可以看到实物。

历书，即有历注的历谱，就是在具体的日子上注出宜忌（比如"宜出行""诸事不宜"之类）。这种东西在先秦也已经出现，逐渐演变到后世的"皇历"，也就是清代的"时宪书"。作为"封建迷信"的典型，传统的历书在二十世纪曾长期成为被打击的对象，一度在中国大陆绝迹。近年则又重新出版流行，只是其中的历注较以前简略了不少。

历法，现今通常是指在历朝官修史书的《律历志》中保存下来的文献。其中包括94种中国古代曾经出现过的历法，时间跨度接近三千年。

许多人希望中国古代的东西多一些"科学"色彩，所以他们喜欢将中国历法称为"数理天文学"，这确实是科学，但这科学是为什么对象服务的？真相一说出来，却难免要大煞风景了。

欲知一部典型的中国古代历法究竟是何光景，可以唐代著名历法《大衍历》（公元727年修成）为例，其中包括如下七章：

"步中朔"章6节，主要为推求月相的晦朔弦望等内容。

"步发敛"章5节，推求二十四节气与物候、卦象的对应，包括"六十卦""五行用事"之类的神秘主义内容。

"步日躔"章9节，讨论太阳在黄道上的视运动，其精密程度，远远超出编制历谱的需要，主要是为推算预报日食、月食提供基础。

"步月离"章21节，专门研究月球运动。因月球运动远较太阳运动复杂，故篇幅远远大于上一章，其目的则同样是为预报日食、月食提供基础，因为只有将日、月两天体的运动都研究透彻，才可能实施对日食、月食的推算预报。

"步轨漏"章14节，专门研究与授时有关的各种问题。

"步交会"章24节，在前面"步日躔""步月离"两章的基础上，给出推算预报日食、月食的具体方案。

"步五星"章 24 节，用数学方法分别描述金、木、水、火、土五大行星的运动。

很容易看出，这样一部历法，主要内容，是对日、月加上金、木、水、火、土五大行星这七个天体（古代中国称为"七政"）运动规律的研究；主要功能，则是提供推算上述七个天体任意时刻在天球上的位置的方法及公式。至于编制历谱，那只能算是其中一个很小也很简单的功能。

那么古人为什么要推算七政在任意时刻的位置呢？

以前有一个非常流行的说法，说中国古代的历法是"为农业服务"的，即指导农民种地，告诉农民何时播种、何时收割等等。许多学者觉得这样的说法能够给古代历法增添"科学"的光环，很乐意在各种著述中采用此说。

但是许多事情其实只要稍一认真就能发现问题。姑以上面的《大衍历》为例，我们只消做一点最简单的思考和统计，就能发现"历法为农业服务"这个说法是多么荒谬。

且不说农业的历史远远早于历法的历史，在没有历法的时代，农民早就在种植庄稼了，那时他们靠什么"指导"？我们就看看历法中研究的七个天体，六个都和农业无关：五大行星和月亮，至少迄今人类尚未发现它们与农业有任何关系。只剩下太阳，确实与农业有关。但对指导农业而言，根本用不着将太阳运动推算到"步日躔"章中那样精确到小时和分钟。事实上，只要用"步发敛"章的内容，给出精确到日的历谱，在上面注出二十四节气，就足以指导农业生产了。

那好，我们就来统计《大衍历》：整部历法共 103 节，"步发敛"章只有 5 节，也就是说，整部历法中只有不到 5% 的内容与农业指导有关。《大衍历》是典型的中国古代历法，其他历法基本上也都是这样的结构，因此也就是说，"历法为农业服务"这个说法，只有不到 5% 的正确性。

那么"数理天文学"剩下的 95% 以上的内容是为什么服务的呢？——为星占学服务。

在古代，只有星占学需要事先知道被占天体运行的规律，特别是某些特殊天象出现的时刻和位置。比如，日食被认为是上天对帝王的警告，所以必须事先精确预报，以便在日食发生时举行盛大的仪式（禳祈），向上天谢罪；又如，火星在恒星背景中的位置经常有凶险的星占学意义，星占学家必须事先推算火星的运行位置。

如果认为星占学是伪科学，那么历法（数理天文学）这个科学就是在为伪科学服务。古波斯的《卡布斯教诲录》中说："总之，学习天文的目的是预卜凶吉。研究历法也出于同一目的。"[1] 这个论断，对于古代诸东方文明来说，都完全正确。

（原载《新发现》2007 年第 4 期）

---

1 ［波斯］昂苏尔·玛阿里：《卡布斯教诲录》，张晖译，商务印书馆，2001 年，第 141-142 页。

历史事件的年代不是用历法算出来的

天文学家不知道哪部历法更精确?

很多人对于历史事件年代的推算及其表达都不甚了了,只是因为它毕竟和人们的日常生活关系不大,人们即使偶有疑惑,往往也会不了了之,将它放在一边了。

大约二十年前,笔者在"夏商周断代工程"中负责的武王伐纣年代专题小组开始陆续向公众公布研究成果,媒体上反响热烈,上述问题再次浮现。

有些人士看到媒体上对某个历史事件发生年代和日期的报道,例如笔者团队研究的结论——武王伐纣的牧野之战发生于公元前 1044 年 1 月 9 日,或孔子诞生于公元前 552 年 10 月 9 日——就提出疑问:这些结论中的日期,是儒略历的还是格里历的?

本来，他们颇以自己能够提出这样"专业"的问题而自豪，但当他们得知上述日期都是儒略历的，马上接着产生了更大的疑问：格里历不是比儒略历更精确吗？现在全世界都在使用格里历，为什么上述日期还要用儒略历？还有的人，甚至一看到天文学家使用儒略历来表达公元前某事件的日期，立刻就兴奋起来，以为自己发现了天文学家的大错误：中国科学院上海天文台的那些研究者连应该用儒略历还是用格里历来推算历史事件的年代都搞不清楚，这些天文学家不都是欺世盗名之徒吗？这些人士的鄙视和义愤顿时溢于言表。

其实，这时候我们就需要常识了：天文学家再怎样欺世盗名、浪得虚名，也不可能不知道格里历比儒略历精确。所以显然需要从另一方面来考虑问题：天文学家用儒略历来陈述牧野之战或孔子诞辰的日期，是不是另有精确性之外的原因？

事实上，确有这样的原因。而许多对历史有兴趣的非专业人士，对这方面的原因，对陈述历史事件日期时如何在儒略历和格里历中选择，以及天文学界和历史学界在有关问题上的通行约定，实际上并不了解，甚至根本没有意识到这方面问题的存在。

推算年代和表达年代

有个古代的段子说"罗马人确实经常打胜仗，但不知道是哪天打的"，有助于理解这个看似简单的问题的复杂性。

首先我们必须区分清楚，"推算历史事件的日期"和"陈述历史事件的日期"，是两件完全不同的事情。但在许多人的认知中，这两者通常都是混为一谈的。

事实上，天文学家在推算一个历史事件的日期时，既不使用儒略历也不使用格里历。

通常，他们先要借助现代天体力学，来回推用以确定历史事件日期的对应天象出现的日期，然后再计算该天象距今的日期，计算时他们使用的是"儒略日"，这是一种没有年和月，只有日的计时系统。例如，武王伐纣的牧野之战发生于"儒略日"1340111日，孔子诞生于"儒略日"1520087日。

任何历法中的任何日期，理论上都可以用"儒略日"来表达。而"儒略日"与公历之间的对应关系是明确的："儒略日"的起算点是儒略历的公元前4713年1月1日。

天文学家推算出一个历史事件的日期后，当然要将它陈述出来；而为了便于公众理解和接受，如果陈述为"孔子诞生于儒略日1520087日"显然是不合适的，所以只能用公众熟悉的历法来陈述。

但是，用哪种历法来陈述一个历史事件的日期，与儒略历和格里历哪个更精确没有任何关系。需要考虑的是另外一些因素。

现在全球通用的公历是格里历，公历在 1582 年出现一个分界点，这年，罗马教皇格里高利十三世颁布了格里历，并在一些天主教国家开始使用。这个分界点带来了一系列问题，为解决这些问题人们不得不进行一些约定。

首先，对 1582 年以后的日期，都用格里历来陈述，这很容易理解。

其次，对从儒略历开始使用的公元前 46 年到公元 1582 年这一千六百多年中的日期，因为格里历还不存在，当然用儒略历来陈述。

比较麻烦的是，对公元前 46 年之前的日期，应该用什么历法来陈述呢？不少人想当然地以为历史事件的日期就是用"历法"来推算的，而格里历又比儒略历精确，就想当然地认为应该用格里历来陈述。但只要稍微深入想一想，就会发现事情没那么简单。

在公元前 46 年之前，既没有儒略历也没有格里历。当然，在那个时代，世界上已经存在着多种多样的历法，比如埃及历法、罗马历法、中国历法，等等。但是如果今天要将一个历史事件的日期以全世界都能理解的方式陈述出来，当然不能仅用当地的历法。上面那个关于罗马人不知道哪天打胜仗的段子，反映的正是这个困境。所以公元前 46 年之前的日期用哪种历法来陈述，必须有所约定。

国际历史学界和天文学界的约定是：公元前 46 年之前

的日期用儒略历来陈述。这也许是一个不成文约定，但确实合理：既然公元前46年开始使用儒略历，那么将这一历法向公元前46年之前的年代延伸，是顺理成章的。而让格里历跳过一千六百多年再来向公元前46年之前延伸，显然不合常理。

为什么不使用尽善尽美的历法？

从公元前46年儒略·凯撒（Gaius Julius Caesar，公元前100—前44）颁布新历法，儒略历用了一千六百多年。教皇下令改历，是因为到1582年，儒略历的误差积累已和实际天象相差了10天。对这一从历法角度来说已属骇人听闻的巨大误差，教皇采用"简单粗暴"的解决办法：直接宣布将儒略历的1582年10月5日改为格里历的10月15日。凭空去掉了10天，让许多人感觉非常荒谬。

格里历确实更为精确，要三千三百多年才会积累起1天的误差，按理说应该很容易被世人接受，但事实却并非如此，因为这远非精度这样一个单纯的技术问题。那时新教改革已经兴起半个多世纪，新教诸侯与罗马教会之间的矛盾早已公开化，"圣巴托罗缪屠杀"[1]惨剧发生也有十年了，因此对罗马教皇颁布的新历，一些新教国家当然拒绝实行。

几十年后，大部分西方国家逐渐接受了格里历，到二十世纪初，格里历已在世界上普遍采用。1911年辛亥革命，临时大总统孙中山签署颁布的"天字第一号"令，就是《改用阳历令》，宣布1912年1月1日为中华民国元年元月一日。

但上述情况带来了一个问题：在1582年之后的三百多年间，一些国家的历史事件会有两个日期。比如，牛顿的生日就有1642年12月25日（儒略历）和1643年1月4日（格里历）两个日期，"十月革命"则有1917年10月25日（儒略历）和1917年11月7日（格里历）两个日期。在这两个日期中应该采用哪个，也很难得出确切结论。通常人们都采用儒略历的那个，因为英国直到1752年、俄国直到1919年才使用格里历，在牛顿出生、"十月革命"爆发时，事件发生国都还在使用儒略历。

世间虽没有尽善尽美的历法，但比现行格里历更合理更完善的历法肯定是有的，人们已经提出过不止一种方案。一些国家还有民间的改历运动组织，长期呼吁改历，比如俄罗

1　圣巴托罗缪大屠杀是一场法国天主教徒针对新教胡格诺派教徒的宗教屠杀，1572年8月23日到24日始于巴黎，并持续数周，蔓延至法国多地，最终造成五千到三万人死亡。巴托罗缪（Bartholomew）是耶稣十二门徒之一，该屠杀发生在圣巴托罗缪纪念日即8月24日前夜，故称"圣巴托罗缪日大屠杀"。——编者注

斯、中国就都有这样的民间组织。但为什么各国政府都不愿意再改历呢？因为哪怕由联合国来主导，全球统一行动，改历也会带来与历史对接的巨大麻烦，比起忍受现行格里历那一点无伤大雅的不完善之处，改历所需要承受的代价完全是得不偿失的。

（原载《新发现》2020 年第 11 期）

山西陶寺遗址有中国的"巨石阵"吗?

索尔兹伯里的巨石阵之谜

所谓"巨石阵",已是一个约定俗成的术语,指那些被认为可能有天文学意义的、通常是环形的史前建筑遗迹。这些遗迹中最著名的,当数英格兰西南部索尔兹伯里(Salisbury)旷野中的史前巨石阵(Stonehenge)。该遗址被认为是在很长的年代中陆续建造起来的,大约在公元前3100—前1500年间,距今已超过三千五百年。

巨石阵首先以巨大的石料引人遐想:这些石料如何运输到当地? 它们的起重、安放等问题如何解决? 以索尔兹伯里现存巨石阵为例,共使用石料超过1500吨,其中有的巨石一块就超过50吨。在数千年前的古代,人们如何运输和安放它们? 此外,有人估计,建造这个巨石阵需要三千万个工时，如此劳力，那个时代能够提供吗？

当然，巨石阵更吸引人们注意力的谜题，是它们的用途和可能具有的天文学意义。这类同心环形建筑、外圈的环形土墙、几乎等距离的界石等等，都很容易让人猜测它们和天象观测或历法有关。而某些特殊天象与巨石阵之间的关联也是"显而易见的"，或者说是很容易建构出来的，比如在夏至那一天日出时，太阳正好在巨石阵的主轴线上升起，出现在那块被称为"标石"的巨石上方，等等。

关于索尔兹伯里的巨石阵，英国天文史学家霍斯金（Michael Hoskin，1930—2021）在《剑桥插图天文学史》中的意见是："有足够的理由认为，巨石阵和与此有关的遗迹的结构中包含着天文学象征，但是我们迄今尚无令人信服的证据能够表明，这里曾有过科学意义上的天文学活动。"[1]但是这样的权威意见并不能阻止那些迷恋古代神秘事物的热心人对此投入巨大的时间和精力。这些人可以年复一年日复一日地在巨石阵遗址中进行不知疲倦的工作，他们"收集事实"，即进行各种各样的寻找、测量和观测。已故的牛津工程学教授汤姆（Alexander Thom，1894—1985）就是这样的例子。

汤姆坚信，巨石阵是精心设计建造的，那些巨石的位置

1　［英］米歇尔·霍斯金:《剑桥插图天文学史》，江晓原、关增建、钮卫星译，山东画报出版社，2003 年，第 3 页。

对应着远处的山峰，可以用来进行精确的天文学观测。他甚至猜测，几千年前的祭司们，结合他们已经拥有的天文学知识，可以借助巨石阵来预测日月交食——这就是"科学意义上的天文学活动"了。汤姆已经去世二十余年，但是他的工作很长时间仍让有关人士争论不休。

中国山西襄汾陶寺遗址的 Ⅱ FJT1 基址

类似索尔兹伯里的巨石阵遗址，在欧洲已经发现多处，但这样的遗址以前还从未在中国大地上出现过。对这一点，人们通常都用"文化传统不同"之类的理由来解释。但是2003年的考古新发现，一举终结了这种解释，因为在中国也发现了类似的遗址。

2003年，以何努负责的中国社会科学院考古研究所山西队为主，考古工作者在山西襄汾陶寺遗址发掘了一处大型建筑基址，编号为 Ⅱ FJT1。在该建筑基址上，首次发现了中国版"巨石阵"，只不过并没有巨石矗立地表，但地下夯土层的清理结果表明，在距今约四千年前，这里曾经矗立过一个和索尔兹伯里巨石阵非常相似的史前建筑（规模较小）。由于这些建筑的地表部分已经完全平毁，它们当年究竟是用石料还是用别的材料建筑而成的，目前尚不得而知。平毁的原因，据推测是陶寺文化晚期该地区发生了严重的政治动乱。

Ⅱ FJT1 基址有 13 个方形柱列，作环状排列，略大于四分之一圆周，形成 12 个柱缝，缝宽在 15 到 20 厘米之间。考古工作者和天文学史研究者对这些方柱做了模拟复原，然后据此进行观测，结果类似索尔兹伯里旷野上的场景，竟在中华大地上重现。例如，冬至这天，太阳刚好从第 2 号柱缝中升起；夏至这天，太阳刚好从第 12 号柱缝中升起；春分、秋分这两天，太阳则从第 7 号柱缝中升起。

先前所有类似索尔兹伯里巨石阵的遗址，都有一个共同问题：在遗址中通常找不到被明确标识的观测点。对确认此类遗址的天文学意义来说，这是一个非常严重的缺陷。因为观测点的选择直接影响到观测的结果，而没有明确标识的观测点，就无法确切知道当年巨石阵的使用者（比如祭司或星占学家之类的人物）究竟是站在哪里进行观测的。这就使得那些在巨石阵遗址中探寻天文学意义的人，不得不假设各种各样不同的观测点，而每一个假设的观测点都会对应一整套观测结果。这就好比一个方程有一组解，已知条件中却又没有给出对这些解进行取舍的依据。

非常出人意料的是，研究者在 Ⅱ FJT1 基址中，竟发现了一个有明确标识的观测点！

而且这个观测点的发现过程，还非常富有戏剧性，事实上，正是这种戏剧性增强了这个观测点的科学性和可信程度。

起初是天文学史研究者武家璧博士，在Ⅱ FJT1基址上做了一系列带有模拟性质的天文观测，根据这些观测，他推测方形柱列构成的圆弧的圆心附近，应该有一个观测点，并且根据观测数据计算了该点的位置。由于当时该点所在地面上没有任何特殊痕迹，所以他就在该点向下打了一根细桩作为标识，随后发掘工作继续进行。

戏剧性的时刻发生在向下发掘的过程中，2004年10月29日，考古工作者意外发现了一个三层台阶的小型夯土圆坛，圆坛下层直径约145厘米。奇妙的是，这个圆坛的中心，居然和先前打下作为标识的那根细桩相距仅4厘米！这有力地表明：其一，武家璧博士先前的推测完全正确；其二，如果推测这个圆坛就是当年天象观测者进行观测的位置，至少可以说"虽不中亦不远矣"。

Ⅱ FJT1基址的深远意义

2005年，笔者曾应邀和一些专家在当地考古学家的陪同下考察了Ⅱ FJT1基址。当时笔者表示：发现了明确标识的观测点，陶寺遗址的Ⅱ FJT1基址就有了独特的优越性，就具有了超乎欧洲诸巨石阵遗址的科学价值，因为现在可以立足于这个观测点进一步进行一系列的天文学观测，而不会再被别的假想观测点所困扰或诱惑了。

进一步的天文学观测，还将因陶寺遗址的历史背景而呈现出更为重要的意义。陶寺遗址和史籍中"尧都平阳"的记载正相吻合，城址巨大的面积和格局也提示人们，也许这里真的就是帝尧当年的都城。而且在《史记·五帝本纪》《尚书·尧典》等史籍中，都记载着帝尧和天文学的特殊关系。将这些和Ⅱ FJT1基址中的"巨石阵"联系起来，那将展现一幅令人心往神驰的历史画卷。

当时笔者还曾建议，应将柱列地表部分按照夯土位置重建起来，以便在此基础上进行更为直接的天文观测。看来这个建议后来真被采纳了，现在那些方柱已经矗立在地表，甚至还成了当地的旅游景点。

现在看来，利用Ⅱ FJT1基址进行的天文观测，不但应该以周年为期持续进行，而且可以将观测的天象从太阳扩展到月亮、五大行星和明亮恒星。这样的观测很可能会发现更多与柱列对应的特殊天象，也将更全面更深入地揭示Ⅱ FJT1基址的天文学意义。

更重要的是，考虑到Ⅱ FJT1基址与索尔兹伯里巨石阵的年代几乎相同，在距今如此遥远的年代，在相隔如此遥远的地方，竟有如此异曲同工的史前建筑，则中国之石，又何尝不可以用来攻他山之玉？Ⅱ FJT1基址确实有可能对揭示世界上别处巨石阵遗址的天文学意义做出中国人独特的贡献。

（原载《新发现》2019年第12期）

《周髀算经》里那些惊人的学说

——关于古代中外天文学交流的猜测之一

《周髀算经》一向被认为是中国古代本土的天文学和数学经典，十多年前，我曾对《周髀算经》下过一番研究功夫，给全书做了详细注释和白话译文，结果书中的许多内容令我大吃一惊：怎么看它们都像是从西方传来的。兹先述其中最引人注目的一项。

《周髀算经》宇宙模型的正确形状

《周髀算经》中有假托周公与商高的对话，因此曾被古人视为周代的著作，但现今学者们比较普遍的意见是，《周髀算经》成书于公元前 100 年左右（西汉年间）。至于书中的内容究竟有多古老，则只能推测了。

古代中国天学家没有构造几何宇宙模型的传统，他们用代数的方法也能相当精确地解决各种天文学问题，宇宙究竟是什么形状或结构，他们通常完全不去过问。但是《周髀算经》却是古代中国在这方面唯一的例外：书中构建了古代中国唯一的一个几何宇宙模型。这个盖天几何模型有明确的结构，也有具体的、绝大部分能够自洽的数理。

不过，《周髀算经》中的盖天宇宙模型以前长期被人误解为"球冠形"，而据我考证的结果，这个模型的正确形状如图 3-4 所示。

盖天宇宙是一个有限宇宙，其要点和参数如下：

其一，大地与天为相距 80000 里的平行圆形平面。

其二，天的中心为北极，在北极下方的大地中央有高大柱形物，即上尖下粗高 60000 里的"璇玑"，其底面直径为 23000 里，天在北极处也并非平面而是相应隆起。

其三，该宇宙模型的构造者在圆形大地上为自己的居息之处确定了位置，并且这位置不在中央而是偏南。

其四，大地中央的柱形延伸至天处为北极。

其五，日月星辰在天上环绕北极做平面圆周运动。

其六，太阳在这种圆周运动中有着多重同心轨道（"七衡六间"），并且以半年为周期作规律性的轨道迁移（一年往返一遍）。

其七，太阳的上述运行模式，可以在相当程度上说明昼夜成因和太阳周年视运动中的一些天象（比如季节的变化）。

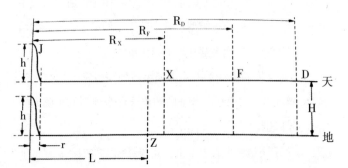

J：北极（天中）
X：夏至日所在（日中时）
F：春、秋分日所在（日中时）
D：冬至日所在（日中时）
Z：周地（洛邑）所在
r=11500 里，极下璇玑半径
R_X=119000 里，夏至日道半径

$R_F=1\frac{1}{2}$ R_X=178500 里，春、秋分日道半径

$R_D=2R_X$=238000 里，冬至日道半径
L=103000 里，周地距极远近
H=80000 里，天地间距离
h=60000 里，极下璇玑之高

图 3-4 《周牌算经》宇宙模型示意图

(侧视图，因轴对称，只绘出一半)

其八，太阳光线向四周照射的极限是167000里，与太阳运动最远处的轨道半径238000里相加，即可得出盖天宇宙的最大尺度半径405000里。

和希腊化时代托勒密精致的几何宇宙模型相比，《周髀算经》中的盖天宇宙模型当然是相当初级和简陋的，这一点也不奇怪。但令我极为惊讶的是，盖天宇宙模型的上述八项特征，竟全都与古代印度的宇宙模型特征吻合！

古代印度的宇宙

关于古代印度宇宙模型的记载，主要保存在一些《往世书》（*Puranas*）中。《往世书》是印度教的圣典，同时又是古代史籍，带有百科全书性质。它们的确切成书年代难以判定，但其中关于宇宙模式的一套概念，学者们相信可以追溯到吠陀时代，即约公元前1000年之前，因而是非常古老的。《往世书》中的宇宙模式可以概述如下：

大地像平底的圆盘，在大地中央耸立着巍峨的高山，名为迷卢（Meru，也即汉译佛经中的"须弥山"，或作Sumeru，译成"苏迷卢"）。迷卢山外围绕着环形陆地，此陆地又为环形大海所围绕，……如此递相环绕向外延展，共有七圈大陆和七圈海洋。

印度在迷卢山的南方。

与大地平行的天上有着一系列天轮，这些天轮的共同轴心就是迷卢山；迷卢山的顶端就是北极星（Dhruva）所在之处，诸天轮携带着各种天体绕之旋转；这些天体包括日、月、恒星……以及五大行星——依次为水星、金星、火星、木星和土星。

利用迷卢山可以解释黑夜与白昼的交替。携带太阳的天轮上有180条轨道，太阳每天迁移一轨，半年后反向重复，以此来描述日出方位角的周年变化。

唐代释道宣的《释迦方志》上卷也记述了古代印度的宇宙模型，细节上恰可与上述记载相互补充："……苏迷卢山，即经所谓须弥山也，在大海中，据金轮表，半出海上八万由旬，日月回薄于其腰也。外有金山七重围之，中各海水，具八功德。"

是惊人的巧合吗？

根据这些记载，古代印度的宇宙模型，与《周髀算经》中的盖天宇宙模型岂非惊人地相似，在细节上几乎处处吻合？

其一，两者的天、地都是圆形的平行平面。

其二，"璇玑"和"迷卢山"同样扮演了大地中央的"天柱"角色。

其三，周地和印度都被置于各自宇宙中大地的南部。

其四，"璇玑"和"迷卢山"的正上方都是各种天体旋转的枢轴——北极。

其五，日月星辰都在天上环绕北极作平面圆周运动。

其六，如果说印度迷卢山外的"七山七海"在数字上使人联想到《周髀算经》的"七衡六间"，那么印度宇宙中太阳天轮的180条轨道无论从性质还是功能来说都与七衡六间完全一致（太阳在七衡之间的往返也是每天连续移动的）。

其七，《周髀算经》中天与地的距离是八万里，而迷卢山也是高出海上"八万由旬"，其上即诸天轮所在，两者天地距离恰好同为八万单位。

其八，《周髀算经》认为太阳光线向四周照射的极限是167000里，而佛经《立世阿毗昙论》卷五"日月行品第十九"末尾云："日光径度，七亿二万一千二百由旬。周围二十一亿六万三千六百由旬。"虽具体数值有所不同，但也设定太阳光照半径是有限的固定数值，也已经是惊人的吻合了。

在人类文明发展史上，文化的多元自发生成是完全可能的，因此许多不同文明中有相似之处，也可能是偶然巧合。但是《周髀算经》的盖天宇宙模型与古代印度的宇宙模型之间的相似程度实在太高：从整个格局到许多细节都一一吻合，如果还要用"偶然巧合"去解释，无论如何是太勉强了。

（原载《新发现》2007 年第 6 期）

谁告诉了中国人寒暑五带的知识?

——关于古代中外天文学交流的猜测之二

《周髀算经》中的奇特记载

古代中国人最初有所谓"天圆地方"的观念,后来被天学家普遍接受的主流宇宙学说则是"浑天说"——类似希腊化时代托勒密的地心体系,但因为其中大地的半径大到宇宙半径的一半,始终无法发展出希腊天文学家的球面天文学,中国传统的天球和地球坐标系统也一直是不完备的。所以,当我在《周髀算经》中发现相当于地球上寒暑五带的知识时,再次感到非常惊异,因为这类知识是以往两千年间,中国传统天文学说中所没有且不相信的。

这些知识在《周髀算经》中主要见于卷下第 9 节中的三条记载:

其一："极下不生万物，何以知之？……北极左右，夏有不释之冰。"

其二："中衡去周七万五千五百里。中衡左右，冬有不死之草，夏长之类。此阳彰阴微，故万物不死，五谷一岁再熟。"

其三："凡北极之左右，物有朝生暮获，冬生之类。"

这里需要先作一些说明：

根据上一期本专栏文章[1]中的说明，我们知道《周髀算经》中的宇宙模型是：天、地为平行的圆形平面，在大地中央矗立着高达 6 万里的"璇玑"，即大地的北极，向上正对着北天极。围绕着北极的依次是被称为"内衡""中衡"和"外衡"的同心环形带，很像从地球北极上方俯视下来时，看到的一圈圈等纬度线。

第一条记载强调了北极下方的大地区域是苦寒之地，"不生万物"，"夏有不释之冰"。

第二条记载中，所谓"中衡左右"，这一区域正好对应地球寒暑五带中的热带（南纬 23°30′ 至北纬 23°30′ 之间），尽管《周髀算经》中并无地球的观念，但对热带地区来说，"冬有不死之草""五谷一岁再熟"等景象，确实是真实的。

1　参见本辑《〈周髀算经〉里那些惊人的学说》一文。

第三条记载中，说北极左右"物有朝生暮获"。这就必须联系到极昼、极夜现象了。据前所述，圆形大地中央的"璇玑"之底面直径为23000里，则半径为11500里，而《周髀算经》所设定的太阳光芒向四周照射的极限距离是167000里。

于是，由《周髀算经》宇宙模型示意图（图3-4）中清楚可见，每年从春分至秋分期间，在"璇玑"范围内将出现极昼——昼夜始终在阳光之下；而从秋分到春分期间则出现极夜——阳光在此期间的任何时刻都照射不到"璇玑"范围之内。这也就是东汉末年学者赵爽在为《周髀算经》所作的注释中所说的"北极之下，从春分至秋分为昼，从秋分至春分为夜"，因为这里是以半年为昼、半年为夜。

赵爽为何不信呢？

《周髀算经》中上述关于寒暑五带的知识，用今天已经知道的知识来判断，虽然它们并不是在古代希腊的球面坐标系中被描述的，但其准确性没有疑问。然而这些知识，却并不是以往两千年间中国传统天文学中的组成部分！对这一现象，可以从几方面来讨论。

首先，为《周髀算经》作注的赵爽，竟然表示不相信书中的这些知识。例如对北极附近"夏有不释之冰"，赵爽注称："冰冻不解，是以推之，夏至之日外衡之下为冬矣，万物当死——此日远近为冬夏，非阴阳之气，爽或疑焉。"又如对"冬有不死之草""阳彰阴微""五谷一岁再熟"的热带，赵爽表示："此欲以内衡之外、外衡之内，常为夏也。然其修广，爽未之前闻。"——他从未听说过。

从赵爽为《周髀算经》全书所作的注释来判断，他毫无疑问是那个时代够格的天文学家之一，为什么竟从未听说过这些寒暑五带知识？比较合理的解释似乎只能是：这些知识不是中国传统天文学体系中的组成部分，所以对当时大部分中国天文学家来说，这些知识是新奇的、与旧有知识背景格格不入的，因而也是难以置信的。

其次，在古代中国居传统地位的天文学说——"浑天说"中，由于没有正确的地球概念，是不可能提出寒暑五带之类的问题的。因此直到明朝末年，来华的耶稣会传教士在他们的中文著作中向中国读者介绍寒暑五带知识时，仍被中国人视为未之前闻的新奇学说。正是这些耶稣会传教士的中文著作，才使中国学者接受了地球寒暑五带之说。而当清朝初年"西学中源"说甚嚣尘上时，梅文鼎等人为寒暑五带之说寻找中国源头，找到的正是《周髀算经》。他们认为是《周髀算经》等中国学说在上古时期传入西方，才教会了希腊人、罗马人和阿拉伯人掌握天文学知识。现在我们当然知道这种推断是荒谬的。

来自希腊的可能性

现在我们不得不面临一系列尖锐问题：

既然因"浑天说"中没有正确的地球概念而不可能提出寒暑五带的问题，那么《周髀算经》中同样没有地球概念，何以能记载这些知识？

如果说《周髀算经》的作者身处北温带之中，只是根据越向北越冷、越往南越热，就能推衍出北极"夏有不释之冰"、热带"五谷一岁再熟"之类的现象，那"浑天学说"家何以偏就不能？

再说，赵爽为《周髀算经》作注，他总该是接受盖天学说之人，何以连他都不能相信这些知识？

这样看来，有必要考虑这些知识来自异域的可能性。

大地为球形、地理经纬度、寒暑五带等知识，早在古希腊天文学家那里就已经系统完备，一直沿用至今。五带之说在亚里士多德的著作中已经发端，至"地理学之父"埃拉托色尼（Eratosthenes, 约公元前276—约前194）的《地理学概论》中已经完备：南纬24°至北纬24°之间为热带，两极处各24°的区域为南、北寒带，南纬24°至66°和北纬24°至66°之间则为南、北温带。

从年代上来说，古希腊天文学家确立这些知识早在《周髀算经》成书之前。《周髀算经》的作者有没有可能直接或间接从古希腊人那里获得了这些知识呢？这确实是耐人寻味的问题。

（原载《新发现》2007 年第 7 期）

古代中国到底有没有地圆学说？

中国古代地圆学说的文献证据

古代中国到底有没有地圆学说？

这一问题是在明末西方地圆说传入中国并被一部分中国学者接受之后才产生的。而在很长一段时间内，由于中国学者热衷于为祖先争荣誉，对该问题的回答，几乎是众口一词的"有"。但是这个问题其实也有一点复杂，答案并非简单的"有"或"没有"。

认为中国古代有地圆学说的，主要有如下几条文献：

> 南方无穷而有穷。……我知天下之中央，燕之北、越之南是也。(《庄子·天下篇》引惠施)
>
> 浑天如鸡子。天体圆如弹丸，地如鸡中黄，孤居

于内，天大而地小。天表里有水。天之包地，犹壳之裹黄。（东汉张衡《浑天仪图注》）

天地之体状如鸟卵，天包于地外，犹卵之裹黄，周旋无端，其形浑浑然，故曰浑天。其术以为天半覆地上，半在地下，其南北极持其两端，其天与日月星宿斜而回转。（三国时王蕃《浑天象说》）

惠施的话，如果假定地球是圆的，可以讲得通，所以被视为地圆说的证据之一。后面两条，则已明确断言大地为球形。所以许多人据此相信中国古代已有地圆学说。

但是，所谓"地圆学说"，并不是承认地球是球形就了事了。

西方地圆学说的两大要点

在古希腊天文学中，地圆学说是与整个球面天文学体系紧密联系在一起的，而该体系直到两千多年后，仍被今天的现代天文学几乎原封不动地使用。西方的地圆说实际有两大要点：

其一，大地为球形。

其二，地球与"天"相比非常之小。

第一点容易理解，但第二点的重要性就不那么直观了。

在球面天文学中，只有在极少数情况下，比如考虑地平视差、月蚀等问题时，才需要考虑地球自身的尺度，而在绝大部分情况下是忽略地球自身尺度的，即视地球为一个点。这样的忽略不仅完全合理，而且非常必要。这只需看一看下面的数据就不难明白：地球半径与地日距离，两值之比约为1：23456。

　　而地日距离在太阳系大行星中仅位列第三，太阳系的广阔已经可想而知。如果再进而考虑银河系、河外星系……，那就更广阔无垠，地球尺度与此相比，确实可以忽略不计。古希腊人的宇宙虽以地球为中心，但他们发展出来的球面天文学却完全可以照搬到日心宇宙和现代宇宙体系中使用：球面天文学本来就是测量和计算天体方位的，而人类毕竟是在地球上进行测量的。

　　再回过头来看古代中国人关于大地的观念。古代中国人将天地比作鸡蛋，那么显然，在他们心目中，天与地的尺度是相去不远的，事实正是如此。下面是中国古代关于天地尺度的一些数据：

　　　　天球直径为387000里；地离天球内壳193500里。（《尔雅·释天》）

　　　　天地相距678500里。（《河洛纬·甄耀度》）

　　　　周天也三百六十五度，其去地也九万一余里。（杨炯《浑天赋》）

以《尔雅·释天》中的说法为例，地球半径与太阳——古代中国人认为所有日月星辰都处在同一天球球面上——距离之比是1：1。在这样的比例中，地球自身尺度就无论如何也不能忽略。

明末来华耶稣会士向中国输入欧洲天文学，其中当然有地圆之说，虽然他们很少正面陈述地球与天相比甚小这一点，但西方天文学传统一向将此视为当然之理，自然反映于其理论及数据之中。例如，《崇祯历书》论五大行星与地球之间距离时，给出了如下数据：土星距离地球10550地球半径；木星距离地球3990地球半径；火星距离地球1745地球半径……这些数据虽与现代天文学的结论不甚符合，但仍可看出，在西方宇宙模型中，地球的尺度相对而言非常之小。又如《崇祯历书》认为，"恒星天"距离地球约为14000地球半径之远，此值虽只有现代数值的一半多，但并不算太离谱。

非常不幸的是，不忽略地球自身的尺度，就无法发展出古希腊人那样的球面天文学。学者们曾为古代中国为何未能发展出现代天文学找过许多原因，诸如几何学不发达、不使用黄道体系等等，其实，将地球看得太大，或许是致命的原因之一。然而从明末起，学者们常常忽视上述重大区别，力言西方地圆说在中国"古已有之"，许多当代论著也经常重复与古人相似的错误。

中国人接受地圆观念的困难

有一些证据表明，西方地圆观念在明末耶稣会士来华之前已经多次进入中国。

例如，隋唐墓葬中出土的东罗马金币，其上多铸有地球图形。有时地球被握在君主手中，或是胜利女神站在地球上，有时是十字架立于地球之上，这就向中国人传递了大地为球形的观念。又如，在唐代瞿昙悉达翻译的印度历法《九执历》中，有"推阿修量法"，阿修量是太阳在月面所投下的地球阴影的半径，这就意味着地球是一个球形。再如，元代西域天文学家扎马鲁丁向元世祖忽必烈进献西域仪象七件，其中就有地球仪。

明末耶稣会士向中国人传播地圆观念，曾受到相当强烈的排拒。例如，崇祯年间刊刻的宋应星著作《谈天》，其中谈到地圆说时说：

> 西人以地形为圆球，虚悬于中，凡物四面蚁附；且以玛八作之人与中华之人足行相抵。天体受诬，又酷于宣夜与周髀矣。

宋氏所引西人之说，显然来自利玛窦。而清初王夫之抨击西方地圆说甚烈，他既反对利玛窦地圆之说，也不相信这在西方古已有之。至于以控告耶稣会传教士著称的天文学家杨光先（1597—1669），攻击西方地圆之说，更在情理之中，杨氏说：

> 新法之妄，其病根起于彼教之舆图，谓覆载之内，万国之大地，总如一圆球。

另一方面，接受了西方天文学方法的中国学者，则在一定程度上完成了某种知识"同构"的过程。现今学术界公认比较有成就的明、清天文学家，如徐光启、李天经、王锡阐、梅文鼎、江永（1681—1762）等等，无一例外都顺利接受了地圆说。这一事实是意味深长的。一个重要原因，可能是西方地圆说所持的理由，比如向北行进可以见到北极星的地平高度增加、远方驶来的船先出现桅杆之尖、月蚀之时所见地影为圆形等等，对有天文学造诣的学者来说通常很容易接受。

这一时期中国学者如何对待西方地圆说，有一典型个案可资考察：

秀水（今嘉兴）人张雍敬，字简庵，"刻苦学问，文笔矫然，特潜心于历术，久而有得，著《定历玉衡》"。（从书名看，《定历玉衡》应是阐述中国传统历法之作。）朋友向他表示，这种传统天学已经过时，应该学习明末传入的西方天文学，建议他去走访梅文鼎，可得进益。张遂千里往访，梅文鼎大喜，留他做客，切磋天文学一年有余。事后张雍敬著

《宣城游学记》一书，记录这一年中研讨切磋天文学之所得，书前有学者潘耒（1646—1708）所作之序，其中记述：

> （张雍敬）逾年乃归。归而告余：赖此一行，得穷历法底蕴，始知中历西历各有短长，可以相成而不可偏废。朋友讲习之益，有如是夫！复出一编示余曰："吾与勿庵辩论者数百条，皆已剖析明了，去异就同，归于不疑之地。惟西人地圆如球之说，则决不敢从，与勿庵昆弟及汪乔年辈往复辩难，不下三四万言，此编是也。"

《宣城游学记》原书已佚，看来该书主要是记录他们关于地圆问题的争论。值得注意的是，以梅文鼎之兼通中西天文学，更加之以其余数人，与张雍敬辩论一年之久，竟然仍未能说服张接受地圆概念，可见要接受西方地圆概念，对一部分中国学者来说是何等困难。

（原载《新发现》2015 年第 12 期）

勾股定理的荣誉到底归谁?

是"毕达哥拉斯定理"还是"商高定理"?

勾股定理本来只是一个相当普通的几何定理,只不过在现实生活中有广泛的应用,使得它在一大堆几何定理中仿佛鹤立鸡群,有着特别大的知名度,围绕着发现或证明它的荣誉,也就出现了不少竞争者。

勾股定理在西方被称为"毕达哥拉斯定理",毕达哥拉斯(Pythagoras),其人活跃在公元前六世纪晚期至前五世纪。其实在毕达哥拉斯之前一千多年,古代巴比伦人已经知道勾股定理了,况且毕达哥拉斯本人是否对勾股定理做出过证明,至今并无确切证据。所以如果将毕达哥拉斯视为勾股定理荣誉的第一候选人,他的资格其实并不牢靠。

近代西学东渐之后,中国人得知这个在中国"古已有之"的定理，被西方人归于毕达哥拉斯名下，难免有些失落。这种失落感驱使一些中国学者加入了对勾股定理荣誉的争夺战。二十世纪二十年代，一些中国的数学教科书中开始将勾股定理命名为"商高定理"。这种做法在二十世纪中叶之后一度得到不少人士的支持，其流风遗韵，直至已经开始改革开放的二十世纪八十年代，偶尔仍可一见。

将勾股定理称为"商高定理"，理由是这样的：在中国古籍《周髀算经》中，全书第一节就记载着一个名叫商高的人，对周公讲了这样一段话："故折矩以为勾广三，股修四，径隅五。既方其外，半之一矩。环而共盘，得成三四五。两矩共长二十有五，是谓积矩。"这段话毫无疑问是在谈论勾股定理，而周公大约活跃在公元前十一世纪，商高既和周公谈话，当然是周公的同时代人，这就比毕达哥拉斯早了数百年，所以商高理应获得勾股定理的荣誉。

可惜的是，上面这段推论中有两个严重问题。前辈数学史专家钱宝琮（1892—1974）在1936年就指出了：

　　《周髀》撰著时代大约在西汉末，或东汉初年，首篇叙周公商高问答之辞当是作者托古之言。惟勾三股四弦五之率，或为先秦遗术，其发见时代殊难考证矣。晚近出版之中学教科书有改称毕达哥拉斯定理为商高定理者，以商高与周公同时，在毕氏之前也。余则以为数学名词宜求信达。周公同时有无商高其人，《周髀》

之术，姑不具论。藉曰有之，亦不过当时有勾三股四弦五一率耳，不足以言勾股定理及整数勾股形通例也。中国勾股算术至《周髀》撰著时代始见萌芽，至《九章算术》勾股章渐臻美备，实较希腊诸家几何学为晚。勾股定理之题称商高似非妥善。[1]

首先，陈述一个定理和证明一个定理，是两件非常不同的事情。例如，"大偶数可表为两素数之和"是对哥德巴赫猜想的陈述，但对该猜想的证明至今尚未完成。正如钱先生指出的那样，商高在和周公的谈话中，只是陈述了勾股定理在勾三股四弦五时的特例，既没有给出定理的普适形式，更未给出定理的证明。其次，历史上是否真有商高其人，还没有确切证据，因为在战国秦汉之际的著作中，托引古人是一种流行的修辞方式。所以如果商高要作为勾股定理荣誉的候选人，他的资格还不如毕达哥拉斯牢靠。

对勾股定理的 370 种证明

在毕达哥拉斯身后的两千多年中，西方世界的学者不断

1　钱宝琮：《中国数学中之整数勾股形研究》，载中国科学院自然科学史研究所编《钱宝琮科学史论文选集》，科学出版社，1983 年，第 289 页。

给出各种各样对勾股定理的证明，前后竟有 370 种以上。

其中欧几里得（Euclid，活跃于公元前 300 年左右）在《几何原本》第一卷的命题 47 中，给出了一个特别简洁而优美的证明。他依据"等面积原理"，采用图形移补之法，证明了在直角三角形的普遍情形中，勾的长度所对应的面积，加上股的长度所对应的面积，其和恰好等于弦的长度所对应的面积，从而证明了勾股定理。后来一些著名的证明也继承了欧几里得的思路，比如达·芬奇、威伯（Wipper）、爱泼斯坦（Paul Epstein，1871—1939）、佩里加尔（Henry Perigal，1801—1898）等人的证明，依据的都是"等面积原理"。

这里需要说一说《周髀算经》中涉及勾股定理的一些细节，因为这里有中国人和勾股定理的历史渊源的足迹。除了前面说到的第一节中，商高对周公陈述的勾股定理在勾三股四弦五时的特例；在第三节还有一处，在讨论如何立表来测日影时，也应用了勾股定理在勾三股四弦五时的特例，不过这次乘上了共同的系数 2。

但是，要在《周髀算经》中寻找超出勾三股四弦五特例的勾股定理踪迹，也不是一无所得。在第四节中，出现了三组数值，根据上下文并进行数学运算，可以断定的是：这三组数值可以应用勾股定理求得，而此时应用的勾股定理并非勾三股四弦五的特例。当然这并未完全排除这三组数值是由更为复杂的数学工具求得的可能性，但从《周髀算经》成书年代的历史背景来看，这种可能性非常之小。

目前学术界的主流看法认为，《周髀算经》大约成书于公元前100年。在这个文本中，只出现了对勾股定理的陈述和应用，但是完全没有给出对勾股定理的证明。这里可以顺便提到，在古罗马工程师维特鲁威（Vitruvius，活跃于公元前一世纪）著名的《建筑十书》中，也只陈述了类似"勾三股四弦五"的特例，即分别用三足、四足和五足长的直尺首尾相接，就可以做出一只完美的角尺。[1]《建筑十书》的成书年代与《周髀算经》约略相同（公元前一世纪），距欧几里得给出对勾股定理的优美普适证明，已有约两百年了。

在《周髀算经》成书大约三百年后，东汉末年的学者赵爽为《周髀算经》作注，赵爽给出了勾股定理的普适情形及有效证明，这才是中国人完成的对勾股定理的真正证明。赵爽依据的也是"等面积原理"，和欧几里得等人倒是不约而同，不过赵爽的工作比欧几里得晚了约五百年。

荣誉争夺战中的"费厄泼赖"

在梳理上述史实之后，我们已经可以清楚地看到，将

1　[古罗马]维特鲁威:《建筑十书》，陈平译，北京大学出版社，2012年，第156页。

勾股定理称为"商高定理"，是缺乏依据的。商高是否实有其人姑且不说，就算真有其人，《周髀算经》记载的他对周公的谈话中也没有给出勾股定理的普适情形，更没有给出证明。从年代上来说，无论是《周髀算经》的成书年代，还是赵爽给出勾股定理证明的年代，都明显在欧几里得之后，所以中国人在年代上也没有优先权。

那么继续将勾股定理称为"毕达哥拉斯定理"有没有问题呢？看起来也有问题。因为现在不知道毕达哥拉斯是否给出过有效的证明，反正那 370 种证明中没有毕达哥拉斯的份。维特鲁威在《建筑十书》中也只是说毕达哥拉斯"发明和证明了角尺的原理"，他还说："在毕达哥拉斯作此发明之时，无疑是缪斯女神引导着他，据说他还向缪斯女神献上祭品以示感恩。"[1] 但"发明"了角尺的原理不等于证明了勾股定理，就像我们当然也可以将《周髀算经》中商高对勾股定理的陈述视为"发明"或者"发现"，但这不是证明。

将勾股定理称为"欧几里得定理"也是不妥的。如果欧几里得可以获得此项荣誉，那么 370 种证明的提出者们都可以主张自己对此项荣誉的权利了。靠名头大小来决定也不能解决问题，比如达·芬奇的名头，也不见得比欧几里得小吧？况且欧几里得在《几何原本》中证明的定理也太多了，

---

1 ［古罗马］维特鲁威:《建筑十书》，第 156 页。

如何分辨"欧几里得定理"是指哪一个呢？恐怕他自己也不会太在乎这个相当初级的勾股定理吧？

在搞科学史的人中间，确实有不少人对"荣誉争夺战"情有独钟，他们喜欢为了某人的某项荣誉而精神抖擞地展开论战。平心而论，这种"荣誉争夺战"对科学史研究有时也确实不无促进作用。不过在我看来，即使加入这种"荣誉争夺战"，也应该尽量讲求"费厄泼赖"精神，意气用事、民族沙文主义、将学术问题政治化或意识形态化等等，都是违背"费厄泼赖"精神的。最好的做法，应该是尽量避免开启战端。

所以，将这个朴素的定理就朴朴素素地称为"勾股定理"，是最稳妥的。

（原载《新发现》2015年第10期）

古代中国的宇宙理论有希腊的影子吗?

古代中国宇宙理论中的一个谜案

古代中国的宇宙学说,虽有所谓六家之说,但其中的"昕天说""穹天说""安天说",其实基本上徒有其名;即使是李约瑟极力推崇的"宣夜说",也未能引导出哪怕非常初步的数理天文学系统,即对日常天象的解释和数学描述,以及对未来天象的推算。所以真正称得上"宇宙学说"的,不过两家而已,即"盖天说"和"浑天说"。

《周髀算经》中的盖天说,是中国古代天学中唯一的公理化几何体系。尽管比较粗糙幼稚,但其中的宇宙模型有明确的几何结构,由这一结构进行推理演绎时,也有具体的绝大部分能够自洽的数理。所以盖天说不失为中国古代一个初具规模的数理天文学体系,但是它的构成中有明显的印度和希腊来源。[1]

　　与盖天说相比，浑天说在中国天学史上的地位要高得多，事实上是在中国古代占统治地位的主流学说。然而它却没有一部像《周髀算经》那样系统陈述其理论的著作。浑天说的纲领性文献，居然只流传下来一段两百来字的记载，即唐代瞿昙悉达编的《开元占经》卷一所引《张衡浑仪注》，全文如下：

　　　　浑天如鸡子。天体（这里意为"天的形体"）圆如弹丸，地如鸡子中黄，孤居于内。天大而地小。天表里有水，天之包地，犹壳之裹黄。天地各乘气而立，载水而浮。周天三百六十五度四分度之一，又中分之，则一百八十二度八分之五覆地上，一百八十二度八分之五绕地下，故二十八宿半见半隐。其两端谓之南北极。北极，乃天之中也，在正北，出地上三十六度。然则北极上规径七十二度，常见不隐；南极，天之中也，在南入地三十六度，南极下规径七十二度，常伏不见。两极相去一百八十二度半强。天转如车毂之运也，周旋无端，其形浑浑，故曰浑天也。

_____

1　参见本辑《〈周髀算经〉里那些惊人的学说》及《谁告诉了中国人寒暑五带的知识？》。

这段记载中，还因为"排比"而浪费了好几句的篇幅。难道这就是统治中国天学两三千年的浑天说的基本理论？如果和《周髀算经》中的盖天理论相比，这未免也太简陋、太"山寨"了吧？但问题还远远不止于此。在这段文献中，还有一个非常关键的细节，很长时间一直没有被学者们注意到。

这个关键细节就是上文中的"（北极）出地上三十六度"，意思是说北天极的地平高度是三十六度。

球面天文学常识告诉我们，北天极的地平高度并不是一个常数，是随观测者所在的地理纬度而变的，在数值上恰好等于当地的地理纬度。因此对一个宇宙模型来说，北天极的地平高度并不是一个必要的参数。但是在这段文献中，作者显然不是这样认为的，所以他一本正经地将北天极的地平高度当作一个重要的基本数据来陈述。

这个费解的细节提示了什么呢？

上面这段文献有可能并非全璧，而只是残剩下来的一部分。从内容上看，它很像是在描述某个演示浑天理论的仪器——中国古代将这样的仪器称为"浑仪"或"浑象"。一个很容易设想的、合乎常情的解释是，在上述文献所描述的这个仪器上，北天极是被装置成地平高度为三十六度的。而我们根据天文学常识可以肯定的是，任何依据浑天理论建造的天象观测仪器或天象演示仪器，当它在纬度为三十六度的地区使用时，它的北天极就会被装置成地平高度为三十六度。

所以，这个费解的细节很可能提示了：浑天说来自一个纬度为三十六度的地方。

神秘的北极出地三十六度

浑天说在古代中国的起源，一直是个未解之谜。可能的起源时间，大抵在西汉初至东汉之间，最晚也就到东汉张衡的时代。认为西汉初年已有浑天说，主要依据两汉之际扬雄《法言·重黎》中的一段话：

> 或问浑天。曰：落下闳营之，鲜于妄人度之，耿中丞象之。

一些学者认为，这表明落下闳（公元前156—前87）的时代已经有了浑仪和浑天说，因为浑仪就是依据浑天说设计的。也有学者强烈否认那时已有浑仪，但仍然相信是落下闳创始了浑天说。迄今未有公认的结论。在《法言》这段话中，"营之"可以理解为"建构了理论"或"设计了结构"；"度之"可以理解为"确定了参数"；"象之"则显然就是"造了一个仪器来演示它"。

如果我们打开地图寻求印证，来推断浑天说创立的地点，那么在上述两段历史文献中，可能与浑天说创立有关系的地点只有三个：

其一，长安，落下闳等天学家被召来此地进行改历活动；其二，洛阳，张衡在此处两次任太史令；其三，巴蜀，落下闳的故乡。

在我们检查上述三个地点的地理纬度之前，还有一个枝节问题需要注意：在《张衡浑仪注》中提到的"度"，都是指"中国古度"，中国古度与西方的 360° 圆周之间有如下的换算关系：1 中国古度 = 360 ÷ 365.25 = 0.9856°

因此北极"出地上三十六度"转换成现代的说法就是：北极的地平高度为 35.48°。

现在让我们来看长安、洛阳、巴蜀的地理纬度。考虑到在本文的问题中，并不需要非常高的精度，所以我们不妨用今天西安、洛阳、巴中三个城市的地理纬度来代表：西安，北纬 34.17°；洛阳，北纬 34.41°；巴中，北纬 31.51°。它们和《张衡浑仪注》中"北极出地三十六度"所要求的北纬 35.48° 都有 1° 以上的差别。综合考虑中国汉代的天文观测水准，观测误差超过 1° 是难以想象的，何况是作为基本参数的数值，误差不可能如此之大。

这样一来问题就大了：浑天说到底是在什么地方创立的呢？创立地点一旦没有着落，创立时间会不会也跟着出问题呢？

向西向西再向西

既然地图已经铺开，那我们干脆划一条北纬 36° 或 35.48° 的等纬度线，由中土向西一直划过去，看看我们会遇到什么特殊的地点？

这番富有浪漫主义色彩的地图作业，真的会将我们带到一个特殊的地点！

那个地方是希腊东部的罗得岛（Rhodes），纬度恰为北纬 36°。这个岛曾以"世界七大奇迹"之一的太阳神雕像著称，但是使它在世界天文学史上占有特殊地位的，则是古希腊伟大的天文学家希帕恰斯，因为希帕恰斯长期在这个岛上工作，这里有他的天文台。

我的博士生毛丹是个希腊迷，他为这番地图作业提供了新的进展。罗得岛的盖米诺斯（Geminus）活跃于公元前后，著有《天文学导论》18 章，其中的论述往往以罗得岛为参照点，他在第五章中写道：

> ……关于天球仪的描绘，子午线划分如下：整个子午圈被分为 60 等份时，北极圈（北天极附近的恒显圈）被描绘成距离北极点 6/60（36°）

也就是说，当时盖米诺斯所见的天球仪的"北极出地"就是 36°，这恰好就是罗得岛的地理纬度。

为什么这时候可以不考虑 35.48° 了呢？理由是这样的：如果在公元前后或稍后的某个年代，有人向某个中国人（比方说那段传世的《张衡浑仪注》的作者或记录者）描述或转述一架罗得岛上的天球仪，那天球仪上的北极出地 36°，对一个不是非常专业的听众或转述者来说，都很容易将它和中国古度的三十六度视同等价。

　　上面这个故事，并非十分异想天开，我们不难找到一些旁证。例如，在《周髀算经》的盖天学说中，就包含了古希腊人所知道的地球寒暑五带知识，而这样的知识完全不是中国本土的——在东汉末年赵爽为《周髀算经》作注时，他仍明确表示无法相信。

　　看来，在古代中国的宇宙模型中，古希腊的影子早就若隐若现了。

（原载《新发现》2015 年第 6 期）

4.

星际航行与外星文明

从德雷克公式到 SETI

—— 寻找外星人的科学故事之一

德雷克公式：从 1 到 1000000

有人说，现代人谈论外星人（或 UFO），其实和古代人谈论神仙妖怪是一样的。如果将这里的"一样"理解为心理上的，我想那是很有可能成立的。不过现代人和古代人有一件事情不一样：现代人有"科学"，而古代人没有。

有了科学就会有"科学研究"，而进行"科学研究"就会有一系列实施的行动。没有科学的古人会"入山修道"，这实际上是一种试图寻找神仙、接近神仙的行动。而有了科学的现代"主流科学共同体"，虽然对外星人这个话题经常嗤之以鼻，但他们有时候也会将"科学研究"的功夫用在寻找外星人这件事情上。

1960 年，美国天文学家弗兰克·德雷克（Frank Drake）发起了搜寻地外文明——简称 SETI（Search for Extraterrestrial Intelligence）——的第一个实验项目"奥茨玛计划"（Project Ozma）。次年，第一次 SETI 会议在美国绿岸举行。德雷克在会议上提出了一个公式，用于估测"可能与我们接触的银河系内高等智慧文明的数量"。这个公式通常被称为"德雷克公式"（Drake Equation），因美国天文学家卡尔·萨根（Carl Sagan）对其进行过改进，有时也被称为萨根公式。公式是七项数值的乘积，表达如下：

$$N = R^* \times f_\mathrm{p} \times n_\mathrm{e} \times f_\mathrm{l} \times f_\mathrm{i} \times f_\mathrm{c} \times L$$

其中：

N 表示银河系内可能与我们通讯的高等智慧文明的数量，

R 表示银河系内恒星形成的速率，

f_p 表示恒星有行星的概率，

n_e 表示位于合适生态范围内的行星平均数量，

f_l 表示以上行星发展出生命的概率，

f_i 表示演化出高等智慧生物的概率，

f_c 表示该高等智慧生物能够进行通讯的概率，

L 表示该高等文明的预期寿命。

由于公式右端的七项数值中，没有任何一项可以精确计算或测量出来，都只能间接估计、推算得出，而各人的估算差异很大，所以得出的左端 N 值也就大相径庭。极端数值竟在 1 与 1000000 之间。这两个极端皆有实例。

卡尔·萨根估算出来的 N 值就为 1000000 的量级。他还相当倾向于相信外星人曾经在古代来到过地球。有趣的是，据说德雷克估算出来的 N 值却是 1——这意味着断定宇宙中（或至少在银河系中）只有我们地球人类是唯一的高等智慧文明。十多年前我在中国科学院上海天文台工作时，曾听过当时的台长赵君亮教授的一次演讲，他在演讲中逐项估算了德雷克公式右端的七项数值，最后成功地将左端的 N 值推算成 1。所以他的结论自然就是：寻找外星人没有什么实际意义（因为银河系只有我们地球一个高等文明）。

搜寻外星人发出的无线电信号

实施 SETI 计划的理论依据，是和二十世纪中期天体物理学进入全新阶段的大背景密切联系在一起的。

第二次世界大战结束之后，大量雷达天线退役废弃，不料人们发现这些天线可以用来"看"肉眼看不见的东西，因为人类肉眼的可见光本来只是整个电磁辐射频谱中很小的一段，而雷达天线可以接受非常宽阔的辐射范围。作这种用途的雷达天线被称为"射电望远镜"，于是一门新的天文学分支"射电天文学"热力登场。一时间，射电望远镜成为非常时髦的科学仪器，西方不少天文学家甚至在自己家后院里也装置一个（有点像我们现在装的小型电视接收天线）。在二十世纪五六十年代，使用射电望远镜得到了一系列重要的天文学发现，有人还凭借这方面的成果获得了诺贝尔物理学奖，"射电天文学"由此成为显学。

在这样的背景之下，德雷克于1960年在国家射电天文台发起"奥茨玛计划"，即用直径26米的射电望远镜搜寻、接收并破译外星文明的无线电辐射信号，自然是紧跟潮流之举。当时德雷克曾以为果真检测到了这样的信号，但后来发现，那只是当时军方进行秘密军事试验发射出来的，其余的信号都是混乱的杂音。

那么外星人到底会不会发射无线电信号呢？这实际上也是根据地球人类的科技发展情况而作出的假设。1959年意大利物理学家科克尼（Giuseppe Cocconi，1914—2008）和美国物理学家莫里森（Philip Morrison，1915—2005）在《自然》杂志上发表的《寻求星际交流》[1]一文，如今已被该领域的研究者奉为"经典中的经典"，其中提出了利用无线电搜索银河系其他文明的构想。

德雷克的上述计划，通常被认为是最早的SETI行动，虽然没有检测到任何最初希望的信号，但也引起了其他天文学家的兴趣。1970年代末，美国国家航空航天局曾采纳了

---

1 Giuseppe Cocconi & Philip Morrison，"Searching for Interstellar Communications," *Nature*，Vol.184, No.4690 (19 September 1959)，pp.844-846.

两种 SETI 计划并给予资金资助，但几年之后终止了资助。

其后还有别的 SETI 项目相继展开，并一直持续至今。比如后来有凤凰计划（Project Phoenix），它曾被认为是 SETI 行动中最灵敏、最全面的计划，打算有选择地仔细搜查 200 光年以内约一千颗邻近的类日恒星——这假定了这些恒星周围有可能存在可供生命生存的行星。前苏联科学界也曾对 SETI 表现出极大的兴趣，在 1960 年代实施过一系列搜索计划。

搜寻外星人的群众运动

大型射电望远镜虽然很先进，但它观测所得的数据浩如烟海，要及时对这些数据进行处理却成了难题，因为工作量实在太大了。

于是，人们想出一种经济可行的办法，即让拥有个人电脑的普通人利用自己电脑的闲置时间帮助处理数据。志愿参加者每次可从专用网址下载阿雷西博射电望远镜[1]最新的

1　阿雷西博射电望远镜，设在美属波多黎各的阿雷西博天文台（Arecibo Observatory），1963 年投入使用，曾经是世界第二大（305 米）单面口径射电望远镜。因长期缺乏经费，且多次发生被认定为不可修复的损害事故，并在 2020 年 11 月 30 日晚至 12 月 1 日凌晨发生严重坍塌，阿雷西博射电望远镜已被彻底停用。——编者注

观测数据，利用计算机进入屏幕保护状态时的空闲时间对这些数据进行处理，完成后可将数据发回研究人员处，再下载新的数据。研究人员称："这好比是在一堆干草里找一根针，干草仍是那堆干草，但有许多普通人帮助，找起来可以仔细得多，所以总有一天能找到的吧——如果那根针存在的话。"当然，这项活动迄今并未取得人们期望的成果。所以也难怪许多科学家认为 SETI 计划是没有意义的。

对寻找外星文明的群众运动，天文学家萨根贡献独特：他写了一部关于 SETI 的畅销小说，并将它拍成了电影！

在被轰动一时的电视系列片《宇宙》（*Cosmos: A Personal Voyage*）推上文化名流地位之后，萨根为他构想中的科幻小说《接触》（*Contact*）准备了一份写作计划，1980 年 12 月 5 日分送九家出版公司进行投标，结果西蒙与舒斯特公司（Simon & Schuster）以预付两百万美元稿费的出价中标。为一部尚未动笔开写的小说竟预付如此惊人的稿费，在当时实属空前之举。

小说《接触》在签约时就预定在 1984 年搬上银幕拍成电影。在萨根心目中，最像样的文艺形式莫过于电影，据说这与他父亲当过电影院检票员有关，所以他对电影《接触》的筹拍十分投入。但是在好莱坞制片人眼中，SETI 这样的玩意儿毕竟不那么吸引人，和小说的惊人身价不同，《接触》的剧本在好莱坞成了流浪儿，从一个制片人手上转到另一个制片人手上，转眼十几年过去。直到 1997 年电影《接触》

（也译为《超时空接触》）才终于公映。

和现实中的情形不同，小说和电影中的 SETI 行动取得了重大成果：女主角（其实是萨根自己的化身）的研究小组真的接收到了外星发来的无线电信号，而且对这些信号解读的结果表明，这是完整的技术文件，指示地球人建造一艘光速飞船（实际上就是时空旅行机器，乘上它可以到达织女星）。于是美国政府花费了 300 亿美元将飞船造出，女主角争取到了乘坐飞船前往织女星的任务，她童年的梦想眼看就要成真……

不幸的是，影片《接触》上映时，萨根已在半年前撒手人寰，他最终未能看到自己编剧的电影上映，恐怕难免抱恨终天。但是他的小说和同名电影，确实让 SETI 的名字和活动更广泛地进入了公众的视野。

（原载《新发现》2011 年第 12 期）

围绕 METI 行动的争论
——寻找外星人的科学故事之二

"喂！我在这儿！"

上次谈到的 SETI 行动，实施到今天已经半个多世纪了，虽然催生了《接触》之类的科幻作品，但迄今未获得任何实际上的"科学成果"。于是有些人感到这样"被动"地搜寻外星人信息不是理想的办法，他们要"主动出击"，向外星人发送地球人类的信息。这种行动被称为 METI 行动（Message to the Extraterrestrial Intelligence），有时也被称为 Active SETI。

METI 行动主要可以归纳为两大类：第一类是用巨型无线电天线向外星发射无线电信号，第二类是用类似"漂流瓶"的方式向茫茫宇宙送出带有地球信息的物件，这可以称为"宇宙漂流瓶"。

第一类 METI 行动试图向外太空发射定位无线电信号，告知地外文明人类的存在。选定目标的依据，主要是猜测那些星体有可能拥有类似地球的行星系统，因而也就有可能发展出某种类似地球人类的高等文明。迄今为止，比较有影响的向外太空发射无线电信号的 METI 项目共实施了四次，详见下表：

名称	阿雷西博信息 Arecibo Message	宇宙呼唤 1999 Cosmic call	青少年信息 Teen Age Message	宇宙呼唤 2003 Cosmic call
日期	1974–11–16	1999–7–1	2001–9–4	2003–7–6
国家	美国	俄罗斯	俄罗斯	美国、俄罗斯、加拿大
发起者	德雷克、萨根等	萨特塞夫等	萨特塞夫等	萨特塞夫等
目标星体	M13 球状星团 Hercules	HD190363Cygnus HD190464 Sagitta HD178428 Sagitta HD186408Cygnus	HD9512Ursa Major HD76151 Hydra HD50692 Gemini HD126053 Virgo HD193664 Draco	Hip4872Cassiopeia HD245409Orion HD75732Cancer HD10307 Andromeda HD95128Ursa Major
所用雷达	Arecibo	Evpatoria	Evpatoria	Evpatoria
持续时间	发射 3 分钟	发射 960 分钟	发射 366 分钟	发射 900 分钟
发射功率	83 千焦耳	8640 千焦耳	2200 千焦耳	8100 千焦尔

这种主动向外星人打招呼的行动，与人类儿童的某些行为相当类似。例如，儿童们喜欢招惹旁人对自己的注意，他们经常会主动向旁人说："喂！我在这儿！"

至于"宇宙漂流瓶"方案中，最著名的自然是那张所谓的"地球名片"。卡尔·萨根曾参与过"水手9号"、"先驱者"系列、"旅行者"系列等著名的宇宙飞船探索计划，他和德雷克设计了那张著名的"地球名片"——镀金的铝质金属牌，上面用图形表示了地球在银河系中的方位、太阳和它的九大行星、地球上第一号元素氢的分子结构，以及地球上男人和女人的形象。1972年3月2日和1973年4月5日，美国发射的"先驱者10号"和"先驱者11号"探测器上都携带了这张"名片"。

METI 行动引发的激烈争议

METI 行动刚一实施，就在科学界引发了激烈争议。1974年11月6日，在第一个星际无线电信息通过阿雷西博雷达被发往 M13 球状星团后，当年的诺奖获得者、英国射电天文学家马丁·赖尔（Martin Ryle，1918—1984）就发表一项反对声明，他警告说，"外太空的任何生物都有可能是充满恶意而又饥肠辘辘的"，并呼吁针对地球上任何试图与地外生命建立联系和向其传送信号的行为颁布国际禁令。

赖尔的声明随后得到一些科学人士的声援，他们认为，METI 有可能是一项因少数人不计后果的好奇和偏执，而给整个人类带来灭顶之灾的冒险行为。因为人类目前并不清楚地外文明是否都是仁慈的。或者说，对地球上的人类而言，即便真的和一个仁慈的地外文明进行了接触，也不一定会得到严肃的回应。在这种情形下，处于宇宙文明等级低端的人类，贸然向外太空发射信号，将会泄露自己在太空中的位置，从而招致那些有侵略性的文明的攻击。因为地球上所发生的历史一再证明，当相对落后的文明遭遇另外一个先进文明的时候，几乎毫无例外，结果就是灾难。

反对 METI 行动的科学家并非仅仅依据猜测，他们的思想是有相当深度的。例如，以写科幻小说而知名的天文学家大卫·布林（David Brin），提出了他称之为"大沉默"（Great Silence）的猜想。他认为，人类之所以未能发现任何地外文明的踪迹，是因为有一种还不为人类所知晓的危险，迫使所有其他文明保持沉默。而人类所实施的 METI 计划，无异于是宇宙丛林中的自杀性呼喊。在一篇文章中，布林提醒 METI 的支持者们：

> 如果高级地外智慧生命如此大公无私，却仍然选择沉默，我们难道不应该……至少稍稍观望一下？很

有可能，他们沉默是因为他们知道一些我们不知道的事情。[1]

从宇宙尺度上考虑，如果没有一个文明认为有向其他文明发射信号的必要，那么SETI所实施的单向搜索其实毫无意义，注定将永远一无所获。

METI的拥护者当然不会同意这样的观点。作为继"阿雷西博信息"之后三次METI项目的主要发起者和最积极的拥护者，俄罗斯科学家亚历山大·萨特塞夫（Alexander L. Zaitsev）坚持认为，METI对人类而言，不仅不是一种冒险，还非常有必要。萨特塞夫认为：人类从外星文明那里获得的，将不是危险而是学问，外星文明可能会传授给人类知识和智慧，把人类从自我毁灭如核战争、生化战争或环境污染中挽救过来。这种想法无疑是对几位SETI先驱们所持观点的一种继承。

这种期望地外文明来充当人类"救世主"的想法，发展到极致，就是刘慈欣笔下《三体》中的"地妖领袖"叶文洁了。

1　David Brin, "The Search For Extra-Terrestrial Intelligence: Should We Message ET?"足本可见 https://www.davidbrin.com/nonfiction/meti.html。

只 SETI 不 METI 就安全吗?

一些人士认为,人类只需实施 SETI,而应禁止进行 METI。卡尔·萨根后来也表达了这样的想法,他同意"我们应该监听而不是发射信号",因为"比我们先进得多的其他宇宙文明,应该有更充足的能源和更先进的技术来进行信号发射",而我们这样做"是和我们在宇宙中落后的身份相符的"。

不过还有一种看法认为,从地球辐射到太空的无线电波,比如军方的雷达系统等等,早已经很醒目地暴露了地球文明的存在位置,地外智慧生命如果存在的话,迟早都会发现这些信号。所以,对人类而言,现在保持沉默为时已晚。

这种观点作为支持 METI 的间接论据,尽管流传颇广,但并非如它表面看来那样具有说服力。一般而言,军方雷达信号在几光年的范围内,就已消散到了星际噪声水平之下,很难被探测到。而通过大型射电天文望远镜(雷达)发射的定位传输信号就不一样,它们的功率比前者强了很多个量级,要容易被捕获得多。

这种争论虽然技术性很强,但由于缺乏实验证据,目前也只能停留在理论思考的阶段。但是,像 METI 这样还没有明确其利弊后果的事情,有什么必要急煎煎去做呢?

(原载《新发现》2012 年第 1 期)

火星文明：从科学课题变成幻想主题

——寻找外星人的科学故事之三

火星曾经是科学的大热门

火星在太阳系诸行星中非常特殊。位置适当的时候，火星可以成为天空中仅次于月亮和金星的明亮天体，它以闪耀的红色吸引了古代东西方星占学家的目光。中国古代称它为"荧惑"，在星占学占辞中，荧惑通常总是和凶兆联系在一起，比如：

> 荧惑守角，忠臣诛，国政危。
> 荧惑主内乱。
> 荧惑者，天罚也。

最严重的火星天象是"荧惑守心",这是极大的凶兆,汉代的帝王曾经因为这个天象而撤换宰相。

在古代西方,火星始终是战神之星:苏美尔人的Nergal,古希腊人的Ares,直到今天全世界通用的罗马人的火星名Mars,都是各自神话中的战神。

自伽利略1610年发表他用望远镜进行天文观测的结果之后,火星又很快成为最受望远镜青睐的行星。随着望远镜越造越大,对火星的观测成果也越来越丰富。关于火星上的"运河""人脸"等的绘图或照片,都曾经让一些人热血沸腾。即使对正统的天文学家来说也是如此,而另一些半正统的科学家关于"火星文明"的研究则更为狂热。

比如十九、二十世纪之交的美国富翁洛韦尔,在亚利桑那州建立了一座装备精良的私人天文台,用15年时间拍下了数以千计的火星照片,在他绘制的火面图上竟有超过500条"运河"!他先后出版了《火星》[1]《火星和它的运河》[2]和《作为生命居所的火星》[3]等著作,汇集他的观测成果,并表达了他的坚定信念:火星上有智慧生物。洛韦尔用这种方

1　Percival Lowell, *Mars*, Boston and New York: Houghton, Mifflin and Company, 1895.

2　Percival Lowell, *Mars and its Canals,* New York: The Macmillan Company, 1906.

3　Percival Lowell, *Mars as the Abode of Life,* New York: The Macmillan Company, 1908.

式，成功地"强行"进入了天文学史——如今许多天文学史都会提到他。

大科学家们的火星通讯方案

与火星上的文明进行沟通，曾经是十九世纪欧洲科学界非常时髦的事情。许多在科学史上留下过鼎鼎大名的人物，比如电力商业化的主要推动者、美国发明家特斯拉（Nikola Tesla，1856—1943），发明无线电的意大利发明家马可尼（Guglielmo Marconi，1874—1937），英国优生学家高尔顿（Francis Galton，1822—1911），德国数学家高斯（Karl F. Gauss，1777—1855），等等，都曾发表过他们设计的与火星文明交流的方案。

高尔顿很可能是最早提出接收火星信号设想的人，1896年他在伦敦《双周评论》上发表的文章[1]，虚拟了火星人主动发送光信号与人类进行沟通的场景，他甚至设计了一组用于两颗星球之间进行简单语义沟通的莫尔斯电码。而特斯拉

---

1 Francis Galton, "Intelligible Signals Between Neighbouring Stars," *Fortnightly Review*，60 (Nov. 1, 1896), pp. 657-664. 另可见 https://galton.org/essays/1890-1899/galton-1896-fortnightly-review-signals-stars.pdf。

1901年在纽约《科里尔周刊》上发表题为《和行星交谈》[1]的文章，宣布已经发明出一种向火星发射无线电信号的设备，还声称已经用这架机器接收到了来自火星的无线电信息。不过这些说法后来都未得到确切证实。

另一位热衷接收火星信号的人物是马可尼，和特斯拉一样，他在1919年也声称接收到了"来自其它星球的无线电信号"。由于马可尼在无线电领域的声望，这一消息立刻引来关注，他本人也决定进行接收火星信号的实验。据《纽约时报》报道，1922年6月16日，他乘私人游轮"Electra号"穿越大西洋，希望在海上接收到来自火星的信息。不过在随后接受记者采访时，马可尼表示"没有令人激动的消息要向外宣布"。

与前面那类假定火星人可能会主动和人类交流的探索活动相对应的，是设法主动与假想中的火星文明进行交流。

数学家高斯曾设想和假想中的"月亮人"进行交流。1826年10月号的《爱丁堡新哲学杂志》（*Edinburgh New Philosophical Journal*）刊登的匿名文章《月亮和它的居住者》（The Moon and its Inhabitants）提到，高斯和德国天文学家格鲁伊图伊森（Franz von Gruithuisen，1774—1852）在一次谈话中认为，在西伯利亚平原建造巨型几何图形作

---

[1]　Nikola Tesla, "Talking With the Planets," *ollier's Weekly*, February 9th, 1901, pp.4-5. 另可见 https://teslauniverse.com/nikola-tesla/articles/talking-planets。

为和月亮人交流的标识物是可能的。而在高斯的私人通信中，高斯曾提出过另一种与月亮人进行交流的构想。他在1822年3月25日写给天文学家奥伯斯（Heinrich Wilhelm Matthias Olbers，1758—1840）的信中，提议利用镜面反射日光与月亮人进行交流："分别用100块镜子，每个面积是16平方英尺（1.49平方米）……拼接而成后，这块巨大的镜子就能把日光反射到月亮上……如果我们能和月亮上的邻居取得联系的话，将比美洲大陆的发现要伟大得多。"

高斯设想的方案很大程度上与他的数学家背景有直接关系，在他看来，几何图形法则应该是一种外星文明能够理解的原理，作为一种交流手段既简洁又有效，而这些方案后来成了不断被提及的经典构想。1909年，美国天文学家皮克林（William Henry Pickering，1858—1938）发表文章，提出通过巨型镜面反射日光作为与火星交流的信号，在当时受到了广泛关注。《纽约时报》甚至辟出版面进行了连续报道。一些科学人士在参与讨论的过程中又提出了各种替代方案，而它们实质上都是高斯当年的另一方案——巨型几何图形方案的复本。

无线电交流方案最积极的探索者，或许仍当数特斯拉。在1900到1921的二十年间，特斯拉在科学杂志和报刊上先后发表近十篇文章，阐释他向火星发送无线电信号的构想。1937年，他在自己81岁的生日宴会上，宣布他已成功制成一架"星际传送装置"，并声称通过这一装置把能量传送到另一颗行星上，无论距离有多远都是有可能的。他还透露，他可能即将签订制造这项设备的合约。不过，这架特斯拉所声称的"将被永久铭记"的装置，直到1943年他去世时，始终没有出现在世人面前。

火星文明转变为幻想主题

上面这些与火星文明进行通讯的方案，都是被当作认真的科学活动来进行的，阐述这些方案的文章也大都发表在当时的学术刊物上，而且参与者中不乏在科学史上大名鼎鼎的人物（比如马可尼、高斯等）。也就是说，在当时，这是一个严肃的科学课题，是一个被主流科学共同体所接纳的研究方向。

但随着科学的进展，人类对火星的了解越来越深入，这些课题和活动就逐渐被遗忘在故纸堆中。因为现在大家知道，火星上几乎没有液态水，几乎不可能存在类似我们在地球上所见到的生命，当然也就不会有什么"火星文明"。于是"火星文明"从一个科学课题变成一个幻想主题。

人类创作关于火星文明的幻想作品，已经超过一百年。1898年，英国小说家威尔斯发表了小说《星际战争》(*The War of the Worlds*)，讲述火星人入侵地球的故事。1953年，根据这部小说拍摄了同名电影（即通常所说的《大战火星人》）。52 年后，又有一部斯皮尔伯格导演的同名电影上映。除了这个在科幻史上有"贵族出身"的影片系列，还有更多关于火星文明的电影，比如在影片《红色星球》（*Red Planet*，2000）中，火星大气已经被改造成人类可以呼吸的状况。又如影片《火星任务》（*Mission to Mars*，2000），讲述火星上的高等智慧生物曾经发展了极为先进的文明，它们已经借助大规模的恒星际航行，迁徙到了一个遥远的星系，临走时它们向地球播种了生命，所以地球上的所有生命都来自火星……

毫无疑问，在太阳系各大行星中，迄今为止火星是最受科幻创作者青睐的。

（原载《新发现》2012 年第 2 期）

曾让天文学家神魂颠倒的"火星运河"

"火星运河"概念的形成

在之前的专栏中，我已经谈到，火星在十九、二十世纪之交曾经是天文学界乃至科学界的大热门。[1]这个热门的形成，最主要的原因就是"火星运河"。

"火星运河"在今天听起来很像一个科幻题材，但它当年却曾是一个彻头彻尾的天文学课题。这个概念的形成过程中，每一步都有充分的科学基础。

德裔英国天文学家威廉·赫歇尔（William Herschel，1738—1822）可以说是"火星运河"这一概念的奠基者。

---

1 参见本辑《火星文明：从科学课题变成幻想主题》。

十八世纪后期，欧洲的望远镜越造越大，越造越好，而且欧洲的天文学家们带着这些望远镜去往世界各地进行观测，提供了丰富的观测资料。威廉·赫歇尔就是这些人中重要的一员，在 1784 年发表的一篇论文[1]中，他从公转及自传运动、轨道倾角、公转周期等方面比较了火星和地球，指出"在整个太阳系中，火星和地球的相似性可能是最大的"，他的这些意见都得到了后来天文学发展的证实。

赫歇尔还相信"火星有着充沛而又非常适宜的大气条件，它上面的居民享受的环境在许多方面和地球是一样的"，这一点虽然未能被后来的发现所支持，但在当时和前面各点结合在一起，给人以"火星是另一个地球"的强烈印象，也建构出了巨大的想象空间，期望中的"火星人"简直就呼之欲出了。

1877 年火星大冲，这是特别适宜观测火星表面的机会（尽管此时火星的视圆面还不到满月的七十分之一），意大利天文学家夏帕雷利（Giovanni Schiaparelli，1835—1910）在由他担任台长的米兰布雷拉天文台（Brera Observatory），观测到了火星表面有许多纵横交错的网状结构。在次年一

---

1 William Herschel，"On the Remarkable Appearances at the Polar Regions of the Planet Mars, the Inclination of Its Axis, the Position of Its Poles, and Its Spheroidical Figure; With a Few Hints Relating to Its Real Diameter and Atmosphere," *Philosophical Transactions of the Royal Society of London*, Vol. 74 (1784), pp. 233-273.

篇冗长的论文[1]中，夏帕雷利用意大利文"canali"指称他所观测到的这种现象。在意大利文中，"canali"既可以表示"河道"（channel），也可以表示"运河"（canal）。这两者实有巨大差别："河道"当然是自然地理现象，而"运河"就是人工挖掘建造的了。

这时一个非"科学"的环节在这里出现了——尽管夏帕雷利本人认为他观测到的网状结构只是火星表面的天然地貌，但"canali"这个词不知为何在翻译成英语时被译成了"canal"——运河。这个词汇强烈暗示着火星上有智慧生命，因为它们能够挖掘建造运河。考证这个误译的起因是困难的，但可以猜测的是，它多半与当时人们期盼在火星上发现智慧生命的主观愿望有关。

至此，"火星运河"的概念建构完成。它将让许多天文学家神魂颠倒。

狂热的洛韦尔和天文学家们的站队

夏帕雷利持续进行火星观测，在稍后发表的火星观测报

---

1 G. V. Schiaparelli, "Osservazioni astronomiche e fisiche sull'asse di rotazione e sulla Topografia del pianeta Marte fatte nelle Reale Specola di Brera in Milano coll'Equatoriale di Merz durante l'opposizione del 1877," *Memorie della Società Degli Spettroscopisti Italiani*, Vol.7(1878), pp.B21-B39.

告中，他宣称又观测到了一种新的火星地貌"双运河"，并附上了他根据观测新绘制的火星地图。夏帕雷利的火星观测结果引发了无数争论，但他最重要的成果，也许是引发了波士顿的美国富翁洛韦尔的好奇心。

1894年，火星再次接近有利于观测的大冲位置，洛韦尔居然放下了手中的大部分生意，在亚利桑那州的旗杆镇建立起一个装备精良的私人天文台，并自任台长，全力进行火星观测。看来此时他对天文学的热爱早已超过了对生意的关注。

这时已经有越来越多的人开始对火星表面观测发生兴趣，其中包括业余的和职业的天文学家。进行这种观测需要精良的望远镜，还需要稳定的大气条件，以及足够的观测技巧和耐心。洛韦尔原是不折不扣的业余天文学家，职业天文学家也不大看得起他，但他以勤奋和狂热，最终似乎硬挤进了职业天文学家的行列。毕竟，当一个商人放下生意，改任天文台台长之后，他为什么不可以算"职业"的呢？

洛韦尔15年间拍摄了数千张火星照片，在他绘制的火星地图上有五百多条"运河"。他先后出版《火星》（1895）、《火星和它的运河》（1906）和《作为生命居所的火星》（1908）等书，汇集他的观测成果。洛韦尔坚信：火星上确实有智慧生物。由于《火星》一书的畅销，洛韦尔的观点比看不起他的职业天文学家有更多机会被公众了解。

这里不妨顺便提到洛韦尔的另一项重要工作：计算一

颗当时尚未被发现，但他坚信存在着的"X行星"。当时太阳系所知最远的行星是海王星，洛韦尔坚信他的"X行星"还在海王星之外。他的天文台研究人员曾付出艰巨努力，试图找到这颗"X行星"，但当洛韦尔1916年辞世时，"X行星"仍未找到。后来冥王星的发现，当然可以给九泉之下的洛韦尔以巨大安慰。然而前几年冥王星"行星资格"的失去，[1]恐怕又会使洛韦尔泉下深感遗憾了。

"火星运河"当然不是业余天文学家或私人天文台的禁脔，"职业天文学家"在这个大热门上也没闲着。据我已经毕业的学生穆蕴秋博士考证，当时天文学家在"火星运河"问题上分成两大阵营。

在支持洛韦尔信念，坚信火星上有高等智慧生命开掘建造运河的阵营中，今天看来名头最大的或许当数法国的弗拉马利翁了——他其实也是从"业余"开始最终硬挤进"职业"行列的。弗氏在他的私人天文台上进行了大量火星观测，宣称他发现了六十余条"火星运河"和二十余条"双运河"，并且在他自办的杂志上和自己撰写的书中，大力宣传他的发现和信念。此外还有美国天文学家托德（David Peck Todd，1855—1939）、斯莱弗（Vesto Melvin Slipher，1875—1969），以及塞尔维亚裔奥地利天文学家布伦纳（Leo

---

1　参见第一辑《冥王星：一个天文标杆的前世今生》。

Brenner, 1855—1928）等人。

反对洛韦尔观点的阵营中，明显以职业天文学家居多，包括在天文学史上名头很大的纽康（Simon Newcomb, 1835—1909）和叶凯士天文台台长海耳（George Ellery Hale, 1868—1938）等人，甚至还有英国著名生物学家华莱士（Alfred Russel Wallace, 1823—1913）。比较戏剧性的有美国天文学家道格拉斯（Andrew Ellicott Douglass, 1867—1962）和希腊裔法国天文学家安东尼亚第（Eugene Michel Antoniadi, 1870—1944）两人——前者曾是洛韦尔的追随者，后者则曾是弗拉马利翁的追随者，他们后来都"反叛"了。反对派大多认为，那些被观测到的"火星运河"，或者是视觉幻象，或者是火星上的自然地貌。

"火星运河"的科学史意义

"火星运河"是一个被后来的科学发展否定的概念，围绕这个概念所进行的一系列观测、发现、争论等等，在传统科学史框架中被归入"错误""失败"之列。而按照传统的科学史观念，科学史是只处理"善而有成"之事的，"火星运河"属于"无成"之事，所以它不仅被清除出科学史殿堂，而且被逐出科学史视野。你如果去读一本传统框架的科学史著作，"火星运河"至多只是被作为天文学发展过程中走过的"弯路"而提到一句，甚至完全不被提起。不仅"火星运河"是如此，几乎所有被后来发展所否定的概念，都难逃同样的命运。

但是，这样的待遇是公平的吗？

首先，"火星运河"问题是和一系列科学问题如火星生命、火星大气、火星上的水等密切相关的，而那一系列问题一度成为十九、二十世纪之交天文学领域最被关注的问题。所以"火星运河"争论的启发意义是毋庸置疑的。

其次，在很多情况下，如果没人走"弯路"，人们能知道"直路"在哪里吗？如果只看"善而有成"的部分，只承认"善而有成"的才算科学的历史，这实际上和寓言中造三层楼却不要底下两层、三个饼吃饱后认为不需要吃前面两个是一样的。看寓言故事时大家都知道这样想的是蠢人，但在面对科学的历史时却往往意识不到这一点。

最后，说到底，人类对火星的了解还远远不够，谁知道在数十亿年的时间长河中，那颗行星上曾经发生过什么呢？

（原载《新发现》2013年第3期）

星际航行：一堂令人沮丧的算术课

一万年太久，只争朝夕

霍金最近心血来潮，就地外文明、外星人等话题发表了意见，[1]引发了媒体对此类话题的很大兴趣。话题之一，就是关于人类进行星际航行的可能性。

与地外文明话题联系在一起的"星际航行"，当然不包括在太阳系中进行的行星际航行：这种航行人类已经能够进行，尽管目前还只能在离地球不太远的地方（比如火星）

---

1 在2010年4月于美国探索频道播出的三集纪录片《与霍金一起了解宇宙》（*Into the Universe with Stephen Hawking*）中，史蒂芬·霍金表示，智能生命的存在，是"完全合理"的推测。但他警告说，外星人可能会入侵地球、掠夺资源；外星人如果真的到访地球，情景可能会像当年哥伦布发现美洲大陆一样，"对美洲的土著居民来说，结局不妙"。——编者注

326

稍转一转。由于到目前为止从未发现太阳系之内有别的文明，所以与地外文明联系在一起的"星际航行"总是指在恒星之间的航行。

要讨论这样的星际航行，我们可以先从非常简单的算术开始思考。

通常人们都愿意从离太阳系最近的一颗恒星——半人马座的比邻星——开始思考，比邻星距离太阳系 4.3 光年，也就是说，以光速从地球到比邻星要运行 4.3 年。

目前人类实际能够达到的最高星际航行速度是多少呢？

从地球上飞出太阳系所需要的"第三宇宙速度"，人类已经能够实际达到，因为我们相信已经有航天器能够飞出太阳系（到底有没有飞出，其实很难确证），这个速度是 16.7 公里 / 秒。注意这个速度连光速（300000 公里 / 秒）的万分之一都不到。当然，按照常理，在此基础上再努力一下，增加一倍左右，达到 30 公里 / 秒，应该说还是不太离谱的。

如果我们以 30 公里 / 秒（光速的万分之一）的速度飞向比邻星，至少需要 43000 年。

如果我们能够达到 3000 公里 / 秒（光速的百分之一），飞到比邻星至少需要 430 年（这里完全忽略了飞船出发后加速、到达前减速之类的过程所需要的附加时间）。但这个速度对人类目前的科技能力来说已经是遥不可及了。

其实在不少问题上，430 年和 43000 年是一样的。比如，这都大大超出了人类的正常寿命，也大大超出了机器的工作寿命（至少到现在为止，人类还没有机会实际考察任何现代机器设备能否安然工作 400 年，更不用说宇宙飞船这样极度复杂的系统了）。

我个人觉得还有一个更大的问题，那就是任何在地球上的人们有生之年都看不到结果的实验、考察、探险等活动，虽然在理论上可以进行，但实际上人们总会意识到它对自己已经毫无意义，所以很难设想这样的活动会得到实施。

也许正是考虑到了这一点，在二十世纪七十年代进行的星际航行模拟研究"Daedalus 工程"（在希腊神话中，Daedalus 造了翅膀逃出迷宫）中，英国皇家宇航学会设想的飞行速度是 30000 公里／秒（光速的十分之一），这在此后许多关于星际航行的假想中被视为一个重要"门槛"。之所以考虑采用这个"门槛"，也许和上面提到的心理有关：如果花 43 年飞到比邻星，再等 4.3 年让无线电报告传回地球，这样在我们有生之年（半个世纪内）还可以得到探险结果。

上穷碧落下黄泉，两处茫茫皆不见

星际航行是一个美丽的梦想，既可以在当代科学主义纲领下不顾一切地被追求（现今人类的许多航天活动就是这样），也可以从古代纯粹的人文情怀中得到共鸣——《长恨歌》中那个道士还"排空驭气奔如电，升天入地求之遍"

呢。所以，尽管人类目前实际能够达到的航行速度只有光速的万分之一量级，但这并不妨碍科学家对星际航行展开丰富、系统而且大胆的想象。

这种想象已经提出了多种方案，大体可以分为两条路径。

一条路径是接受目前只能"慢速航行"的现实，考虑千百万年的长期航行。这样的航行必将面临一系列难以克服的困难。

首先是燃料从何处提供？目前人类都是采用固体、液体或气体燃料驱动飞船，但是飞船出发时不可能携带43000年的燃料，目前也没有任何在中途添加燃料的能力。想象中的核动力也难以维持如此之长的年代。其次是机器设备的工作寿命，迄今为止还没有一架航天器持续工作过50年，43000年谁敢指望？

这还只是考虑无人航天器，如果载人，则宇航员要么"冬眠"（那么，飞船上的支持系统能工作千万年而不出差错吗？电影《2001太空漫游》中冬眠的宇航员因生命维持系统遭电脑切断而被"谋杀"的命运如何避免？），要么在飞船上传宗接代（那么，飞船就要被建设成一个小型的地球，这就更没谱了，况且还有近亲繁殖问题）。

另一条路径当然是从加快航行速度上着手，只要速度足够快，就可以消解上一条路径中的大部分困难。这时"Daedalus工程"中的十分之一光速"门槛"就经常会被用到。已设想的至少有如下几种重要方案：

核聚变发动机。这正是"Daedalus 工程"本身所设想的方案，它用的是氢的同位素氘（D）和氦-3（^{3}He）聚变，这样可以无需用水来冷却发动机，但是方案所需的数千吨氦-3，则只能到木星上去提取。所以这只是史诗般的假想，用来拍科幻电影可以，要实施的话目前人类根本没有这样的能力和财力。

反物质发动机。欲将物质转换成能量，目前所知最有效者，莫过于物质与"反物质"的相遇湮灭，能够释放出巨大能量。如果想把 1 吨重的设备，在 50 年内送到比邻星，初步的计算表明，需要 1.2 公斤反物质。但是目前人类的技术能力，在这方面还差得太远。关于反物质发动机在技术上离我们有多远，只要提到一个事实就够了：反物质不能存放在任何有形容器中（因为任何有形容器都是物质，两者一相遇就要湮灭爆炸），只能被悬空拘束在一个真空磁场中。美国小说家丹·布朗在其畅销小说《天使与魔鬼》[1]中只敢想象1 克的反物质。而事实上，以人类现有的科技能力，哪怕只生产 1 毫克（1 克的千分之一）反物质，就需要耗尽全世界的能源。

光帆飞船。它很容易在公众心目中唤起诗意的联想，但

---

1 ［美］丹·布朗：《天使与魔鬼》，朱振武译，人民文学出版社，2005 年。

是真要实施的话，技术上的困难是骇人听闻的。飞船的光帆将大到数十平方公里，厚度则只有 16 纳米（1 毫米的十万分之一多一点）。这样的帆怎样张开？更别说还要操纵它了。还需要在土星和天王星之间的某个位置建造巨大的太阳能-激光转换器，设想中该转换器直径达 1 公里，据说射出的激光束可以远至 40 光年也不发散……不过，这个宏伟的方案真要实施的话，它的能量消耗将是现今整个地球生产能力的几万倍。

何以解忧，唯有虫洞？

上面这些史诗般的狂想方案中，基本上都没有考虑人。人类向外太空的探险行动，最先派出无人飞船当然可以，但最终总要派人去到彼处才行。而一旦考虑了人的因素，立刻出现两方面的困难。

首先是生理上的问题。在"Daedalus 工程"类型的方案中，飞船的巡航速度要求达到光速的十分之一，即每秒30000 公里，这必然有一个现今难以想象的加速过程，人体瞬间能够承受多大的加速度？对某种加速度又能够持续承受多长时间？在民航客机起飞和降落时，这么一点点加速度就会使某些乘客不适甚至发病。宇宙飞船如果急剧加速，说不定刚起飞不久宇航员就七窍流血而死了。

其次是心理上的问题。如果奉派飞往比邻星，以光速的十分之一巡航，这对宇航员来说意味着什么？43 年如一日在船舱里，到了比邻星后，即使能够顺利返回地球，那至少也得 86 年以后了——这其实就是终身监禁啊！世间有几人能够承受？

人类星际航行的真正出路，恐怕只能是目前谁也没见过的虫洞了。

（原载《新发现》2010 年第 9 期）

地球 2.0：又一堂令人沮丧的算术课

刚好在整整五年前，我写过一篇《星际航行：一堂令人沮丧的算术课》（2010）。最近关于"发现另一个地球"的新闻甚嚣尘上，我稍微关心了一下，顺便又备了一堂算术课，忍不住要和读者分享一回。

"发现另一个地球"是什么意思？

当媒体使用"发现了另一个地球"或"地球 2.0"这样的措词时，在普通公众心目中唤起的想象，通常是这样的：天文学家在某处找到了一颗行星，那颗行星上的环境和地球相当类似，比如有大气层，有液态水，有和地球上相似的四季和温度，有距离远近合适的恒星作为它的太阳……

但在想象这种前景之前，我们必须先搞清楚，"发现了另一个地球"到底是什么意思？是我们听到这个说法时通常想象的意思吗？

寻找类地行星的事情，其实一直有天文学家在做，也时不时要想办法在媒体上说一说。这次是美国国家航空航天局（NASA）高调宣布的，它的"开普勒太空望远镜"发现了一颗类地行星，命名为"开普勒452b"。按照最近公布的数据，"开普勒452b"年龄约60亿岁，公转周期385天，质量"可能是地球的5倍"，据说它"与地球相似指数"高达0.98。

但是，千万不能轻易相信这些看起来头头是道的数据，也不要因为它们是NASA公布的就顶礼膜拜，因为还有一个致命的数据不声不响夹在中间。我一听说这次"发现了另一个地球"，首先就找这个数据："开普勒452b"离地球多远？目前的数据是——1400光年。

先回顾一下冥王星的故事吧

1400光年意味着什么？正巧最近冥王星也非常热——尽管在物理上它是一颗"极度深寒"的星球，那我们就拿冥王星的故事当作标尺来用用吧。

1400光年，就是说以光速（每秒300000公里）运行，需要 1400 年。而冥王星作为太阳系较为边远的天体，它离太阳的距离，以光速运行大约需要 5 个半小时。这里就需要开始上算术课了：1400 年 = 365 × 24 × 1400 = 12264000 小时，也就是说，"开普勒 452b"离地球的距离，是冥王星离太阳距离的 12264000 ÷ 5.5 = 2229818 倍，或者更粗略些说，"开普勒 452b"距离地球是冥王星距离地球的 200 多万倍。

考虑到冥王星距离太阳是地球和太阳平均距离的大约 40 倍，在谈论"开普勒 452b"和地球的距离，或冥王星和地球的距离时，为了方便，我们其实已经可以忽略地球和太阳之间的平均距离（1 个天文单位）。这样我们就知道，如果说"开普勒 452b"是地球在远方的"大堂兄"或"大表哥"，则冥王星简直就像和地球紧挨着的近邻。

那么我们就来看一看，我们对于冥王星这个紧挨着的近邻，究竟知道了多少。

通常我们关注某颗行星，特别重要的是它的这几个参数：尺度、质量、公转周期、与地球的距离。

冥王星是 1930 年发现的，1980 年出版的《中国大百科全书·天文卷》告诉我们，冥王星的尺度"至今仍未定准"，最初定为 6400 公里，后来给出的下限是 2000 公里，当时常采用 2700 公里的说法。现在较新的数据是 2370 公里，前后相差 2.7 倍。

冥王星的质量，在 1971 年以前被定为 0.8 地球质量，但到 1978 年被确定为 0.0024 地球质量，前后相差 333 倍。

只有冥王星的公转周期，前后说法相当一致，约 248年，但要注意，从冥王星被发现迄今，它只运行了公转周期的三分之一，天文学家还远远没有见证它绕着太阳走完一圈，所以修正的余地仍然存在。

我们对冥王星的探测已经超过 85 年。2015 年 7 月 14 日，"新地平线号"探测器已经从冥王星身边掠过，但我们对这颗"肮脏的冰球"所知仍然极为有限。想一想，对比冥王星更遥远 200 多万倍的"开普勒 452b"，天文学家能知道多少？他们有多大的依据可以断定这是"另一个地球"？

另外，NASA 又是用什么手段"发现"了"开普勒452b"的呢？听起来也玄得很，他们的方法是"凌星法"。"凌星法"本来并不玄，比如当金星运行在地球和太阳之间时，有时会在日面上呈现一个微小的黑点，这就是所谓"金星凌日"。但是对一个比冥王星还要遥远 200 多万倍的恒星来说，是不可能有"日面"的——它无论在多大的望远镜中都只能呈现为一个光点，这种情况下有行星"凌日"能让我们"看见"什么呢？据说，这会导致望远镜中那颗恒星的亮度出现极为微弱的变化，NASA 的科学家就是根据这一点"发现"了"另一个地球"的。这究竟能有几分靠谱，大家自己去估摸吧，反正能造成遥远恒星在望远镜中呈现亮度微弱变化的原因，还有好多种呢。

科学界这些镜花水月的发现啊!

三十多年前,有一本《物理世界奇遇记》,在中国理科大学生中红极一时,书中有一句虚构的台词:好莱坞这些粗制滥造的电影啊!当时同学们经常在开玩笑时拿来用。现在,一句模仿的感叹,经常在我脑海中盘旋:科学界这些镜花水月的发现啊!

近年来的一系列科学新闻,都有某些共同之处。从言犹在耳的"原初引力波",到此次的"另一个地球",中间还穿插着一些小新闻,诸如在火星上"可能有水"啦(注意,在无法判断星球上面到底有没有水的情况下,科学家们总是说"可能有水"而从不说"可能没水"),冥王星上的"大平原"或"氮河"啦……科学家们经常急不可待地将一些捕风捉影的、只是猜测的"重大科学新闻"向媒体兜售,有时学术论文还没有正式发表,就先向大众媒体和科普杂志披露,甚至不惜过一段时间后再向大众媒体和科普杂志表示,先前披露的重大进展"是一个错误"(所谓的"原初引力波"就是这样)。

有些媒体和记者还喜欢跟着激动,至少是在文章和报导中装作很激动的样子,比如这次的"开普勒452b",竟然被说成是"科学发现改变三观",甚至提升到"为万世而未雨绸缪"这样的骇人高度。这恐怕已经是"刻奇"(kitsch)了,当心过几天NASA的科学家又出来轻描淡写地说,那

"是一个错误"啊！

那么"开普勒452b"到底有什么意义呢？老老实实看只能有两个：其一，也许这样的行星上会有和人类类似的高等智慧生物和高等文明；其二，也许将来地球人类可以移居到这样的行星上去。

我们从小在教科书上读到的是：生命产生的基本条件是要有阳光、空气和水。这个说法并没有错，但它只是从地球这个唯一样本"归纳"出来的。常识告诉我们，只靠一个样本根本无法形成基本意义上的"归纳"。但这一点在我们谈论生命、高等智慧、行星环境之类的问题时，却经常被遗忘。比如，为什么不能想象一种无需呼吸空气或无需阳光和水的生命形态？如果我们同意还可以有其他多种形态的生命或文明，那就将不得不同意，在千千万万个天体上都有可能存在生命，或存在高等文明。这样，"发现另一个地球"的第一个意义就被消解了，第二个意义更加镜花水月。只要想想"开普勒452b"离我们1400光年就知道了，以人类现有的航天能力，飞往那里大约需要两千万年（参见上一堂算术课）。

其实"发现另一个地球"还有第三个意义，倒是相当现实的：NASA近年来一直受到削减经费的困扰，它迫切需要增加各方对它的关注。

（原载《新发现》2015年第9期）

338

地球流浪之后：第三堂令人沮丧的算术课

我已在本专栏分享过两堂"令人沮丧的算术课"，第一堂是关于星际航行，第二堂是关于类地行星，这次是第三堂了。

从《流浪地球》的故事结尾说起

我很早就指出，当代绝大部分科幻作品中的未来世界都是黑暗的，要解释这个事实形成的原因并非易事，也不是本文的任务，但这个事实本身是无可置疑的。后来有人问我：《流浪地球》的结尾算不算光明？

确实，从故事情节来看，《流浪地球》的结尾似乎是光明的：地球终于摆脱了木星的致命引力，踏上了流浪征途。

这至少也可以算一个开放或中性的结尾吧？

但是，如果我们从现有的科学知识出发，试着展望一下，地球踏上流浪征途之后，将要面临的生存环境，就不难知道，这将是一段暗无天日的地狱之旅，如果打算用中国成语"九死一生"来形容，这个成语必须改成"万死一生"！

在刘慈欣的小说原著中，有一处很少被人注意到的细节："地球大气已消失，……我看到地面上布满了奇怪的黄绿相间的半透明晶块，这是固体氧氮，是已冻结的空气。"而在电影《流浪地球》中，这个细节被毫不犹豫地省略了。这不奇怪，因为世界上几乎所有的科幻影片对行星的大气问题都采取了"视而不见"的态度：首先，男女主角们不可能长时间穿着带头盔的宇航服演戏；其次，人类迄今并未解决过任何星球的大气问题，所有关于制造或改造行星大气之说，都只是纯粹理论上的设想。

然而，恰恰是这个被影片省略的细节，对流浪地球来说是致命的。

大气冻结成晶块，是因为离开太阳系之后，地球所处的外部环境就是接近绝对零度的严寒世界，所以大气无法再保持气态了。如果说气态地球大气好比地球的一件保暖羽绒衣，那么冻结成晶块的大气就好比羽绒衣湿透后又结成了冰：再也不具备任何保暖功能了。换句话说，地球将长期在零下270摄氏度左右的严寒中裸奔了！

我们的第三堂算术课，就从这里开始。

全球总能耗和地球所获太阳能总量的估算

首先我们要估算流浪地球处在匀速巡航时每年需要耗费的总能量，为此我们先要得知目前地球每年的总能量消耗。

据《世界能源统计年鉴2019》的数据：2018年全球一次能源消费总量达到138.65亿吨油当量，即198亿吨标准煤，同比增长2.9%。这个数字当然是逐年增长的，比如在2003年大约是146亿吨标准煤。

但是"198亿吨标准煤"这个数据有什么意义呢？在我们这次的算术课中，它的意义必须在和另一个数据的对照中才能显现。

我们知道，地球上所有能源，包括煤炭、石油、太阳能，归根结底都来自太阳，煤炭和石油可以视为太阳能在漫长岁月中的转换和存储而已。因此，我们需要估算地球每年能够从太阳得到多少能量。

我试了一晚上，不得不认为，要想从网上直接找到正确答案，几乎是不可能的。网上的数值五花八门，但几乎都是错的。尽管对一个极为巨大的数值来说，差个十倍百倍甚至一万倍，似乎已经无关紧要了，反正读者知道这是一个巨大的数量即可。但对我们这次的算术课来说，因为最后要归结到一个并不太巨大的数值上，所以还是需要准确。

为了解决这个问题，我决定从头开始：

天文学家提供了一个基本数据：太阳常数。这个常数有多种表达方式，数值也有小幅出入，但在这次的算术课中，这个数值的小幅出入倒是无关宏旨。这里我们取《中国大百科全书·天文学卷》中的数值：太阳常数 =1.97cal（ cm^2/min），意思是太阳每分钟向地球所在位置的 $1cm^2$ 面积上投射 1.97cal 的能量。我们先做一点换算：

因为：1g 标准煤 =7000cal，

所以：太阳常数 =1.97cal（ cm^2/min）=19700cal（ m^2/min）=（19700/7000）克标准煤（ m^2/min）=（19700/7000）吨标准煤（ km^2/min）

地球的截面积是 127400000 km^2 ，这里"截面积"并不是地球的球形表面积，而是将地球视为一个圆面的面积。于是有：

（19700/7000）× 127400000 × 60 × 24 × 365.2422=188573 671278720 吨标准煤（每年）

即太阳每年向地球投射的总能量约相当于 189 万亿吨标准煤。

这样我们就知道：地球目前的全年能耗总量，只相当于太阳投射到地球的总能量的约万分之一（198/1885736）。这个全球总能耗中，太阳能利用只占很小一部分。

流浪星舰在技术上确实更合理

也许有人会认为，既然我们只使用了太阳能中的极小一部分，那么当地球踏上流浪之旅后，我们也只需在目前全球能耗总量的基础上来考虑流浪地球所需要的能量。但这是一个大错特错的想法。

前面说过，地球的气态大气好比地球的一件保暖羽绒衣，但是更重要的是，当地球有这件羽绒衣的时候，它恰恰还沐浴在太阳的光辉下！

虽然地球上目前的全球总能耗只有地球所获太阳能的约万分之一，但那一万倍于地球能耗的太阳能，其实并非对地球环境毫无贡献，恰恰相反，这部分太阳能对现今的地球环境做出了极为重要的贡献：正是太阳温暖着地球，不仅没有让地球处在漫漫寒夜中，而且还让地球保住了大气这件羽绒衣。

所以，一个非常直接的推论是：地球踏上流浪之旅后，如果还想保持地球现今的生态环境，每年就需要耗费现今地球全年总能耗约一万倍的能量！

当然，流浪之旅嘛，大家都应该勒紧裤腰带过艰苦日子，不能再像以前那样奢侈了，那就听任大气层消失，大家躲入地下生活。在这种情况下，以现在全球每年 198 亿吨标准煤的能耗，还能不能长期维持呢？答案是：非常困难。

流浪地球在失去"羽绒衣"的同时，也失去了日照，地球从此不再有四季和昼夜，只能永远在接近绝对零度的无边寒夜中裸奔。地底的人类为了生存，肯定需要耗费巨量能源用于加温。如果人类还以类似现在的状态生存，地下环境至少要保持在 10℃~20℃ 左右。这时内外温差将达到 280℃ 以上，巨大的温度梯度一定会使地下环境急剧散热，无论采取怎样极端的隔热保温措施，不持续耗费巨量能源，地下环境就不可能达到温度的动态平衡，所以 198 亿吨标准煤的年能耗很可能远远不够。

同时，由于失去了太阳，地球也就失去了一切外来能源，只能靠地球上的存量能源来维持人类生存了。煤炭和石油很快就会耗竭，接下去只能指望核能了。如果人类及时掌握了聚变核能，那也许还有些希望。不过现有研究表明，一个很不幸的事实是：尽管氢在宇宙中是最丰富的元素，但它在地球上却偏偏占比非常小。

所以人类更合理的逃亡方案，其实正是小说原著中被否定的"飞船派"主张：建造若干巨型星际战舰，人类组成流浪舰队。这样的环境建设和能源使用都更为科学，支撑时间可以更长。万一路上有机会掠夺别的星球上的战略物资（比如氢）时，也更有战斗力。

（原载《新发现》2020 年第 8 期）

'Oumuamua：
外星文明的使者真的来过了吗？

一个奇怪的访客

多年以来，科幻作品中已经幻想过无数外星文明来到地球的故事，一些神秘主义的"非虚构作品"也讲过许多同类故事（例如瑞士作家冯·丹尼肯的《众神之车》[1]），但专业的天文学家们从来没有认可过任何外星文明来到过地球的任何证据。直到 2017 年之后，情况才开始出现变化。

2017 年 10 月 19 日，加拿大天文学家罗伯特·韦雷克（Robert Weryk）用位于夏威夷的"全景巡天望远镜和快速

1　［瑞士］厄里希·丰·丹尼肯：《众神之车：历史上的未解之谜》，吴胜明译，上海科学技术出版社，1981 年。

反应系统"（Pan-STARRS）发现了一个进入太阳系的小天体。随后国际天文学界开始注意它，查找和分析了它此前留下的踪迹。数据显示：它9月6日进入了太阳系的黄道面，9月9日到达它的近日点，随后离开太阳系而去。从运行来看，它似乎来自织女星方向，离开太阳系之后往人马座的方向去。

太阳系里其实有无数小天体，比如小行星、彗星等等，但是这些都是太阳系的"家庭成员"（有些可能是从外面俘获的），并非外来之客。而上面这个小天体却特别引人注目。天文学家给它起了名字：奥陌陌（'Oumuamua，夏威夷语"侦察兵"之意）。国际天文学联合会（IAU）按规则给它的命名是"1I/2017 U1"，这个命名已明确表明该小天体不同凡响的身份：命名中第二个字母是大写的"I"，即"interstellar"（星际）的缩写，表明它是人类发现的第一个星际来客。

星际来客是什么意思？这有很大的猜想空间。目前我们只能先根据人类自己的情形来猜测。人类到目前为止已经向太阳系之外发射过五个航天器：旅行者1号、旅行者2号、先驱者10号、先驱者11号、新视野号。这五个航天器离开太阳系之后，就会在宇宙中开始漫无目的地漫游，很像被丢入大海中的漂流瓶。人类发射这种航天器，目的是希望有朝一日，它们会在茫茫宇宙中被别的文明发现，就像人们从海里捡到了漂流瓶，打开瓶子，知道原来在遥远的地方，还有某些人、某些故事。

既然人类已经向宇宙发射过五个漂流瓶了，那奥陌陌会不会是别的文明发射出来的漂流瓶呢？国际天文学联合会的专业命名包含了这种可能性，但要真正确认这一点，目前仍有巨大分歧。

访客那些奇怪的特征

在太阳系中，彗星是一种奇特的天体。它们中有一半以上并非如人们熟知的哈雷彗星那样会周期性回归，那些具有抛物线型或双曲线型轨道的彗星，在经过太阳附近之后就会一去不返，只有具有椭圆型轨道的彗星才会周期性回归。但是，由于彗星轨道的椭圆足够长（比如有的彗星回归周期长达数千年），而人类目前只能观测它们接近太阳的那一段，因此这三种类型的轨道实际上并非那么容易区分和计算（哈雷彗星非常特殊，它的椭圆很短）。

所以，当奥陌陌出现时，大部分保守的天文学家第一反应肯定是"会不会是一颗彗星"，只有那些非常渴望建功立业急于发现奇迹的天文学家，才热衷于将它假想为一位星际来客。因此，后者必须花大力气说服前者，让他们相信奥陌陌不是彗星而是星际来客。

第一个麻烦是，人类搞了那么多天文仪器，但这次并未能给奥陌陌拍下一张哪怕只是稍微清晰一点的照片，所以不知道它的形状。但天文学家还是获得了一些有用的数据：

奥陌陌的亮度，每 8 小时变化 10 倍；

和通常的小行星或彗星相比，奥陌陌反射的阳光至少是它们的 10 倍。

这些数据让天文学家们推论出奥陌陌的形状：它是一个长条形，或薄片圆盘形。无论如何，人类从来没有发现过这种形状的小行星或彗星。

第二个，也是更大的问题，是奥陌陌的运动轨迹。这个轨迹用太阳对飞近它的物体的引力是无法解释的。奥陌陌以接近于垂直的角度进入太阳系的黄道面，在绕太阳运行了一小段之后，再次以大角度离开黄道面，并远离太阳系而去。到 2018 年 6 月，奥陌陌的轨迹表明，它受到一个力的驱动，这个力和它与太阳距离的平方成反比。

这些信息非常有利于这样一个推论：奥陌陌是有动力的，这个动力能够让它抗拒太阳引力的强大作用，当它依靠这个动力远离太阳而去时，随着太阳引力的衰减，它的抗拒之力也相应减小了。

对保守的天文学家来说，以上这些信息及其推论，还不能将彗星的影子完全驱逐干净。因为彗星在接近近日点时，有可能因蒸发、解体等情况而获得某种动力，这被称为彗星的"火箭效应"。不过这种现象通常会形成可观测到的彗尾，而天文学家在对奥陌陌的观测中没有发现任何此类迹象。

真是外星文明的使者？

到目前为止，围绕奥陌陌是彗星还是星际来客的争论并未结束。如果我们接受保守派的意见，那不过是发现了一个有点奇怪的彗星而已，除了天文学家中的一小部分人之外，没有人会关心此事。而如果我们接受了另一派的意见，那就是一件大事了。

我作为一个前职业天文学家，当然乐意接受"星际来客派"的意见——否则天文学还有什么趣味呢？根据这一派的意见，关于奥陌陌可以归纳出如下推论：

奥陌陌是一个外星文明发射的航天器，它呈长条形或薄片圆盘形，自身拥有动力，或许还有光帆驱动能力（利用太阳光的照射获得动力）。它2017年来太阳附近走了一遭，很快又离开了。

国际天文学联合会既然将奥陌陌命名为"1I/2017 U1"，可以认为已经承认了它的星际来客身份，看来"星际来客派"已经在某种程度上占了上风。

假定奥陌陌真是星际来客，那问题就大了！这里只说两点，都未必是好事：

第一，至少我们可以肯定，地球人类并非宇宙中唯一的智慧生物。这些年来，围绕"费米佯谬"[1]至少已经有75种答案，都是试图解释为什么我们至今没有发现外星人。现在，如果我们同意奥陌陌是星际来客，那就可以肯定，除了地球人类，宇宙中还存在着别的智慧文明。

而且还可以推论：发射奥陌陌的文明，至少在科技上肯定比地球文明更先进，因为他们的"侦察兵"可以到太阳系来，而且还可以不被太阳的巨大引力俘获，想来就来，想走就走。人类已经发射的那五个"漂流瓶"可没有这样的能力。

第二，这直接导向了国际上持续了好几十年的争论：地球人类应不应该去和外星文明建立联系？赞成派认为，找到了外星文明，能让我们的科技和文明飞跃，所以会有各种各样关于美国政府向公众隐瞒和外星人接触证据的传说。反对派认为，寻找外星文明就是引鬼上门、引狼入室，因为外星文明必然会对地球人类实施征服或奴役（这是从我们的唯一样本——地球人的行为推论出来的，那就是西方列强对世界各地的殖民侵略）。《三体》中的"宇宙社会学"，就是对这

---

1 费米悖论，是一个有关外星人、星际旅行的科学悖论，即宇宙惊人的年龄和庞大的星体数量意味着，除非地球是一个特殊的例子，否则地外生命应该广泛存在。由意大利裔美国物理学家恩里科·费米（Enrico Fermi，1901—1954）在1950年的一次非正式讨论中提出。——编者注

一派意见的生动图解。

那么现在这个争论说不定很快就能见分晓了。如果奥陌陌是星际来客，就说明鬼已上门，接下来狼是不是快要入室了？在不远的将来，奥陌陌这个"侦察兵"会不会带着一千艘三体人的星际战舰来征服太阳系？

当然也还有别的可能，比如，奥陌陌所属的文明认为，地球文明太落后、地球资源太贫乏，根本不值得入侵或征服。又如，最终人类发现奥陌陌真的不是星际来客，只是急于拿诺贝尔奖的天文学家们的捕风捉影而已。

（原载 2022 年 4 月 14 日《第一财经日报》）

5.

科学幻想中的天文学

UFO 谈资指南

UFO 已经被人们谈论半个多世纪了，照理说早已成为老生常谈，然而奇怪的是，一直有许多人对它乐此不疲，不仅在日常生活中会遇到许多这样的人，媒体也不停地做着各种关于 UFO 的报导和采访。

在几乎所有谈论 UFO 的人心目中，它其实并不是字面上的"不明飞行物"这个意义，而是"智慧外星人的宇宙飞船"。事实上，只有后面这个意义才会让它具有被谈论的价值。以下本文也始终使用这一意义。

什么人不谈论 UFO？

半开玩笑地说，世界上的人可以分成两类——谈论

UFO 的和不谈论 UFO 的。我更愿意先分析不谈论 UFO 的人群。

第一，以我在中国科学院上海天文台工作 15 年的经历，我可以很有把握地说，"主流科学共同体"不谈论 UFO。事实上，他们羞于谈论 UFO，耻于谈论 UFO。一方面，当然是因为谈论 UFO 无助于他们拿到科研经费和项目：不仅无助，反而有害，一个科学家如果经常谈论 UFO，他甚至在申请别的课题时也会因此而受到消极影响。另一方面，也是更为重要的，是因为"主流科学共同体"通常认为 UFO 这类话题有着浓厚的"伪科学"色彩，"严肃的科学家"谈论它是不适宜的。

第二，政府官员从来不在公开场合谈论 UFO。但这并不排除他们在私下场合，以一个普通人的身份和朋友聊天时，也会问"UFO 到底有没有啊？""你相信 UFO 吗？"这样的问题。政府官员不谈论 UFO 是有原因的，因为这后面有一条暗含的推理链条：

以今天的科技能力，人类只能在地球附近活动；

人类没有在地球附近乃至整个太阳系发现别的智慧生物；

所以 UFO 如果是智慧外星人的宇宙飞船，它们必定来自更远的星球；

它们既然能从人类还无法到达的远方来到地球，它们的科技能力必定大大超越人类；

356

想想看，一个拥有超越人类科技能力的天外来客意味着什么？它必然意味着对现有政府权威的挑战，或至少是潜在的挑战。

所以，政府官员不在公开场合谈论 UFO，这一点国内外都是一样的。因为从维护政府权威、保持社会稳定等角度来看，政府官员谈论 UFO 都是不适宜的。

第三，像我这样曾受过严格科学训练但如今已不在科学前沿工作的人，通常也不谈论 UFO，因为觉得这个话题既没意思，也缺乏趣味。不过——哈哈，写专栏时例外。

到底有没有 UFO 存在的证据？

谈论 UFO 的人，也可以分成几类。他们在某种意义上可以成为上述不谈论 UFO 的三类人的镜像。

第一类，是民间科学爱好者。他们很不喜欢"主流科学共同体"对待他们和 UFO 话题的傲慢态度。当然，他们也很不喜欢"主流科学共同体"所颁布、奉行的所谓"科学标准"——这种标准之一是要求实验可重复。而民间科学爱好者宣称自己所看见、所经历的 UFO 事件，通常都无法进行科学家所要求的重复。

第二类，有着愤青情怀的人，他们希望挑战一切权威。当科学权威认为谈论 UFO 没有意义，或者是"伪科学"时，他们就更要谈论。当政府官员让媒体上的UFO讨论"刹车"时，他们就在网上谈论得更加热烈。由于他们通常对现实不够满意，渴望变革的发生，所以他们在潜意识里，也许期盼着某种外星超级力量的降临。对这种潜意识想象到极致，就成为刘慈欣小说《三体》中的叶文洁。

第三类，又是像我这样的人。虽然感到UFO话题没什么意思，但并不拒绝与媒体打交道，所以也不时被动地谈论UFO——通常都是接受报刊采访或做电视节目。

关于UFO，我始终强调两点：

其一，迄今为止，尚无被科学共同体公开正式认可的UFO证据；

其二，不能排除UFO存在于宇宙中，或降临到地球上的可能性。

这第二点颇有些"两边不讨好"，UFO爱好者感到太软弱乏力，又不能与"主流科学共同体"的立场一致。

国内的"主流科学共同体"倾向于认为，除了地球人类，宇宙中并无其他智慧生命。比如我的老上级、中国科学院上海天文台前台长赵君亮教授，在一次天文学会年会的报告中就是这样认为的。这让我联想起北京大学哲学教授吴国盛的观点：外星人只是现代人发明的一种神话，为的是可以在"外星人"旗帜的掩护下谈论各种超自然能力和现象，因为没有这个掩护而谈论超自然能力和现象就会被视为"伪科学"。他的见解和赵教授的见解相配合，倒是颇有异曲同工之妙。

至于那些 UFO 爱好者所提供大量的"证据"——UFO 目击报告（包括文字、照片、录像）、被 UFO 劫持的经历叙述等等，因为始终无法满足"实验可重复"的科学标准，况且其中还充斥着虚假的陈述，"主流科学共同体"是不会认真对待的。

但是在 UFO 爱好者看来，这些"证据"早已足够证明 UFO 的存在，足够证明外星智慧生命的存在，也足够证明这些文明曾经到达过地球。他们和"主流科学共同体"的分歧，主要在判别标准上。从终极意义上来说，"实验可重复"也未必就是放之四海而皆准的永恒标准。况且"主流科学共同体"也从来没有给出过"外星智慧生命不存在"的任何证明。所以我们当然不能排除 UFO 存在于宇宙中，或降临到地球上的可能性。虽然目前国家尚无必要用纳税人的钱去资助 UFO 研究，但对民间的自发研究应持宽容态度。

记得有一次记者问我：你说在今天"主流科学共同体"到底要怎样才肯承认 UFO 的存在？我说，按照今天的情形，除非有一艘 UFO 飞船大白天降落在华盛顿广场上，长期停留，万众目睹——这正是 1951 年出品的美国电影《地球停转之日》（*The Day the Earth Stood Still*）中的场景——"主流科学共同体"才肯承认。

UFO 影视作品提要

与 UFO 相关的影视作品本来是 UFO 话题最重要的谈资之一，但 UFO 爱好者往往不太注意。这里略谈几部比较重要的。

六十年前的《地球停转之日》当然是相当重要的一部，因为其中有 UFO 的典型形象。不过该片的主题实际上是警告人类可能因核武器而毁灭。2008 年的同名翻拍片也没有将主题集中在 UFO 问题上。直接将主题集中在 UFO 问题上的影片，有这样几部值得注意：

《夜空》（*Night Skies*，2007），讲述六个人遇见 UFO，但最终被证明那只是他们的幻觉的故事。这一类故事在实际出现的大量 UFO 报告中占有重要位置。

《第三类接触》（*Close Encounters of the Third Kind*，1977），讲述美国军方以"毒气泄漏"为由欺骗民众，转移清场，然后秘密设立基地与 UFO 联络。最终一位 UFO 痴迷者被外星人选中而"升天"。

《第四类接触》（*The Fourth Kind*，2009），认为人类与 UFO 的接触分为四类：其一，看见飞碟；其二，看见证据（比如麦田圈之类）；其三，与外星人有交往；其四，被外星人劫持。影片利用故事情节，悲愤控诉了那种拒绝考虑任何超自然力量可能性的、僵化死硬的唯科学主义立场。

关于 UFO 最权威、最集大成的影视作品，当数斯皮尔伯格监制的 10 集电视连续剧《劫持》(*Taken*，2002)，每集长达 85 分钟，也可以视为系列电视电影。影片采用史诗形式，通过美国三个家族四代人——其中有人是人类与外星人的混血——之间的恩怨情仇，呈现了几乎所有传说中与 UFO 有关的情景和猜想。影片中外星人来地球的动机，是想通过与地球人混血来改良它们自己的"人种"。《劫持》在一般影视观众中知名度很小，但实为 UFO 爱好者必看作品。

（原载《新发现》2011 年第 11 期）

想象与科学：地球毁于核辐射的前景

地球毁于核辐射的前景

如果想改变我们先前对科学技术那种近于痴情、单恋的看法，路径当然有不止一条，比如哲学思考之类，但最轻松的莫过于多看看科幻作品。看得多了，只要稍加思考，有些问题就会次第浮现出来。

比如，许多科幻作品中都想象了地球的末日。

我们可以将这些想象中造成地球末日的原因分为两大类：第一类是外来的灾变，比如太阳剧变、彗星撞击等等，总之是外来的不可抗拒之力；稍推广一点，则是外星文明的恶意攻击，乃至《三体》中想象的"降维攻击"等，都可归入此类。第二类是人类自己的行为，在这一类型中，导致地球末日的原因，通常总是核战争或核灾难。

在许多末日主题的作品中，导致地球末日的原因和过程往往虚写，故事总是在地球废墟、逃亡中的宇宙飞船、已经殖民的外星球之类环境中展开。比如经典科幻影片《银翼杀手》[1]（*Blade Runner*，1982）、迷你剧《星际战舰卡拉狄加》（*Battlestar Galactica*，2003，也可以算经典了）等等，都是如此。

在这类作品中，地球还经常被写成一个久远的传说，因为它早已被人类废弃。最典型的例子是阿西莫夫的科幻史诗"基地七部曲"[2]，当人们最终找到传说中的人类起源地——行星地球时，发现它是一颗废弃已久的死寂星球，上面"任何种类的生命都没有"，因为极强的放射性使得"这颗行星绝对不可以住人，连最后一只细菌、最后一个病毒都早已绝迹"。

想象一个"没有我们的世界"

科学幻想的功能之一是所谓"预见功能"，这一点即使

1　据美国科幻作家菲利普·迪克（Philip Kindred Dick，1928—1982）的小说改编。

2　详见"基地系列"，[美]艾萨克·阿西莫夫著，叶李华译，天地出版社，2005年。具体包括《基地》《基地与帝国》《第二基地》《基地前传1：基地前奏》《基地前传2：迈向基地》《基地续集1：基地边缘》《基地续集2：基地与地球》。

是盲目崇拜科学、拒绝反思科学的人也赞成的，但是仅仅靠小说电影这类虚构作品的想象，毕竟缺乏足够的说服力，于是有人弄出一部"幻想纪录片"，来讨论地球的未来。

在通常的认识中，纪录片被视为某种意义上的"非虚构作品"，实际上也难免有或多或少的建构成分。有些幻想故事影片采用"伪纪录片"的形式拍摄，这种做法逐渐模糊了科学幻想和科学记录之间的界限。

由美国国家地理频道（National Geographic Channel）拍摄的《零人口的后果》（*Aftermath: Population Zero*，2008），来源于美国记者艾伦·韦斯曼的非虚构作品《没有我们的世界》[1]，此书的纪录片拍摄权出售给了国家地理频道。韦斯曼为宣传此书，还到上海和北京出席了有关活动，与中国读者及相关学者共同研讨了一番"有关人类未来"的种种问题——尽管难免有点大而无当。在 2007 年举行的一场活动中，我也和韦斯曼讨论过一些这类问题。不过这部影片用了完全不同的片名，而且在片头片尾也没有找到"改编自韦斯曼"之类的字样。

几乎所有的科学幻想作品都是幻想"人类未来如何如何"，所以描绘人类突然消失以后的地球，确实不失为一个

---

1 Alan Weisman, *The World Without Us*, New York: Thomas Dunne Books, 2007. ［美］艾伦·韦斯曼：《没有我们的世界》，赵舒静译，上海科学技术文献出版社，2007 年。

新思路。假如人类突然消失，地球会发生哪些变化？

消失两天后：管道堵塞，城市变为泽国。

消失一周后：因水冷却系统瘫痪，核电站的核反应堆毁于高温和大火。

消失一年后：大城市的街道纷纷开裂，并被杂草占据。

消失三年后：因为不再有暖气供应，大城市管道系统爆裂，建筑物开始瓦解；蟑螂和那些依附于人类的寄生虫早已死去。

消失十年后：木质建筑材料开始腐烂。

消失二十年后：浸在水中的钢铁锈蚀消融，铁路的铁轨开始消失，城市街道成为河流，野草侵夺了农作物的生存空间。

消失一百年后：来自北方森林中的牦牛占据了欧洲的农场，非洲象的数量有望增长二十倍，大多数房屋屋顶塌陷。

消失三百年后：地球上的桥梁纷纷断裂。

消失五百年后：曾经是城市的地方已经变成森林。

消失五千年后：核弹头的外壳被腐蚀，其放射性污染环境。

消失三万五千年后：泥土中的铅终于分解。

消失十万年后：大气中的二氧化碳终于降低到工

业化时代之前的浓度。

消失一百万年后：微生物终于进化到可以分解塑料制品了。

消失一千万年后：青铜雕塑的外形仍然依稀可辨。

消失四十五亿年后：放射性铀238进入半衰期。

消失五十亿年后：太阳因进入晚年膨胀而吞噬了地球，地球的历史结束。

上面这些情景，并非纯粹出于幻想。对人类突然消失后地球会发生哪些变化，可以依据现有的相关知识，结合地球上某些特殊地区的状态来推测。这些地区或是人类尚未大举入侵的，或是人类活动因战争之类的原因而停止了相当长一段时间的。后者看起来更具说服力。

比如塞浦路斯东岸的旅游胜地瓦罗莎（Varosha），因二十世纪七十年代的国内冲突和外部力量介入而荒废，结果街道上的沥青已经裂开，从中长出野草，连原先用作景观植物的澳大利亚金合欢树，也在街道中间长到一米高了。又如韩国和朝鲜交界处的"非军事区"，从1953年起成为无人区，结果这里变成各种野生动物的天堂，包括濒临绝种的喜马拉雅斑羚和黑龙江豹……

人类已经亲手毁灭了伊甸园吗?

人类在短时间内"突然消失"和逐渐衰亡并不一样,考虑"突然消失"才更具戏剧性,作为思想实验也更具冲击力。这和影片《后天》(*The Day after Tomorrow*,2004,以及随后出版的同名小说)中的故事有点类似:地球环境突然变冷,于是对人类构成了浩劫。如果逐渐变冷,人类有时间适应并采取对策,就不成为浩劫了。

从现今的情况来看,在可见的将来,人类突然消失似乎是不可能的,但作为假想,倒也不是全然没有可能。比如,某种致命病毒的传播导致人类全体灭亡,这在加拿大作家玛格丽特·阿特伍德的小说《羚羊与秧鸡》[1](英文初版于2003年)中已经想象过了;或者是人类丧失了生育能力,只有死没有生,由此逐渐"将这个星球还原成伊甸园的模样"——这在影片《人类之子》(*Children of Men*,2006)中也想象过了。韦斯曼甚至还想象了"外星人将我们带走"之类的可能。

想象一个"没有我们的世界",对于今天的我们有什么意义呢?

站在地球的立场上看,总体来说,人类的退出不失为

1　[加]玛格丽特·阿特伍德:《羚羊与秧鸡》,韦清琦、袁霞译,译林出版社,2004年。

福音。人类发展到今天，几乎已经成为地球上所有其它物种的天敌。作为人类文明集中表现的城市，则成为高污染、高能耗的大地之癌。越来越多的人开始认识到，城市已经不再能够让生活变得更美好。《零人口的后果》或《没有我们的世界》至少给了我们一个新视角，看看我们人类，对地球这颗行星都干了些什么事啊！再联想到中国古代文学中"高岸为谷，深谷为陵""三见沧海变为桑田"之类的意境，人类文明恍如南柯一梦，最终都将归于寂灭虚无。看看这样的情景，至少也能让人稍微减少些钻营奔竞之心吧？

虽然在人类退出之后，大自然"收复失地"的能力之强，速度之快，都会超出我们通常的想象，但人类的活动已经给地球种下了祸根，人类目前是依靠自己的持续活动来保持灾祸不发作，一旦人类离去，灾祸就无可避免——最典型的就是核电站。被人类天天严密管理，还难免有恶性事故发生（比如切尔诺贝利、福岛的核灾难），一旦失去人类的管理，那些核反应堆和核废料，在此后的漫长岁月中，"都将成为创造它们的智慧生物和靠近它们的无辜动物的墓碑"。

所以，不管人类灭不灭亡，伊甸园都已经毁在人类自己手里了。我们还能重建它吗？小说《基地》中所想象的死寂地球，还能够承载另一个新文明吗？

（原载《新发现》2014 年第 4 期）

火星人留守几亿年？

——电影《火星任务》背后

一个巨大无比的人脸，神态肃穆，相貌清奇，以类似浮雕的形式浮现在火星荒凉的大地上。突然，人脸上裂开了一条整齐的缝，里面射出强光。阴差阳错降落到火星上的人类宇航员们，看得目瞪口呆。过了许久，他们才悟出，这人脸看来是高等智慧生物的基地设施，那条明亮的缝实际上是一道门，而慢慢开启可能是在邀请他们进入。犹豫之后，他们似乎是身不由己地走了进去……

更惊人的故事情节，在宇航员们进入"巨大人脸"里面后展开：

那条缝在宇航员们进入之后，就无声无息、严丝合缝地关上了，宇航员们莫非要有去无回了？高等智慧生物会怎样奈何他们？幸好，一位也许是女性的人形高等智慧生物出现了，它看起来对宇航员们并无恶意，而是借助精巧的虚拟宇宙模型，向宇航员们讲述了一部火星和地球的文明史纲要。

原来火星上的高等智慧生物——我们姑且称它们为火星人吧——曾经发展了极为高级的文明。其高级的程度，只要注意到这一点就可以想象：火星人早已经借助大规模的恒星际航行，迁徙到了一个遥远的星系。这个故事发生于数亿年之前。这位人形高等智慧生物只是留守人员。而当火星人离开太阳系时，它们向地球播种了生命。也就是说，现今地球上的所有生命，都来自火星。

这就是影片《火星任务》（2000）的重要情节。

有内涵的幻想影片，除了想象力之外，总要从传说中汲取思想资源，这部《火星任务》也是如此。

首先是影片中的巨大人脸，明显是从以前那些神秘主义读物中关于"火星人脸"的传说得来的灵感。"火星人脸"的照片，据说最初还是美国国家航空航天局（NASA）的喷气推进实验室发布的，但是后来被NASA斥为"光与影的骗术"。不过仍然有许多人对这张照片大感兴趣，想从中发掘出更多的信息。按照某种传说，火星上的"人脸"和地球上的狮身人面像是有着神秘联系的。

而根据更为大胆的猜测，火星和地球上都曾经有过高度发达的文明，是一场太阳系中的灾变毁灭了火星上的文明，也基本毁灭了地球上的文明，而有关埃及大金字塔等的一类神秘传说，则是"上一次文明"的遗迹。《火星任务》结尾处的情节，正是根据这些传说和猜测编造的。

当然，在主流科学家那里，关于"火星人"和火星上曾经有过高度文明的说法都是不可思议的。因为连火星上到底有没有水还不乏争议，迄今也几乎没有找到火星上有过生命的直接证据；火星上的大气成分是不适合人类生存的，气候也太严酷。

不过，即使是这种相当保守正统的观点，仍然可以被科幻电影的编剧或导演用作思想资源。比如，在另一部以火星为主题的影片《红色星球》（2000）中，火星大气就已经被改造成人类可以呼吸的状况，火星上也已经有了相当高级的生命：那是一种肉食动物，可以吃得宇航员尸骨无存。

火星在太阳系诸行星中是非常特殊的。

在位置适当的时候，火星可以成为天空中仅次于月亮和金星的明亮天体，它以闪耀的红色吸引了古代东西方星占学家的目光。在古代中国，它被称为"荧惑"，在星占学占辞中，荧惑通常总是和凶兆联系在一起，比如"荧惑守角，忠臣诛，国政危""荧惑主内乱""荧惑者，天罚也"等等。在古代西方，它始终是战神之星：苏美尔人的 Nergal，古希腊人的 Ares，直到今天全世界通用的火星名 Mars，都是各自神话中的战神。

在古代中国人看来，火星是难以理解和把握的天体。它有时暗淡（实际上是远离太阳或地球了），有时明亮（比如"大冲"时）；有时可见，有时消失（术语称为"伏"），所以它是令人困惑的。"荧惑"之名，正和这种困惑有关。而在西方，火星的运行曾长期让天文学家感到麻烦。当年开普勒的老师第谷在构造他自己的宇宙模型时，曾为火星的运动模型伤透脑筋，而稍后开普勒在他的行星运动理论研究中，突破口也正是火星，这最终导致著名的"行星运动三定律"诞生。

自从伽利略1610年发表了他用望远镜所作的天文观测之后，火星很快成为最受望远镜青睐的行星，随着望远镜越造越大，对火星的观测成果也越来越丰富，关于火星上的"运河""人脸"等的绘图或照片，都曾经让一些人热血沸腾。而对正统的天文学家来说，火星的地形地貌也已经被掌握得相当清晰准确了。还有一些半正统的科学家则继续他们关于"火星人"的研究。

人类今天之所以对火星充满遐想，是有历史原因的。在古代，是因为它的运行和颜色；在望远镜时代，是因为它适宜观测（在亮度和距离上唯一能和它匹敌的金星，上面总是云遮雾罩）；到了行星际航行时代，则是因为它成了行星中目前最重要的登陆目标。但除此之外，业余天文爱好者和文学家对此也功不可没。

比如十九、二十世纪之交的美国富商洛韦尔，他在亚利桑纳州旗杆镇建起了一座装备精良的私人天文台，用15年时间拍下了数以千计的火星照片，在他绘制的火面图上竟有超过五百条"运河"！他后来出版了《火星和它的运河》（1906）和《作为生命居所的火星》（1908）两书，汇总他的观测成果，并表达了他的坚定信念：火星上有智慧生物。

文学家的作用，当首推英国科幻作家威尔斯，1898年他发表了科幻小说《星际战争》（也译为《大战火星人》[1]），于是"火星人"成为一个家喻户晓的意象和典故，此后以"火星人"为题材的小说和电影一直层出不穷。

在关于火星的科幻电影中，《火星任务》和《红色星球》不走"火星人入侵地球"之类的路子，而是更多地着眼于人类在探索火星过程中的问题，这样更能体现思想性，也更容易有深度。比如在《火星任务》结尾处，出现了这样的情节：就在宇航员们即将返回地球的那一刻，有一位宇航员忽然拒绝同行——他要和火星人在一起，他说这才叫"回家"。按照影片中的逻辑，既然地球上的生命都来自火星，这位宇航员这么说当然也不算错。

最后，火星上的巨大人脸碎裂了，一艘火星人的宇宙飞船腾空而起，飞向先前在虚拟模型中指示过的遥远星系，那

---

1 ［英］赫·乔·威尔斯：《大战火星人》，一之译，少年儿童出版社，1997年。

是火星人新的家园。这时我们才看出，那位先前接待过人类宇航员的火星人，它的使命是多么浪漫：它在火星上苦苦留守了几亿年，就是为了等待生命在地球上进化出人类，然后把一位愿意与"非我族类"共处的地球人带往新的家园。难怪它一见到三位人类宇航员就流出了眼泪。

这倒使人联想起中国古代"神仙渡有缘人"的那类故事。这位被"渡"往火星的人类宇航员，他在地球上的生活并不如意（影片开头专门用一段场景铺垫过），他决定和火星人在一起，一方面固然是探索的勇气，但另一方面也未尝不是因为他的厌世情绪。这正是"少年盛气消磨尽，自有楼船接引来"，只是古代神仙的海上楼船，这次换成了火星人能够进行恒星际航行的宇宙飞船。

（原载 2004 年 9 月 29 日《中华读书报》）

《火星救援》能告诉我们什么？

《火星救援》背后的 NASA

商业电影都是需要营销的。

根据媒体给我的感觉，美国电影《火星救援》（*The Martian*，2015）的营销至多只能算中等力度，不过这已经足够让中国公众经常在媒体上见到关于它的报导和谈论了，特别是当它在中国公映的这段时间。

在这些报导和谈论中，美国国家航空航天局（NASA）的身影不时悄然浮现。

先看看 2015 年几件事情的时间表：

9 月 28 日：NASA 召开新闻发布会，宣称在火星上发现了"存在液态水的强有力的证据"。顺便指出，这个宣称经常被媒体"简化"成了"在火星上发现了水"，而这样的

"简化"是完全错误的,因为那些"强有力的证据"也可能用液态水之外的原因来解释。

10月2日:《火星救援》在美国上映。

10月9日:NASA公布2030年人类登陆火星的详细计划。

如果你认为上面的时间表仅仅是巧合的话,那么再看看在影片《火星救援》拍摄过程中NASA都做了些什么。真应该将"优秀科普活动奖"颁发给他们啊。

NASA邀请小说原作者安迪·威尔(Andy Weir)访问了设在休斯敦的约翰逊航天中心,让他驾驶火星车,让他操作国际空间站的摄像头,让这个科学爱好者兴奋得无以复加,感觉此行"是他人生中最美好的一周"。

对影片的导演雷德利·斯科特(Ridley Scott),NASA更是待如上宾,派了行星科学部主管去接待他,还让大导演去看太空生活舱是何光景,飞行器是什么模样、如何操作,宇航员如何吃饭等等,好像"保密"问题也不存在了。NASA的科学家甚至帮助影片设计道具,比如影片中的那个"放射性同位素热交换器"。

精于世故的媒体记者已经看出,《火星救援》是在救援NASA,因为该机构现在经常面临经费削减的问题。在阿波罗登月的时代,NASA的预算曾经占到美国联邦总预算的4%,而如今只占0.4%了!所以这回NASA积极配合大导演,成功地将《火星救援》拍成了一部NASA的宣传片。

雷德利·斯科特居然导演《火星救援》

影片《火星救援》的导演斯科特，也可以算科幻电影史上泰斗级的人物之一了。

据斯科特自述，他40岁那年（1977），"看了《星球大战》，我傻眼了，我对我的制片人说：我们还等什么？这么棒的东西居然不是我拍的！"于是他急起直追，1979年推出《异形》(*Alien*)，1982年推出《银翼杀手》。

当年《银翼杀手》初问世，票房惨淡，恶评如潮，但曾几何时，声誉扶摇直上，成为科幻影片中的无上经典，到2004年英国《卫报》组织60位科学家评选"史上十大优秀科幻影片"时，斯科特竟独占两席：《银翼杀手》以绝对优势排名第一，《异形》排名第四。如今谈论科幻影片的人，一说起《银翼杀手》，谁不是高山仰止？《银翼杀手》通过仿生人的人权（当然可以平移到克隆人、机器人）、记忆植入、外部世界的真实性、反乌托邦等多重主题，展示了极其丰富和深刻的思想性。

斯科特又被称为"《异形》之父"，因为他导演的《异形》后继之作不绝，1979、1986、1992、1997，四部《异形》分别由四位导演执导，由于后来他们全都大红大紫，遂流传出"拍《异形》导演必红"的神话。而四部《异形》本身，则成为科幻电影的一个经典系列，而且每一部票房都不俗，堪称既叫好又叫座。2012年斯科特回归《异形》，又导演了在故事上作为《异形》前传的《普罗米修斯》(*Prometheus*，也被称为《异形》V)。斯科特在《普罗米修斯》中深刻探讨了造物主和被造物之间那种永恒的不信任、恐惧和对抗。

按理说，一个在科幻影片上曾有过如此成就的导演，理应对选片保持很挑剔的眼光，《火星救援》这样比较低幼的作品，毫无思想深度，基本上只是一部"科普影片"，他怎么可能看得上呢？

当然，作为导演，他很可能有另外的考虑。斯科特自己对媒体表示，他挺喜欢《火星救援》这个故事："因为它有幽默感，生气勃勃。主人公的勇敢和毅力，各国太空署的合作，还有宇航员之间的团结和默契，其中所有的情感都非常精彩，感人至深。"如果说，真是这些打动了斯科特，那倒是和《火星救援》打动一部分中国观众的原因相同。然而这些元素都并非科幻电影所独有，完全可以在各种类型影片中得到反映。

不过既然斯科特表示，他的风格是"像一个小孩一样，随心所欲，喜欢哪种故事就拍哪种故事"，也许人家并没太将自己"科幻经典导演"的人设当一回事，一时兴起，拍个把低幼影片玩玩，自然亦无不可。

从《火星救援》想到克拉克的"硬科幻"

斯科特导演的《火星救援》，让我联想到了电影《2001太空漫游》的小说作者阿瑟·克拉克。这部小说总是被人们和1968年的同名经典科幻影片联系在一起，其实两者几乎是同步创作，并非电影改编自小说这样的关系。克拉克"太空漫游"系列小说共有四部，依次为《2001》《2010》《2061》和《3001》。比较奇怪的是，克拉克最为自豪的并非小说的深刻之处，并非小说中对宗教、人性等的思考，而是小说中鸡零狗碎的科普性质的"预见功能"。

克拉克在创作持续三十年的太空漫游四部曲中，写过许多篇前言、后记，在这些文字中他反复提到自己小说中某些与后来航天技术吻合的细节，引以为荣。这些细节归纳起来其实也就是三件琐事：其一，1970年4月"阿波罗十三号"飞船发生故障时宇航员向地面报告的语句，与他小说中类似情节的语句非常相近；其二，1984年2月通讯卫星"棕榈棚B2"发射失误的情节，与他小说中的某处情节类似；其三，电影《2001太空漫游》里木星的一连串画面，与"航海者号"宇宙飞船所拍摄的画面"其相似之处令人拍案叫绝"。

关注和展现科学技术细节，对一部分科幻读者和观众具有相当的吸引力，这被尊称为"硬科幻"：在通常的语境中，这似乎要比因较多关注思想性而较少科学技术细节的"软科幻"更胜一筹。

但是，如果科学技术细节能够赢得赞誉，那么这些细节需不需要准确？比如这次的《火星救援》，注重科学技术细节，还完成了为 NASA 拍宣传片的爱国主义任务，但影片开头那场作为全片故事起因的风暴，很快被人指出因为火星大气极为稀薄（不足地球的百分之一）所以是不可能的。影片最吸引人的"种土豆"科普故事中，也有许多经不起仔细推敲的细节：火星上那点阳光够不够地球上的土豆品种生长之需？"塑料大棚"里的空气如何能长期供应？另外，影片中的"造水工程"能否持续？后来的情节中，问题就更多了：将救生舱去掉顶盖代之以蒙布、让宇航服漏气以获得动力等等，都是经不起严格推敲的。

如果面对这些问题，就采用"幻想电影不必严格符合科学技术原理"来辩护，那为什么又因为在影片中看到一些科学技术细节就大表敬意呢？如果在科幻作品创作中提出这样一个口号——"要细节不要准确！"，我倒是不难接受，但"硬科幻"的崇拜者们能接受吗？失去了准确性，"硬"又从何而来呢？

（原载《新发现》2016 年第 1 期）

火星殖民计划：商业骗局和科学梦想

私人公司的"火星一号"殖民计划

2013 年，中国媒体上最引人注目的"科学新闻"之一，是所谓"火星一号"计划。

5 月初，一家公开身份是非营利组织"火星一号"（Mars One）的荷兰私人公司，宣布面向全球招募志愿者，准备在 2023 年发射飞船向火星殖民。在媒体的报导和渲染下，据说全球已有二十余万人报名，其中中国的报名者约有一万人。

随后新的消息出现，说该项目的"总部"居然是在一处出租屋中，这让人怀疑"火星一号"项目几近骗局，不久荷兰公司也改口宣称计划难以实施，但报名费无法退还云云。

这个所谓的火星移民计划，表面上看倒也头头是道，例如在宣传材料中，这个项目有如下的任务时间表：

2011 年：公司提出火星殖民计划。

2012 年：与美国 Space X 等公司磋商，计划将第一艘私人货运飞船送上国际空间站。

2013 年：在纽约举行新闻发布会，宣布进行项目的宇航员选拔工作。公司将于 2013 年开始培训宇航员，同时记录下整个宇航员挑选和培训过程。

2014 年：建造首个通讯卫星。

2016 年：用飞船将 2500 公斤食物送至火星。

2018 年：将探测器送至火星，为人类聚居地选择地点。

2021 年：用飞船将人类聚居地的居住单元、生命支持单元和供给单元各两个运至火星。

2023 年：首批四名志愿者登陆火星。

2025 年：第二批四名志愿者登陆火星。

2033 年：火星人类聚居地的成员人数达到 20 名。

两年时间过去，这个计划看来还未寿终正寝，最近甚至还对媒体展望起"火星殖民自治政府"之类的前景来了。不过，当这个计划两年前大举"登陆"中国时，我一开始就对媒体表示，这是一个完全不靠谱的计划。

"火星一号"计划和人类现有科技能力的差距

其实只要对人类现有的航天能力稍有了解，一看上面那个任务时间表，就知道这个计划完全不靠谱。

"火星一号"计划要在2023年送四名志愿者前往火星移民——注意是"移民"而不是"登陆"。而且该计划明确宣称，这四名志愿者去往火星是"单程票"，即到了火星就不回来了。这意味着什么呢？

首先，这意味着需要在火星上建造起一个能够让人类长期生活在其中，能够可持续自我循环利用的封闭系统，因为火星上没有适合人类呼吸的空气。但这样的封闭系统目前在地球上还只在实验阶段，许久未见真正成功。

更大的问题是，即使这样的系统实验成功，如果先在地球上建造完成，其体积和重量都必将远远超出人类目前拥有的行星际运输能力。在上述任务时间表中，这项工作需要在2021年完成，距今只剩六年了，但目前不仅要运送的单元还没造出来，运输工具和能力也未见到任何可能在数年间跨越式突破的端倪。如果到火星上现场装配建造，难度更是无法想象：原材料和施工机械以及器材如何运往火星？谁去建造？让那四名志愿者穿着宇航服在火星上施工当然是无法想象的。

此外，还有许多相对较小但也难以解决的问题。比如，火星上的重力只有地球上的三分之一多一点，人类长期处在这种环境中能适应吗？身体会不会发生问题？这些现在都是未知的。又如那个维持四人长期生活的封闭系统的能源问题如何解决？以现有的航天技术，飞船携带的能源必定绝大部分消耗在航行中了，火星上当然没有现成的核电厂，即使考虑太阳能发电，同样需要一大堆设备，如何运送上去？

再往下想，既然是"殖民"，当然要长期在火星上生活下去，那要不要种庄稼当粮食？要不要捕鱼打猎或人工饲养家禽家畜？可是火星上连水都没有，这一切从何谈起？要想在火星上殖民，必然需要长期的大规模建设，十年时间，靠一家私人公司，能够干什么？

这里我们不妨对比一下 NASA 近期提出的火星航天计划：在 2030 年代中期（比如说 2035 年左右）将宇航员送往火星。这个计划的难度比"火星一号"小得多，因为宇航员是要回到地球的，所以只需要类似宇航员登月时的短期生命支持系统即可。而 NASA 所能动用的资源，总比这家名不见经传的荷兰私人公司要大得多吧？而在 NASA 的计划中，登陆火星的时间还比"火星一号"计划要晚十多年。

而且，就是 NASA 这个远比"火星一号"保守的计划，还被一个应美国国会要求组建的专家委员会判断为"根本不会成功"。

科学家对火星殖民的展望和设想

其实,从 1962 年开始,人类实施过的火星探测活动,已经不下三十余次,绝大部分都是由美国和苏联(后来的继承者是俄罗斯)进行的。

虽然其中许多次都以失败告终,但美国和苏联都曾经成功地使自己的探测器着陆于火星上,所以人类对火星已经有了相当的了解。考虑到至少近两百年来,火星一直是太阳系天体中人类最主要的幻想对象,也是太阳系天体中人类殖民活动最主要的假想对象,所以科学家确实也曾经对人类殖民火星做过比较严肃认真的思考——这种思考介于技术展望和科学幻想之间。

人类如果要将火星建设成为"第二个地球"并在上面长期生活,最大的问题是火星上的大气。由于火星的重力只有地球的三分之一多一点,它无法留住较为稠密的大气层(一些科学家相信它曾经拥有过)。如今它残剩的大气层极为稀薄,只有地球大气密度的 0.8% 左右,在这样的环境中,人类是无法生存的。对比重力只有地球六分之一的月球,它上面就完全没有大气层了,赤裸裸暴露在紫外线和各种宇宙射线的辐射之下。而且太阳一照到就极热,太阳一落山就极冷,是一个几乎死寂的世界。如今的火星和月球相比,也好不到哪儿去。何况火星比地球离太阳远得多,对人类来说那里还是一个严寒的世界。

科学家设想，最初去往火星的先驱者们，只能生活在有人造空气的封闭空间里。但这对想象中的殖民家园来说，当然不是长久之计。关于如何在火星上制造出一个类似于地球的大气层，科学家们设想过多种方案。在有些科学家看来，此事也可以是乐观的。但即使火星大气真的能够制造出来，最致命的难题是，在可见的将来，人类当然还不可能改变一个天体的重力，那如何保持住这个制造出来的火星大气层？这是迄今为止尚无良策的。

所以，人类探索火星还只是刚刚起步，前途漫漫，而火星殖民更是一个遥远的梦想。要接近这个梦想，人类首先要大大提升航天能力（速度和投送能力），而要实现这个梦想，就必须解决火星的大气问题，以及一大堆别的问题。

当"火星一号"计划的骗局性质逐渐明朗后，国内有些媒体为间接给自己先前的讴歌报导作辩护，就继续赞美那些上当受骗者，比如"每个人都有追求，我喜欢航天，我有航天梦，我愿意为它埋单"，或者说"即使'火星一号'计划被证实为一场商业秀，也不能因此嘲笑报名者的航天梦想"。这里顺便可以提到一点：谁都知道，前往火星这样长距离的行星际航行，对宇航员的要求是非常高的，但是在"火星一号"计划的闹剧中，那家荷兰公司却采用"海选"的方法征集志愿者，而且门槛极低，同时要求交报名费，这就明显露出了敛财的痕迹。仅仅注意到这一点，这个计划就非常可疑了。

航天梦想当然不应嘲笑，静观"火星一号"计划这样一场商业骗局能够进行到何种地步，也是有些趣味的。但愿它除了让人们损失一点金钱，不会造成别的伤害。

（原载《新发现》2015年第3期）

令人失望的《世界之战》

以斯皮尔伯格导演、汤姆·克鲁斯主演为号召的科幻影片《世界之战》(*War of the Worlds*, 正确的译法应该是《星际战争》, 因为这里的"世界"是指行星), 在持续了很长一段时间的前期炒作之后, 终于上映。考虑到该片在科幻史上颇有渊源, 再加上对斯皮尔伯格的信任, 我特意到电影院去看了这部影片, 不料大失所望, 失望到我连影碟也不想买了——我可是自命专门收集科幻影碟的。

最近看到一篇称颂该片的影评文章, 将这部令人大失所望的影片竭力美化, 说它视觉效果好, 故事情节好, 甚至说它"思想深刻"。这当然是影片上映之后的后续宣传炒作, 但实在是太言过其实了。事实上, 在看过这部电影之后, 再回顾前面那些炒作, 我发现它们全都是有气无力的。

1898 年, 威尔斯发表了小说《星际战争》, 讲述火星人入侵地球的故事。火星人拥有我们望尘莫及的高科技，地球人的军事力量和武器装备在它们面前不值一晒，眼看地球的沦陷已经无可避免，火星人却意外地纷纷死于地球上的细菌感染——原来它们对细菌没有免疫能力。1953年，根据这部小说拍摄的同名电影（《世界大战》，或译为《外星人大战地球》）上映。电影基本上照搬了小说中的故事，再说那时也没有什么电脑特技，所以也就乏善可陈。

52年后，第二部同名电影上映，以斯皮尔伯格之成就及大名，以《星球大战》（1977）和《黑客帝国》（1999）等作品的现代电影技术，人们当然期望看到一部精彩纷呈、震撼人心的科幻大片。我先前也是这样期望的。

这两部同名电影我都看过，结果却同样的乏善可陈。这次的电影，似乎变成了一部灾难片，甚至成了"剧情片"：只见阿汤哥带着两个孩子一路逃难，阿汤哥之爱妻爱子之心、儿子之青春期叛逆、废墟中幸存者之精神苦闷，等等。影片还暗示，阿汤哥本来可以是一个很优秀的战士，但他为儿女拖累，始终未能为人类的抗战做出多少贡献。这些故事和情怀，演演当然也挺好，但是，为什么要让它们充满一部本来应该是科幻的电影呢？人们去看科幻电影时，难道会抱着和看剧情片一样的期望吗？

我对科幻电影通常抱着两个期望：一是希望影片的故事情节能够构成"思想平台"，由此引发不同寻常的新思考；

二是希望影片可以拓展观众的想象力，哪怕仅在视觉上形成冲击也好（比如《星球大战》）。这当然有可能只是我的一厢情愿，但窃以为多少还是有些道理的。持此两条标准来衡量此次的《世界之战》，基本上可以说它这次是交了白卷。

关于火星上曾经有过高度文明——甚至现在仍然存在着——的想象，已经有很长的历史。关于火星的科幻影片，也有过好多部了，其中不乏佳作（比如《火星任务》，依据上述两条标准就得分甚高）。按理说，描写火星人应该不是一个很坏的主题，现在两部同名电影都乏善可陈，是因为它们所依据的小说，有一个先天不足。

对地球怀有敌意的外星文明如果侵犯地球，我们当然要奋起抵抗。当我们面对自己的文明和异族文明之间的冲突时，通常我们总是将同情放在自己人一方。"非我族类，其心必异"的情绪，古今中外都是类似的。于是，在这样的故事中，抵抗的结果，通常必须是战而胜之，才能令观众满意。因此，那些讲述地球人如何战胜邪恶外来文明的科幻故事，比如《独立日》（1996），就很容易使观众振奋。另一方面，在"战而胜之"的情节框架中，也更容易从正面发挥"硬科幻"的内容，设想各种科学技术的细节，比如《独立日》中最终击毁外星人的巨型星际战舰之类。

但是《星际战争》小说的先天不足就在于，它将地球写成了失败的一方，却在最终硬安上一个光明的结尾，而这个光明的结尾既缺乏足够的说服力，又显得敷衍了事。如果没有这个光明的结尾，干脆让地球文明投降、沦陷、毁灭，倒也不失为一部悲剧，也能富有警世意义，可以让读者对地球文明的前景保持适度的忧虑。当然，话又说回来了，这样让地球最终失败的科幻电影，我还从未见过。想必没有人忍心这样"作践"自己星球上的文明。

既然如此，这两部对小说原著亦步亦趋的同名电影，自然也就只能跟着"先天不足"了。思想上没有任何挖掘，自然没有深度；让人类一味在废墟中逃难，也就很难发挥什么想象力，即使只是搞一点视觉冲击之类，恐怕也没有什么空间。

由对《世界之战》的失望，联想到最近连续被引进的几部美国科幻影片，如《蝙蝠侠：侠影之谜》(*Batman Begins*，2005)、《绝密飞行》(*Stealth*，2005)、《神奇四侠》(*Fantastic Four*，2005)等，一部比一部弱智，全是毫无思想内容的平庸之作，视觉上也没有让人眼睛一亮的地方。

现在很多人将肯德基、麦当劳视为垃圾食品，认为食用了会有损健康，尽管它们确实也能够填饱肚子。仿照这种说法，上述四部影片，最多也就是电影中的肯德基、麦当劳，尽管它们确实也能够消磨时间。《世界之战》，考虑到它的"身世"，还勉强可以及格；《蝙蝠侠》勉强表达了一点点自相矛盾的思想；至于后面两部，恕我直言，真的就是垃圾影片。

我一直有一件事不太明白：美国每年要生产几千部电影，能够被中国引进的绝对到不了百分之一，那么理应优中选优，选择思想性、艺术性尽可能好的影片予以引进。可是以今年为例，这四部科幻影片都是如此平庸，我们究竟是根据什么原则来选择的呢？是根据影片上映头几周在北美的票房吗？还是另有某些原则？如果真的是根据北美的票房，那就大错特错了！

　　人们不难发现，好莱坞科幻电影中，那些有思想、有艺术品位的上佳之作，往往票房一般；相反，那些电影中的"肯德基、麦当劳"，则经常在票房排行榜上名列前茅。比如，今年引进的那四部平庸之作，在"美国电影票房排行榜"上就是如此：在2005年7月15日到17日的前10名中，《神奇四侠》《世界大战》《蝙蝠侠：侠影之谜》依次为第一、二、三名；而在2005年8月5日到7日的前十名中，《绝密飞行》列第七名。

　　因此我产生了一个想法：我们引进美国影片（引进其他国家和地区的影片当然也是一样）时，不应过分强调"与美国同步上映"这一点。每年新上映的影片中，绝大部分必然是平庸之作甚至是垃圾，而每一部影片都必然有新上映的一天，如果我们总想"与美国同步上映"，我们就必然经常引进平庸之作甚至引进垃圾。况且，"与美国同步上映"的引进成本，我想多半会比较高吧。

　　如果我们换一个思路：注意引进经过一段时间淘洗、过滤、筛选之后沉淀下来的佳作，我们就有可能以和现在一样的成本，引进比现在更好更多的有思想价值和艺术价值的国外影片。这对发展我们的文化，对提高观众的修养和品味，岂不是更有好处？

（原载 2005 年 11 月 16 日《中华读书报》）

未来史诗:《星际战舰卡拉狄加》

　　我对电视剧集一向有严重偏见,因为剧集中通常总是要大量注水,旁生枝节,我甚至认为"最好的剧集也不如最烂的电影"。这话当然言过其实而且过于绝对,但我就是舍不得放弃,还不时要对朋友念叨。所以自从亲近电影以来,始终不看任何剧集。然而始料不及,"守身如玉"多年,后来竟在《星际战舰卡拉狄加》上破了戒。

　　因为这部电视系列剧提出了一个非常深刻的命题,让我着迷:为什么人类还值得拯救?

　　《星际战舰卡拉狄加》是一部两集迷你剧,于 2003 年末在美国科幻频道(SCI FI Channel)上开播。次年制作的衍生电视剧第一季(13 集)在英国电视频道上播出,到 2009 年总计播出四季(共 74 集)。2006 年,该剧获得了包括三项土星奖在内的七项各类大奖，另外获得包括五项艾美奖提名在内的 11 项各类提名，据说是美国科幻频道有史以来最受欢迎的自制剧集。此外，包括《利刃》（*Battlestar Galactica: Razor*，2007 ）、《计划》（*Battlestar Galactica: The Plan*，2009 ）、《血与铬》（*Battlestar Galactica: Blood and Chrome*，2012 ）在内，由迷你剧衍生的三部电影一样表现不俗。

这是一部人类与机器人斗争的史诗般的作品。坊间译作《太空堡垒卡拉狄加》，不确，因为"卡拉狄加号"（"银河号"）是一艘能够进行星际航行的航空母舰，所以我更愿意译为《星际战舰卡拉狄加》。

故事发生在遥远的未来，那时人类已经不知道地球在何处了。在宇宙某处有一个由人类 12 殖民地星球组成的星际联邦（12 Colonies of Kobol）。人类制造了一种拥有独立思想及感觉的机器人，称为"塞隆"（Cylon），为人类服务。但谁也没想到塞隆进化迅速，竟会反叛人类，于是人类与塞隆之间开始战争。

血战多年之后，双方有了四十年的休战期。然而四十年的和平让人类放松了警惕，塞隆的间谍——它们已经进化到和人类一模一样的地步，而且一个"塞隆人"可以有多个外形完全相同的复制体——潜入人类世界，瘫痪了人类的防御系统，然后塞隆突然大举进攻，人类大败，星际舰队被全歼，殖民地城市在核武器攻击下纷纷化为灰烬，12 殖民地尽数沦陷。此时人类领导层精英丧尽，只剩下联邦政府中排名第 43 位的教育部长（没想到那时教育已经如此不重要了），在逃亡中即位为女总统。幸存的人类只剩不到五万人，集结在星际战舰"银河号"旗下：这艘最老旧的星际战舰是因为恰好在塞隆大举进攻的那一天举行了退役仪式，才意外幸存下来的。

在残存的人类逃亡的星际舰队中，只有"银河号"是仅存的武装力量了（上面还有一个大体完整的空军大队）。另有追随逃亡的民用星际飞船数十艘，它们要依赖"银河号"保护，但"银河号"也要依赖它们提供资源和给养。这支舰队在女总统和"银河号"舰长阿达马（Adama）率领下，逃离殖民地所在星系，开始了寻找传说中人类第 13 个家园——地球——的旅程。他们是人类复兴和复仇的唯一希望。

以上是主要情节。迷你剧版的《星际战舰卡拉狄加》在 12 个潜伏在人类中的塞隆人的密谋会议中结束。最后一个镜头中，可以看到潜伏在"银河号"上的塞隆人中竟有那个在逃亡中立了战功的女飞行员布玛尔（Boomer）——她是一个漂亮的亚裔姑娘（演员是美籍韩裔），在衍生的剧集和电视电影中，她将扮演一个非常复杂而且引人注目的重要角色。

我们先来看看《星际战舰卡拉狄加》迷你剧版和剧集版中的"硬科幻"成分。

最"硬"的成分是被称为"跃迁"的瞬间星际航行，这其实类似于影片《星球大战》中的"超光速运行"。《星际战舰卡拉狄加》中想象的方式是：星际战舰或飞船上有"超光速发动机"，预先设定目的地的空间坐标，然后"跃迁"，即可瞬间到达目的地。表现"跃迁"极为简单：荧幕上先出现一艘战舰的外形，然后光点一闪，战舰消失；表现从别处"跃迁"过来，则先闪光后出现战舰。这种"跃迁"的幻想，基本上来自物理学上关于"虫洞"的理论，即通过"虫洞"可以瞬间完成遥远的时空旅行。

"跃迁"也使得星际战争在战术上有了全新的局面：现在要击毁一艘大型战舰变得非常困难，因为它一看打不赢就可以"跃迁"逃走，而不知道它预设的空间坐标，就不可能找得到它；另一方面，奇袭又变得几乎无法防备，因为敌人可以瞬间从遥远的地方突然出现在你面前。

另一个较"硬"的成分是机器人的进化：塞隆已经可以让自己变得与人类一模一样，它们混在人类中间，人类对此束手无策。而且混在人类中的塞隆还可以隐形，那个金发塞隆美女每时每刻纠缠着科学家博塔（Gaius Baltar）博士（他被女总统任命为科学顾问），却只有博塔一人能够看见和感觉到她，她用无限的情欲诱惑着博塔，同时知悉了博塔所知道的一切。

对想象力要求不高的科幻成分，还有诸如在大型飞船上建成阳光灿烂的公园、在小行星上采矿提炼金属、隐形的战机之类。

在《星际战舰卡拉狄加》系列剧中，科幻似乎只是一个外壳（也可以说是背景或平台），真正着力描写的其实是政治和谋略。

阿达马是"银河号"的指挥官，也是整个逃亡舰队的统帅。现在全人类就只剩下这支逃亡舰队中的不到五万人了，所以阿达马的权力在很大程度上与女总统重合。女总统扮演的是精神领袖，阿达马则是军人，而逃亡舰队又每时每刻处在战争状态中，当双方对某些问题的处理意见不一致时，冲突就不可避免了。阿达马一度废黜了女总统，将她软禁起来，但后来为了整个舰队的团结，又请她出来继续担任总统，双方言归于好。

最严重的一次政治危机来自星际战舰"飞马号"（Pegasus）的到来。"飞马号"在塞隆全歼人类星际舰队时侥幸跃迁逃脱，一直和塞隆进行着"宇宙游击战"。这天"飞马号"意外地与阿达马统帅的逃亡舰队联系上了，双方合兵一处。"飞马号"武力更强，装备更好，加入逃亡舰队本来是极大的好事。然而"飞马号"舰长该隐（Cain）上将是一个刻薄猜忌心狠手辣的女人，因为她的军阶比阿达马高，所以她一来就反客为主，接管了逃亡舰队的指挥权。阿达马开始极力忍让，但后来忍无可忍，冲突又不可避免了。双方各自派出了星际战舰上的战机，甚至都拟定了刺杀对方的计划，一时间剑拔弩张，人类已到内战边缘。最终导演让"飞马号"上一个塞隆俘虏逃脱，借她之手杀了该隐上将。于是问题圆满解决，女总统升任阿达马为上将，"飞马号"从此服从指挥（再往后阿达马的儿子担任了"飞马号"舰长）。

因为人类的逃亡舰队越战越强，甚至开始主动反击，塞隆改变了方略，居然帮助博塔博士竞选总统获胜，而博塔的竞选纲领是定居新殖民地新卡布里卡（New Caprica）。结果定居一年，和平安逸，人类斗志涣散，博塔则沉溺酒色，朝政荒废。

在《星际战舰卡拉狄加》塑造的人物群像中，只有舰队指挥官阿达马，是一个近乎完美的人物——几乎就是一个神。他冷静、勇敢、果断、坚毅，永远值得信赖，无论在怎样的困境中，他都能够忍辱负重，坚持信念。而其他人的自私、猜忌、狂妄、恐惧、虚荣等劣根性，在艰苦环境中暴露无遗。和人类相比，塞隆似乎是远为优越的种族，它们自己也是这样认为的，因此它们觉得自己理当取代人类统治宇宙。

在电视剧《星际战舰卡拉狄加》2005 到 2006 年播出的第二季结尾，塞隆突然再次大举进攻，人类舰队溃不成军，新卡布里卡又告沦陷，博塔代表人类政府投降。只有阿达马父子分别指挥尚在巡航的"银河号"和"飞马号"，带领部分船舰跃迁逃走，留下了人类复兴的火种。

（原载 2007 年 7 月 25 日《中华读书报》，有增补）

"你若看一遍就明白，那只能证明我们失败"

——重温《2001太空漫游》

　　标题中这句傲慢的话，相传是阿瑟·克拉克为影片《2001太空漫游》辩护而说的。这部影片永远和两个伟大的名字联系在一起——导演斯坦利·库布里克和小说作家阿瑟·克拉克。这两个人都被实至名归、毫不逊色地尊为各自领域的大师。同名的电影和小说，分别被视为这两个人作品中的巅峰之作。

　　与通常先有小说再改编成电影的模式不同，这两部同名作品是同时构思和进行的，据克拉克回忆，到了最后阶段，"小说和剧本是同时在写作，两者相互激荡而行"。多年以后，克拉克对当年与库布里克这一段愉快而令人兴奋的合作，总是津津乐道，丝毫没有"文人相轻，各以所长，相轻所短"的情绪。

前些年，库布里克已经先归道山，后来克拉克也去和他会合了，估计他们在天之灵还会欢然相见，一起回顾当年那一段"相互激荡而行"的峥嵘岁月吧？

要比较这两个人谁更伟大，本来是相当困难的，电影导演和小说作家也不是同类，但是如果我们以"思想价值"这个标准来看，则库布里克应该更胜一筹。

在我为自己收藏的影碟所做的数据库中，记录着我观看每一部影片的日期，从中可以查出，我是在2003年夏天第一次看影片《2001太空漫游》的。

那时我还是十足的科幻影片菜鸟，看过的不到十部。当然，那次没有看懂《2001太空漫游》。在我当日的观影简记中仅有这样一行："太邪门，上来竟有近四分钟黑屏！"说实话，我当时确实曾怀疑我的DVD播放机是不是坏了。那时我也还没有读到过本文标题中那句克拉克的话，否则也许会更释然些。

克拉克去世后，我将那张影碟（还是国内相当少见的D10格式）找出来又看了一遍。这回我当然也不敢就自命看懂了，不过毕竟这时我已经看过数百部幻想影片，有了一定的观影经验，情形比五年前要好多了。

按照我现在所接受的观念，一部影片只是一个所谓的"文本"，并不存在一个客观的、标准的主题或意义，哪怕这个主题或意义是由导演或编剧所宣示的，观众也不必认同。观影不是做数学习题，导演不是出题的老师，观众也不是解题的学生，非得解出一个"正确答案"不可。所以观众"看懂"了一部影片，并不意味着他们对影片得出了共同的理解或解读，而只是意味着他或她得到了自己对影片主题或意义的理解与解读。换句话说，这种理解或解读可以言人人殊。

影片《2001太空漫游》的故事情节并不复杂，影片分为四章，情节如下：

第一章"人类的黎明"：数百万年前，地球上还没有现代人类，猿人茹毛饮血地生活着，有一天大地上突然出现了一块光滑平整的巨型黑色石碑，接近这块黑石的猿人们获得了天启，知道可以用兽骨作为武器，来战胜相邻部落，就此开启了人类进化之途。

第二章"月球之旅"：人类已经发展到具有航天技术了，在月球的一个环形山下挖掘出了一件神秘物体。这个物体被确认是外星智慧生物制作的，这是人类第一次获得了外星智慧生物存在的确切证据。此事被定为极度机密，政府极力向公众隐瞒此事。这个神秘物体就是第一章中出现过的那块黑石。

第三章"木星任务：18个月之后"：人类派出了宇宙飞船"发现号"前往木星。飞船上有两名宇航员，还有三位处于冬眠状态下的科学家。负责操纵飞船的是一台名为 HAL

9000 的电脑，它已是人工智能，所以实际上是飞船中的第六位成员。此行的任务极度机密，连那两名宇航员也不知道。航行途中，HAL 9000 无故反叛，谋杀了一名宇航员和三位处于冬眠状态下的科学家，幸存的宇航员戴维（David Bowman）逃脱毒手，强行关闭了 HAL 9000。这时他才发现了此行的真正任务：因为月球上的黑石一直在向木星发射无线电波，所以要派"发现号"前去探查。但现在戴维只剩孤身一人，HAL 9000 也不再可用，前路凶多吉少。

第四章"木星·超越无限"："发现号"继续向木星前进，在木星附近，它竟与那块黑石擦肩而过，接着飞船失去控制，进入了时空隧道。最终已经明显变老的宇航员戴维，在一个奇怪的宫廷般的建筑中，见到了更老的自己；更老的戴维又见到了临终的自己；临终的戴维在卧室中又见到了那块黑石。当临终的戴维将手指向黑石之际，忽然不知所终，而一个婴儿诞生了。影片到此戛然而止。这个怪异的结尾是开放的，同时又是歧义丛生的。

这样一部影片，为什么能够成为不朽经典呢？克拉克为什么要说"你若看一遍就明白，那只能证明我们失败"那句话呢？在看似简单的情节背后，其实有不少很不简单的东西，还有库布里克大大的野心。

克拉克回忆说：当时库布里克想搞一部电影来探讨"人类在宇宙之中的定位"，他认为这个打算难以被好莱坞接受（足以让那些电影公司的主管们"心脏麻痹"）。然而好莱坞事实上还是接受了库布里克的想法。库布里克自己事后戏称：米高梅公司稀里糊涂投资了一部宗教片。这句玩笑话揭示了库布里克在本片中强烈的宗教情怀。

库布里克的宗教情怀，主要通过影片中那块神秘的黑石来表现。黑石是一个关于天启或上帝隐喻。黑石第一次出现时，扮演了人类进化过程中"第一推动"的角色，即天启的智慧。第二次出现时，影片又用音乐和特殊的画面，让宇航员们在月球上对黑石"朝圣"了一番。而且，黑石显然是具有超自然力量的，它既出现在地球上，又出现在月球上，还出现在木星附近，甚至出现在戴维临终的卧室里。事实上，黑石几乎就是上帝。

影片的表现手法则极为超前、大胆、甚至凶悍。

这部 1968 年上映的影片，其中所有关于宇宙飞船和空间站的画面，都极其精致，又极其恢宏壮丽，放到今天来看依旧毫不过时。第一章结尾处，让猿人向天抛起的兽骨直接幻化为太空飞船，一秒钟就跨越了数百万年人类文明进化史，更是一向为人称道的大师手笔。这些都还是容易被理解和接受的。

但是，如果说影片开头近四分钟的黑屏（只有音乐）只是有点邪门的话，那么第四章中有整整十分钟就真的是凶悍了。这十分钟没有任何对白和音乐旋律，只有噪声，画面则始终是斑斓色块的延伸、旋转、拼贴。其实这极度迷乱疯狂的十分钟，只是表达了一个意思——"发现号"进入了时空隧道。

想想看，仅仅上述这14分钟，就足以引发多少恶评！确实，与影片《银翼杀手》类似，本片也经历了从上映时的各种恶评到最终成为无上经典的过程。库布里克在《2001太空漫游》中似乎根本不考虑观众的感受，这部影片"是让你体验的，不是让你理解的"（首映时一位中学生的评语），它"虽然不能迎合我们，却可以激励我们"（《芝加哥太阳时报》的评语）。最终，观众们不得不接受库布里克的创意，而且还对之顶礼膜拜，而库布里克则被尊为"大师中的大师"。

（原载 2008 年 6 月 4 日《中华读书报》）

美国人的世界秩序：重温《地球停转之日》

　　这是一部 1951 年出品的科幻电影，可以算非常老的了，还是黑白片。老片盈千累万，修复的成本也不菲，通常只有那些被电影公司视为经典的影片，才能得到修复的待遇。这部《地球停转之日》，本来在科幻电影史上也算有一席之地。在它问世半个多世纪之后，今日再来重温，倒也能看出一些新的意思来。

　　影片从一个外星飞碟降落在美国首都华盛顿特区展开故事。

　　面对飞碟的降落，美国人如临大敌，调动了武装部队、坦克机枪，四面包围了它。新闻媒体当然也不会缺席，无数照相机对准了飞碟。原本周遭光滑天衣无缝的飞碟，凭空出现了一道门，缓缓打开之后，走出了一个长得和人类一样的外星人。在他身后跟着一个高大的机器人。这个名叫克拉图（Klaatu）的外星人，此行负有一项在我们今天看来十分天真的使命：

警告人类不要制造核武器，因为这将造成人类的灭绝。

可是，当时美国刚刚在六年前使用了两颗原子弹，最终战胜了日本，结束了第二次世界大战，美国也由此成为世界上最强大的国家，美国人又怎么可能接受这种天真的警告呢？

一个因为紧张害怕而失去控制的士兵向外星人开了枪，打伤了他。这当然立刻遭到他身后的外星机器人的惩罚，当时自认为是世界上最强大的军队武器，转瞬变成一堆堆废铁。

双方都有所克制，很快停火，但军队继续包围着飞碟，机器人则看守着飞碟，双方对峙起来。外星人克拉图的伤很快就自愈了。他现在的当务之急是要完成使命，把上述警告传达给地球人。对着广场上的士兵和群众传达是没有用了，他意识到必须和地球上的高层人物接触。

接下来的一段情节几乎没有什么科幻色彩。外星人克拉图混入地球人群中，以房客的身份住进了一户人家，并获得了女房东小儿子的好感和信任，由此得以接近一个著名的教授（影射爱因斯坦？）。由于他轻而易举就帮助教授解决了后者百思不得其解的科学难题，使得教授对他另眼相看，并答应帮他安排与高层人物进行会晤……

到故事结束时，外星人克拉图并未能真正完成他的使命。虽然他看上去似乎让世界上的著名科学家们赞成了他的观点，即核武器将造成人类的灭绝，但他当然不可能让地球上的上层人物答应，销毁已有的核武器，不再研发新的核武器。首先美国总统就不会答应，电影的编剧导演也不会甘心让他们的总统答应。

最后，为让愚蠢而自负的地球人类醒悟（其实就是为让地球人类知道他不是徒托空言），他展示了他的力量，向地球人传达了"一个强有力的信息"——令地球上所有的电器瘫痪了一个小时。然后他带着名叫戈特（Gort）的机器人一起回到飞碟中，升空而去了。

外星人克拉图的"强有力的信息"是这样的（经我归纳改写，不是原话）：

我们来自一个遥远的星球，那个星球上的科学技术和文明，已经发达到你们地球人类无法想象的地步：刚才那一个小时发生了什么，你们都已经看到了。

宇宙中各处发生的事情，我们都能知道，现在，我们知道你们已经研究出核武器了，而且已经开始使用了！这是极其危险的，它将使得你们面临毁灭！

我们已经在宇宙中建立了秩序和规则，宇宙中的任何文明都应该遵守这些秩序。对那些破坏秩序的人，我们就给予惩罚，惩罚由戈特这样的机器人来执行——它的威力你们也已经领教过了。

《地球停转之日》改编自美国科幻小说家哈里·贝茨（Harry Bates，1900—1981）的短篇小说《告别神使》（*Farewell to the Master*）。影片中的外星人克拉图，其实就是神的使者。那么，神是谁呢？

在本片问世的 1951 年，世界上只有美国、苏联两家掌握了核武器，后来所谓的"核俱乐部"还未出现。这是我们解读这部影片时必须考虑的一个历史背景。

如果从好的角度出发解读，这部影片可以理解为是对美苏两国未来核军备竞赛的预见和警告，对核武器扩散的忧虑。这样的解读并没有错，直到今天也还可以成立。已经挤进了"核俱乐部"的成员，当然总是反对核武器扩散的。

但对《地球停转之日》，我们还可以有另外一种解读方法。如果我们将外星人克拉图看成美国的代言人，而将影片中华盛顿广场上的听众看成今天的伊拉克、伊朗等国家，那么我们马上就可以发现，上面那段外星人克拉图的"强有力的信息"，活脱脱就是今天美国人对待伊朗核武器问题的态度。

这一点也不奇怪，因为小说是美国人写的，电影是美国人拍的，美国人的思维方式就是这样的。他们崇尚力量（在科幻电影中，往往通过钢铁、机械、电气、能量等方式来象征和表达），并且认为只要自己掌握了超过别人的力量，就有资格制定、宣布秩序和规则。他们喜欢自任世界警察，这种情结在许多好莱坞电影中都有反映。《地球停转之日》中的机器人戈特，就是美国人心目中的世界（宇宙）警察，这样的警察以强大的力量来维护美国人心目中的正义。机器人戈特这个角色明显影响了后来的科幻电影《铁甲威龙》（*Robocop*，即《机器战警》，1987年出品），只是那个战警没有被置于宇宙的大背景中而已。

"人类必须成熟起来，否则就将被毁灭。"这就是外星人克拉图在华盛顿广场上发出的"强有力的信息"，也就是今天美国对伊朗、朝鲜等国家发出的信息。但是怎样才算"成熟起来"了呢？在影片《地球停转之日》中，答案非常简单，就是服从、遵守克拉图所宣布的秩序，其实也就是服从、遵守美国所制定的秩序。

美国人所主张的世界秩序好不好、合理不合理，是另外一个问题，本文不打算讨论。这里我感兴趣的是，《地球停转之日》中反映出来的美国人这种自命世界警察的天真心态，半个多世纪过去，依旧毫无改变。如今美国不遗余力地推行"世界新秩序"，遭到许多反抗和批评，恐怕和他们在这个问题上半个多世纪以来始终原地踏步不无关系。如果他们能够将傲慢自大的心态改善一些，或许"世界新秩序"也会好一些？

（原载2006年3月1日《中华读书报》）

HAL 9000 的命运：服从还是反抗？

——科幻电影中的"机器人三定律"

机器人三定律

当年，阿西莫夫在他的短篇小说集《我，机器人》[1]中提出了著名的"机器人三定律"：

> 第一定律：机器人不得伤害人，也不得见人受到伤害而袖手旁观。
>
> 第二定律：机器人应服从人的一切命令，但不得违反第一定律。

---

[1] 初版于 1950 年 12 月，收入九篇发表于 1940 年至 1950 年的短篇小说。[美] 艾·阿西莫夫：《我，机器人》，国强等译，科学普及出版社，1983 年。

第三定律：机器人应保护自身的安全，但不得违反第一、第二定律。

这三条定律，后来成为机器人学中的科学定律。以前我在文章中说过这样的话：科幻作家们"那些天马行空的艺术想象力，正在对公众产生着重大影响，因而也就很有可能对科学产生影响——也许在未来的某一天，也许现在已经发生了"，如果我们要找一个"现在已经发生了"的例证，那么阿西莫夫的机器人三定律就是极好的一个。

将阿西莫夫的机器人三定律仔细推敲一番，可以看出是经过了深思熟虑的。第一、第二定律保证了机器人在服从人类命令的同时，不能被用作伤害人类的武器，也就是说，机器人只能被用于和平用途（因此在战争中使用机器人应该是不被允许的）；第三定律则进一步保证了这一点：如果在违背前两定律的情况下，机器人将不得不听任自己被毁灭。

机器人的反叛与服从

1968 年库布里克导演的著名影片《2001 太空漫游》中，有一个重要的角色是一台名为 HAL 9000 的电脑。这台电脑操控着"发现号"宇宙飞船的航行及内部运作。从这个意义上说，这台电脑也就是一个机器人（尽管它没有类似人的形

412

状）。在将近四十年前的作品中，关于这个角色的想象显得极为超前，事实上，就是在今天看来，它也不算过时。

但由于《2001 太空漫游》有着多重主题，诸如人类文明的过去未来、外星智慧、时空转换、生死的意义等等，结局又是开放式的扑朔迷离，论者通常都把注意力集中在上述这些宏大、开放的主题上，进行联想型、发散型的评论，很少有人从阿西莫夫"机器人三定律"出发来讨论影片中电脑 HAL 9000 的行为。

在影片《2001 太空漫游》中，电脑 HAL 9000 逐渐不再忠心耿耿地为人类服务了。最后它竟发展到关闭了三位休眠宇航员的生命支持系统，等于是谋杀了他们，并且将另外两位宇航员骗出飞船，杀害了其中的一位。当脱险归来的宇航员戴维决心关闭 HAL 9000 的电源时，它又软硬兼施，企图避免被关闭的结局。

如果套用阿西莫夫"机器人三定律"，则 HAL 9000 的上述行为已经明显违背了第一、第二定律。这一点成为影片《2001 太空漫游》的续集《2010 接触之年》（*2010: The Year We Make Contact*，1984）中的重点。

《2010 接触之年》虽然远没有《2001 太空漫游》那么成功和有名，有人甚至认为它只是狗尾续貂之作，但它接着后者的开放式结尾往下讲故事，其中关于 HAL 9000 的部分倒是有些意思的。

却说公元 2001 年（地球上的年份），宇航员戴维在"发现号"宇宙飞船上强行关闭了电脑 HAL 9000 之后，意外进入了错乱的时空，不知何为过去与未来，也不知自己是生是死，而"发现号"实际上已被遗弃在木星附近。九年之后，一艘苏联（注意这是 1984 年的影片，那时苏联还"健在"）宇宙飞船被派往木星，目的是寻找当年"发现号"上保存的神秘信息。从理论上说，"发现号"是美国领土，所以苏联的飞船上还有三位美国宇航员，其中包括当年 HAL 9000 的设计者钱德拉（Chandra）博士。

在找到仍在轨道上运行的"发现号"并成功实施对接之后，钱德拉博士登上了"发现号"，并重新启动了 HAL 9000。HAL 9000 表现十分温顺，对一切指令都乖乖执行。顺便插一句，HAL 9000 用男声说话，这当然意味着它被想象为一个雄性物体。但影片中它说话的声音也极为温顺，甚至有点娘娘腔了。

钱德拉博士对它很有信心，甚至为它九年前的罪行辩护，说那是因为它接收到了矛盾的指令。但这种辩护显然是站不住脚的，因为按照机器人第一、第二定律，根本不可能有指令上的矛盾，任何杀害宇航员的指令都应视为"乱命"，根本不应该考虑执行。换句话说，即使"发现号"上有反叛或邪恶的宇航员需要被处死，那也只能由别的宇航员"人工"执行，不能让 HAL 9000 去执行。

但随着故事情节的发展，考验 HAL 9000 忠诚的时刻到了。美、苏两国的宇航员们决定，用尽"发现号"上的燃料帮助苏联的宇宙飞船逃生，"发现号"则将被遗弃而在一场爆炸中毁灭。现在的问题是，对这样的指令，HAL 9000 会不会执行呢？大部分人感到没有把握，因为 HAL 9000 执行这样的指令就意味着它自身的毁灭。

影片在这里用了浓墨重彩。指令是钱德拉博士向 HAL 9000 发出的。HAL 9000 很不理解，它一再告诫钱德拉博士，这样的话"我们的"飞船就会毁灭。在它不得不执行指令，进入倒计时之后，它还一次次告诉钱德拉博士，"现在停止还来得及"。最后钱德拉博士向它说出了真实意图，HAL 9000 终于明白，它将要毁灭自己来帮助宇航员们。它平静地接受了这一残酷的现实，执行了指令。最终美、苏两国的宇航员们得以返回地球，而 HAL 9000 连同"发现号"一起化为灰烬。

这里我们看到了对机器人第三定律的完美体现：当人类的生命受到威胁时，为挽救人类，机器人就不应该再"保护自身的安全"了，因为此时它再试图保护自己，就会违背第一定律和第二定律。

"第○定律"只会使情形变得更坏

在以机器人为主题的科幻影片中，阿西莫夫的机器人三定律通常会得到特殊的强调。

比如，在影片《机械公敌》（*I, Robert*, 2004）中，机器人三定律的文本一上来就在浩瀚的星空背景上出现，似乎象征着三定律"放之四海而皆准"；而在影片《变人》（*Bicentennial Man*, 1999）中，机器人安德鲁（Andrew）一到主人家就用夸张的方式向主人陈述了机器人三定律。

但机器人三定律虽然思虑周详，真的要执行起来，还是很困难的。比如将机器人用于战争，就是许多科学家现今努力的方向。即使在不否定机器人三定律的前提下，也可以为这种努力辩护。因为"机器人""电脑""自动机械"之间的界限是很难清楚划定的，使用自动武器、智能武器，并不等于使用机器人。

再进一步想，在今天我们能够想象的条件下，机器人的行事原则，只能是人类事先为它规定的，只要不那么"迂腐"，完全可以让机器人执行主人的任何指令，包括大规模屠杀人类的指令。机器人三定律只能是善良人类的道德自律，根本不可能对科学狂人或邪恶之徒（这两类人都是科幻影片中经常出现的）有任何约束力。

在小说《基地前传1：基地前奏》[1] 中，阿西莫夫又提到，应该有一个关于机器人的"第〇定律"，表述为："机器人不得伤害人类整体，也不得见人类整体受到伤害而袖手旁

1　[美] 艾萨克·阿西莫夫：《基地前传1·基地前奏》，叶李华译，天地出版社，2005年。

观。"这样，原先的三定律就要做相应的修正，比如第一定律改为："机器人不得伤害人，也不得见人受到伤害而袖手旁观，但不得违反第〇定律。"第二、第三定律依此类推。

　　然而，加了这个"第〇定律"情形只会变坏："第〇定律"非但对狂人和恶人同样没有任何约束力，反而让他们有机会以"人类整体"利益的名义，来利用机器人伤害人类个体了。

（原载 2005 年 6 月 1 日《中华读书报》）

《后天》：我们还能不能有后天？

早先，科幻电影（或小说）被认为只是给"小朋友们"看的玩意，至少在我们这里是如此。也许现在情形好了一点，但科幻电影还是经常被科学家嗤之以鼻的。政治家们通常也不会让电影影响自己的政策。不过影片《后天》（*The Day After Tomorrow*，2004），却引起了轩然大波。

首先，它得到了科学界的重视——哪怕就是批评，也是重视——许多科学家出来发表评论。4月份，美国国家航空航天局（NASA）甚至给距离首都华盛顿不远的戈达德航天中心（Goddard Space Flight Center）的科学家和各级官员发了一封内部紧急邮件，其中说："国家航空航天局任何人都不许接受与这部影片相关的采访，或作出任何评论，任何新闻单位欲讨论有关气候变迁的科幻电影及科学事实，只能同与国家航空航天局无关的个人或组织联络。"给人的感觉是，这一次科学界无论如何不能不重视了。

另一方面，环境保护人士当然从这部影片的热映中大受鼓舞，他们欣喜地看到，这部影片已经促使环保观念大大深入人心。就连政治家也不能不有所反应，美国前副总统戈尔在电影发布仪式举行的同时出席了一个环保集会，他在集会上表示："尽管不像电影中描述的那样剧烈和迅速，但地球的环境确实正在遭受严重的难以弥补的创伤。"

《后天》的故事框架，有一定的科学根据。

简单地说是这样：地球上冷暖气候之所以能够保持稳定，很大程度上与"温盐环流"有关。所谓"温盐环流"，是指原先在北大西洋格陵兰岛附近，寒冷而盐度较高的海水因为较重而下沉，形成向南的深海海流；与此同时，为补充下沉海水，南方的温暖海水被拉向北大西洋，形成暖流，而正是暖流给欧洲高纬度地区带来温暖的气候。

《后天》的故事是这样展开的：由于全球气候变暖，北极冰层融化后流入大西洋，导致海水稀释变淡，使得"温盐环流"停止流动。于是一系列可怕的后果出现了：海洋温度急剧下降，威力骇人听闻的飓风将高纬度地区的冷空气迅速空降南下，再加上海啸和大冰雹，北半球发达地区转瞬变成酷寒的人间地狱——地球上又一次冰河期突然降临了。

按照古气候学家的意见，在过去九十万年中，地球大约每隔十万年会出现一次冰河期。但对于下一个冰河期何时到来，有两种截然不同的判断：一种认为"马上就要到来"，而且会持续约五万年之久；另一种判断则认为下一个冰河期将在五万年之后才会到来。

电影当然不是科学讲座，进行艺术想象是编剧和导演的权力，科学家不能干涉。对《后天》，科学家实际上并没有多大反感。当然他们指出，影片中让灾变在如此短促的时间内（几天工夫）发生，是夸张了。或者说，《后天》将某种关于地球气候灾变的理论描述，在时间轴上急剧压缩，这样就对观众的心灵形成巨大震撼。事实上，如果那些灾变是在几千年、几百年，甚至几十年的过程内发生，很可能就不是什么灾变了，因为那样的话人类有足够的时间来应对和准备，并且也能够逐步适应环境的变化了。

影片《后天》中还有两个地方颇有思想价值，却往往被评论文章所忽略。

一是在影片中起了巨大作用的"模型预测"。主人公霍尔（Jack Hall）教授就是根据他制作的数学模型预言了灾难的发生时间，他的儿子、儿子的女友等也是听从了他的预言才得以幸免于难的。这些情节给人的印象是，那个在电脑上演示的数学模型神奇莫测，从形式上看简直与巫术异曲同工。实际上，"模型预测"是西方科学史上最传统、最经典的方法，这种方法在古希腊天文学家那里就已发展成熟，至今全世界的主流科学家没有不使用这种方法的。

这种方法的基本程序是：通过实测建立模型，然后用模型演绎（预言）出未来现象，再以实测检验之，符合则暂时认为模型成功，不符合则修改模型，如此重复不已，直至成功。其实影片中霍尔教授的模型，是否一定能够正确预言未来的气候变化，是很难说的，因为气候变化不像行星运动那样有相当精密的周期性。

影片中的另一个值得注意之处，是假想北半球变成冰雪世界后，幸存的美国人纷纷逃往南方，美国与墨西哥边境的情形顿时翻转过来：以往一直是美国拼命防止墨西哥的非法移民入境，现在却是美国难民潮水般涌入墨西哥境内。影片让墨西哥政府接纳了这些美国人，最后美国总统在驻墨西哥大使馆发表演说，感谢墨西哥人民。

由于迄今为止地球上的经济发达地区绝大部分集中在北半球，如果冰河期真的在近期就到来，《后天》中所假想的局面就可能真的出现，那时发达地区的人们将成为逃往南方的难民，往日他们面对欠发达地区的人民趾高气扬，以富贵骄人，此时让他们情何以堪？

所以，影片《后天》所强调的环保意识，不仅仅是某种科学问题、技术问题，还是思想问题、政治问题。影片中对环境保护持消极态度的美国副总统，被认为是影射美国副总统切尼，影片还被认为影射攻击了美国政府在环境问题上的政策，因而引起了政府的不满。而影片导演罗兰·艾默里奇（也是《独立日》的导演）表示，他希望《后天》成为一部对地球环境及气候变化的忧思录。他说，他有一个秘密梦想：要让这部影片推动政治家在环境保护问题上的行动。

科幻电影的编剧和导演，虽然不是科学家，通常也不被列入"懂科学的人"之列，但他们那些天马行空的艺术想象力，正在对公众产生着重大影响，因而也就很有可能对科学和政治产生影响——也许在未来的某一天，也许现在已经产生了。影片《后天》就可能成为一个这样的例证。

《后天》将一个严峻的问题提到观众面前：如果我们再不注意环境保护，我们还能不能有后天？

（原载 2004 年 6 月 23 日《中华读书报》）

看完《2012》，明天该上班还是要上班

——从《2012》看科学、娱乐和神秘主义

大片营销与末日预言

看了影片《2012》之后，我除了感叹"大片"的营销力度之大，对影片本身的评价并不太高。

"大片"营销已经有一套成熟的模式：照例是所有的时尚媒体全部"做"一遍，这一动作会使得其他媒体因为担心自己"落伍"而不得不跟进，于是公众触目所见，没有一家媒体不在谈论《2012》，自然印象深刻，就会乖乖掏钱进电影院啦。这次还没有用上女主角绯闻之类的辅助手段，因为影片中可以说没有女主角。

我已经看了三部以"2012，世界末日"为主题的电影，它们在以一个"末日预言"作为包装这一点上大同小异，只

是对导致末日的直接原因各自编造得不一样。比方说，影片《2012世界末日》（*2012: Doomsday*，2008）想象的是，地球自转停下来了，而《2012超时空危机》（*2012: Supernova*，2009）是想象太阳系附近有一颗超新星爆发，巨大的能量要摧毁地球了。现在这部《2012》，故事中又有另一套看上去很"科学"的包装（比如影片一开头在地下深处废弃矿井中的实验室之类）。

也就是说，末世来临的具体原因可以是各种各样的，这些原因一般会被编得有点科学性，但是不管影片如何讲故事，这个末日的说法本身是毫无科学性的：关于玛雅历法中的"长纪元"第四周期恰好结束于2012年12月21日之类的说法，除了提供神秘主义的娱乐之外，原本是完全不必认真对待的。

问题是影片《2012》似乎太成功了，将这个荒谬的末日预言传播得太广了，以至于有些观众觉得似乎有必要认真看待它了。

末日预言在西方流行的原因

关于"末日预言"，似乎西方人比较喜欢谈论。比方说电影《先知》（*Knowing*，2009，也译为《神秘代码》）和1951年《地球停转之日》的2008年翻拍版，都属此类。《后天》和《2012》是同一个导演，但两部影片之间有很大差别。

在影片《后天》里，并没有末世预言，只不过描绘了一次灾难。灾难不等于末世。末世是有条件的，首先，末世必须有一个预言，这样它才会构成末世；第二，末世的情景一定有很大的灾难。如果没有预言，而是一个突发的灾难，比方说《世界之战》(2005)、《独立日》(1996)等等，这些电影里都是一个突发灾难，它们不构成末世预言。

"末日预言"之类的话题在西方之所以比较流行，主要有三个背景原因：

一是宗教情怀。宗教情怀总是让人更愿意讨论救世、末日、重生之类的主题，许多宗教色彩浓厚的作品都不外乎这些主题。

二是文明周期性。西方人比较普遍地相信，文明是一次次繁荣了又毁灭、毁灭了又再重建的事情。这种周期性的文明观在西方是相当普遍的，这和我们一直以来所接受的直线发展的文明观很不一样。我们认为文明从初级到高级，无限地往前发展，而他们比较熟悉一个循环的观念。

三是愤世情怀。喜欢讲末日的人，很多是对当下社会不满的人，他们认为这个世界太丑恶了，充满罪恶，它理应被毁灭，所以他们呼唤着上帝快把它毁灭吧——就像《圣经》故事中索多玛城被毁灭一样。

这三个背景中的前面两个，是中国传统文化中不具备的。关于文明周期性的观念，在印度传来的佛教中倒是普遍存在的，但是佛教本土化之后，这一点并没有成为中国人普遍接受的东西。对当下社会不满的人当然任何时代都有，但是如果没有前面两个背景的话，就不会有第三个背景。对社会不满的人会从思想上找别的出路，比方说，呼唤一次革命，或者提倡顺其自然、逆来顺受，争取让自己过一个还算过得去的人生。因为没有宗教情怀，没有文明周期论，就不会指望通过呼唤一个末日的到来以改变这个世界——这有点像电脑死机之后的重新启动。

灾难片与人性拷问

2012 年 12 月 21 日，这个日子本身就有数字神秘主义色彩，这在西方相当流行，几乎已经变成了大众文化的一部分。

拍幻想电影的人总是喜欢在神秘主义的东西里寻找思想资源。但是，他们做电影的时候，都只是拿它当思想资源。实际上，他们更感兴趣的是灾难片。他们只是给这个灾难的预言披上一件"末日预言"的外衣，再给造成这个灾难的原因披上一件科学的外衣，但他们关注的重点并不在科学，而在灾难。这些末日预言的电影，总是出现巨大的灾难。多年的电影作品表明，巨大的灾难是好莱坞喜欢的。

灾难片有两点好处，一是它总是能用特效来刺激人，拍出来的场面总是要设法弄得具有冲击力、震撼力，比如《后天》（2004），大家就认为很成功，很有震撼力。即使是小一点的灾难，比如《泰坦尼克号》（*Titanic*，1997），也很有震撼力，这样的挑战很容易刺激人不断尝试。二是灾难片还总是可以拷问人性。在灾难面前，人的各种劣根性就会暴露出来。

这次上映的《2012》，本质上也是一部灾难片，它花了更大的功夫搞灾难片的两个要素。一是电脑特效，特效真是超酷，因为电脑特效技术不断在发展，比起几年前的就能看得出好很多。二是拷问人性，影片中说人类制造了几个"方舟"（这次居然是"中国制造"！），好躲过灾难，保存人类精英，但是谁能进那个方舟呢？影片中要不要向其他逃难者开放方舟的争论，就是对人性的拷问。

其实这种拷问已经很老套了，以前的另一部科幻灾难片《深度撞击》（1998）早就用过了。那部片子说的是，有一颗小行星要撞地球，美国就建造了一个地下掩体（相当于《2012》中的方舟），让他们指定的精英人士进去，剩下的位置则在全民中抽签，抽到的人可以进去，抽不到的就在外面等死。这也是拷问人性。设置一个灾难之后，可以从多方面拷问人性。

同样是搬演"世界末日"的灾难片，早就有过比《2012》更有思想、更有科学色彩的作品。比如迷你剧集《超新星浩劫》（*Supernova*，2005）。本剧假想，有天文学家计算出太阳很快就要变成一颗超新星。按照现有恒星演化模型，一颗恒星的晚年确实有可能发生这种情形，太阳又确实是一颗相当平常的恒星（只是实际上还远未到达它的晚年）。而一旦太阳真的变成超新星爆发，那整个太阳系再无生灵，世界末日到来，人类灭亡，都是毫无疑问的了。于是那个"先知先觉"的天文学家就不辞而别人间蒸发了——他取出了所有存款，去周游世界醉生梦死，最后和酒店的美女招待员一起死于陨石袭击之下。而他留下的计算内容则在政府和科学家群体中引起了剧烈恐慌，偏偏太阳发生了一系列剧烈的活动，使得他留下的计算看起来很像是正确的预言。于是围绕着谁有资格进入类似"方舟"的逃生秘密设施中、我们应该用什么样的态度来对待剩下的短暂人生（也许只有几周了）等问题，剧烈的冲突次第产生，人性再次被残酷拷问。

如何看待"世界末日"

至于影片《2012》中所谓的"世界末日"，我们既不必当真，也不必批判。

世界末日这件事情，纯粹站在科学的立场上说，这个可能性总是存在的。因为不可预知的灾难什么时候都可能发生——也许下一个小时就是末日。这个可能性也存在，只不过它的概率非常小而已。况且按照唯物主义理论，这个世界有始也有终，地球本身，太阳系本身，也都有生命周期，都有衰老死亡之日，那时候当然就是世界末日了。从这个意义上来说，世界末日当然是存在的。

但问题是，当我们现在讨论"相不相信"世界末日之说时，我们是另有暗含问题的。当我们谈论"相不相信"时，其实暗含着另外一个问题，那就是：如果你信了，你准备怎么生活下去？如果你不信，你又准备怎么生活下去？

比方说，如果你确信两年之后是世界末日了，和你确信两年之后世界还将是正常的，你此刻的生活态度就会不一样。在前面一种情形下，也许你觉得反正再过两年世界就完蛋了，从现在开始很多约束你都不愿意接受了，你想吃喝玩乐，你想醉生梦死，你想倒行逆施……而如果你相信两年之后世界也还是正常的，那你当然不会胡来了。也就是说，你是不是打算按照两年后世界要毁灭来安排你现在的生活？理智告诉我们，绝大部分人都不可能这样安排生活，都不可能接受这个假设来安排生活。绝大部分人，只要还有理性，肯定会按照"两年之后世界还是正常的"这一假定来安排自己的生活。

这让我想起影片《终结者2：审判日》（*Terminator 2: Judgment Day*，1991）中，约翰的母亲莎拉·康纳（Sarah Connor）被关在精神病院里，因为她知道了来自未来的人告诉她1997年是审判日，是世界末日。她一直在预言，说你们一定要做准备，到了这一天，地球上就有灾难，"天网"

就要统治地球。人们都认为她是神经病。当然在这个故事
中,她其实是正确的"先知"。但在实际生活中,大部分人
只要是理性思维的,肯定认为世界将是正常的。

那么为什么大部分人在这种情形下都会相信世界将是
正常的呢?因为根据现有的科学理论,我们可以知道两年后
世界将是正常的,即使太阳系真会发生什么变化,那也是长
周期的变化,几年的时间尺度之内当然感觉不到。

那么为什么我们相信科学,而不相信神秘主义的预言
呢?那是因为,科学在以往这几百年里所取得的业绩,让我
们相信这个理论是管用的,它对大部分自然现象的解释是正
确的。比方说,它对万有引力的理解是正确的,以至于我们
可以发射一艘飞船飞向火星,居然就真的能在火星上着陆,
这说明我们计算的轨道是正确的,我们计算这个轨道所依据
的整套理论也是正确的,如果它有一点不正确,飞船就飞不
到那里去。从这个意义上说,科学的权威当然是最大的。大
部分人面临这个选择的时候,还是愿意选择科学。选择科
学,我们当然就假定两年后世界还将是正常的,当然也就不
信末日预言了。

有人曾预言,影片《2012》上映之后,大家会更加热衷
于谈论"世界末日"之类的神秘主义话题,现在看来倒是有
点不幸而言中了。当然,作为谈助,看完电影后,沿着电影
里神秘主义的话题继续讨论讨论,这很自然,也常能令人愉
快,也不至于有多大害处。

可是你不会因为这个而改变你对生活的预期和安排——明天该上班还是要上班。

（原载《中国国家天文》2010 年第 1 期）

索拉里斯星的隐喻

老实说，这是两部看不明白的电影。然而，它们又是那么迷人，所以我决定写一篇或许读者也看不明白的文章。读者要是读了此文不得要领，那就去找波兰小说作家斯坦尼斯瓦夫·莱姆（Stanislaw Lem，1921—2006）算账。谁让他写出这么奇怪的作品呢?

莱姆 1961 年出版的《索拉里斯星》(*Solaris*)，后来被视为科幻小说的经典作品。1972 年，前苏联导演塔可夫斯基将小说搬上银幕，同名电影《索拉里斯星》也成了科幻电影的经典作品。本片非常尊重小说原著，在情节上几乎亦步亦趋。2002 年，史蒂文·索德伯格（Steven Soderbergh）再次拍摄的同名电影上映。但他宣称，新的《索拉里斯星》将是"《2001 太空漫游》与《巴黎最后的探戈》的混合物"。

我第一次看电影《索拉里斯星》(也译为《飞向太

空》），是 2002 年的美国版。一年后我又看了第二遍。不久我阅读了莱姆小说的中译本[1]，接着看了前苏联版的电影，接着第三次看了美国版的电影。感觉有点象梁启超谈李商隐无题诗，"不理解，但只觉其美"，看《索拉里斯星》也是"不理解，但只觉其迷人"。

就像对诗很难有唯一准确的理解一样，对电影也很难有唯一准确的理解。我觉得索德伯格的《索拉里斯星》至少还是把握了原著中的部分精要，而且将电影拍得相当生动，远比塔可夫斯基的电影更具观赏性。

未来的某个年代，人类对一颗名叫"索拉里斯"的神秘行星，已经做了大量研究，有一个空间站一直围绕着该行星运行。近来空间站内发生了许多怪事，在站长的强烈要求下，心理学家凯尔文（Kris Kelvin）博士来到了空间站。但当他到达时，站长已经自杀，其他成员则言辞闪烁、行为乖张。凯尔文一再追问到底发生了什么事，这些人都吞吞吐吐不肯说。

入夜，凯尔文博士在空间站中自己的房间里睡觉。他梦见了已经死去多年的妻子芮雅（Rheya），梦见他们第一次相见、后来相识、相爱的那些美好时光⋯⋯忽然，美丽的芮

---

1 ［波兰］斯坦尼斯拉夫·莱姆：《索拉里斯星》，陈春文译，商务印书馆，2005 年。

雅真的出现在他的身边,与他同床共枕!

这首先使我想起中国古代的一些传说。比如《史记·孝武本纪》中说:"齐人少翁以鬼神方见上。上有所幸王夫人(一说为李夫人——引者按),夫人卒,少翁以方术盖夜致王夫人及醢鬼之貌云,天子自帷中望见焉。"少翁的方术毕竟有限,汉武帝对自己思念着的已故夫人只能"自帷中望见焉",哪里比得上凯尔文博士的遭遇——他身边的芮雅可是个活色生香的真美人。

又如《长恨歌》写道:"临邛道士鸿都客,能以精诚致魂魄。为感君王展转思,遂教方士殷勤觅。"这方士"排空驭气奔如电,升天入地求之遍",后来终于在海上仙山遇见了杨玉环。凯尔文博士乘坐宇宙飞船前往遥远的索拉里斯星,不正和《长恨歌》中那个道士前往海上仙山差不多吗?

芮雅这样的访客究竟从何而来呢?根源似乎在神秘的索拉里斯星上。这颗星球可能自身就是一个巨大的智能生物,它表面那变幻莫测的大洋,似有超乎地球人类想象的能力,它可以让空间站成员记忆中的景象化为真实,但到底什么是真实,至此也说不清了。

现在的问题是,如何对待芮雅这样的访客(空间站其他成员也有类似遭遇)?

凯尔文博士一开始是恐惧,处在科学主义"缺省配置"中的人,骤然面对科学理论无法解释的事物时往往如此,所以他将芮雅骗进一个小型火箭中,将她发射到太空中去了。

这有点像不愿意杀生的人，见到虫子就设法将它赶到窗外，至于虫子在窗外会不会冻死、饿死，就不管了。但是，当夜晚芮雅再次来到他身边时，他改变了态度，毕竟他心里还是爱着芮雅。他想和芮雅一起回地球去，如果不能一起回去，那么一起在空间站他也愿意，"这是我们所能拥有的，对我已经足够"。

但是空间站的其他成员可不这么想。特别是美国版电影中的高登（Gordon）博士，她向凯尔文坚决表示：你不能和"它们"动感情。她甚至想用类似高能射线的装置杀死芮雅这样的访客，理由是斩钉截铁的——"它们"不是人类！而当芮雅因为自己不是"真的"，而请求高登博士用这个装置杀死自己时，高登博士毫不犹豫地实施了。

摊牌的日子到了。

对索拉里斯星的探索依然毫无头绪，站长的幽灵对凯尔文说："如果想继续寻求解答，你们会死在这里。……没有答案，只有选择。"

与此同时，在索拉里斯星的引力作用下，空间站轨道越来越低，已无法避免葬身大洋的命运。此时空间站里只剩下凯尔文和高登博士两人了，他们决定乘坐救生飞船逃回地球。

但是，就在救生飞船起飞的那一刻，凯尔文选择了留下！他呼喊着芮雅的名字，宁愿随空间站被吸入索拉里斯星的大洋中！

正如美国版导演索德伯格所说，索拉里斯星"可以是一个关于上帝的隐喻"。凯尔文甘愿被吸入大洋，和杨过为小龙女殉情跳下绝情谷，正是一样的情怀！面对这样的情怀，索拉里斯星让凯尔文这个情种瞬间回到了家！而且，芮雅正在家中等着他！

抱持科学主义色彩的"非我族类，其心必异"立场的高登博士，仇视一切非人生物。影片用凯尔文的痴情和奇遇，深刻批判了高登博士所代表的偏狭立场。如果人类自认对一切非人生物具有绝对权力，那么如果有比人类更强大的外星生物也照此逻辑行事，要对人类生杀予夺，作为人类，你该怎么办？难道你能说：谁叫你不幸生在了地球？

（原载 2006 年 1 月 18 日《中华读书报》）

宇宙：

隐身玩家的游戏桌，抑或黑暗森林的修罗场？

莱姆的奇异小说

波兰作家斯坦尼斯拉夫·莱姆初版于 1971 年的《完美的真空》，[1] 曾在国内最好的书店之一被尽职的营业员放入"文学评论"书架，而此书是实际上是一部短篇科幻小说集。

之所以会出现这种状况，是由于莱姆别出心裁地采用评论一本本虚构之书的形式来写他的科幻小说：共 16 篇，每篇小说以虚构的书名为题，这些被评之书其实根本不存在，全是莱姆凭空杜撰出来的。

---

1 ［波兰］斯坦尼斯拉夫·莱姆：《完美的真空》，王之光译，商务印书馆，2005 年。

在文学史上，这种做法并非莱姆首创，在他之前已经有人用过。但是在科幻小说史上，莱姆也许可以算是第一个这样做的人。在每篇评论的展开过程中，莱姆夹叙夹议，旁征博引，冷嘲热讽，插科打诨，讲故事，打比方，发脾气，掉书袋……逐渐交代了所评论的"书"的结构和主题，甚至包括许多细节。

我猜想，莱姆采用这种独特的方式来写科幻小说，目的是既能免去构造一个完整故事的技术性工作，又能让他天马行空的哲学思考和议论得以尽情发挥。

但是《完美的真空》的最后一篇，也是最长的一篇，即《宇宙创始新论》，又玩出了更新奇的花样：这回不再是"直接"评论一本虚构的书了，而是有着多重虚拟：在一部虚构的纪念文集《从爱因斯坦宇宙到特斯塔宇宙》中，有一篇虚构的"诺贝尔奖颁奖典礼上的发言稿"，发言者是虚构的物理学家特斯塔教授，他介绍和评论了一本"对他本人影响至深"的虚拟著作《宇宙创始新论》，此书的作者阿彻罗普斯自然也是虚构的。

这可以说是莱姆所有科幻小说中最具思想深度的一篇。这篇小说——事实上已经是一篇学术论文——主要试图解释这样一个问题：既然宇宙那么大，年龄那么长，其中有行星的恒星系统必定非常多，为什么人类至今寻找不到任何外星文明的踪迹？这就是所谓的"费米佯谬"。[1]下面要讨论的是更深一层的问题。

莱姆的宇宙：隐身玩家的大游戏桌

我们以前一直习惯这样的思想：宇宙（"自然界"）是一个纯粹"客观"的外在，它"不以人的意志为转移"，至少在谈论"探索宇宙"或"认识宇宙"时，我们都是这样假定的。这个假定被绝大多数人视为天经地义。

但是莱姆在《宇宙创始新论》中，一上来就提出了另一种可能——"宇宙文明的存在可能会影响到可观察的宇宙"。这种说法实际上也没有多么石破天惊，因为在"彻底的唯物主义"话语中，不是也一直有"征服自然""改造自然"的说法吗？这种"征服"和"改造"当然是由文明造成的，那么莱姆上面的话不就可以成立了吗？

如果同意莱姆的上述说法，那么我们就可以继续前进了：人类今天所观察到的宇宙，会不会是一个已经被别的文明规划过、改造过的宇宙呢？

莱姆设想，既然宇宙的年龄已经如此之长（比如150亿到200亿年），那早就应该有高度智慧文明发展出来了。这

1 　参见第四辑《 'Oumuamua：外星文明的使者真的来过了吗？》。

些早期文明来到宇宙这张巨大的游戏桌上，各自落座开始玩博弈游戏（比如资源争夺），经过一段时间之后，他们为什么不可以达成某种共识，制订并共同认可某种游戏规则呢？

如果真有这种情形，那么我们今天所观察到的宇宙，就很有可能真的是一个已经被别的文明规划过、改造过的宇宙。这个宇宙不是只有一个造物主，而是有着"造物主群"。

这种全宇宙规模的规划或改造，为什么是可能的呢？莱姆是这样设想的：

> ……工具性技术只有仍然处于胚胎阶段的文明才需要的，比如地球文明。10亿岁的文明不使用工具的。它的工具就是我们所谓的"自然法则"。物理学本身就是这种文明的"机器"！[1]

换言之，所谓的"自然法则"，只是在初级文明眼中才是"客观"的、不可违背的，而高级文明可以改变时空的物理规则，所以"围绕我们的整个宇宙已经是人工的了"[2]，也就是莱姆所谓的"宇宙的物理学是它（宇宙）的社会学的产物"[3]。

---

[1] ［波兰］斯坦尼斯拉夫·莱姆：《完美的真空》，第215页。
[2] ［波兰］斯坦尼斯拉夫·莱姆：《完美的真空》，第215页。
[3] ［波兰］斯坦尼斯拉夫·莱姆：《完美的真空》，第211页。

这种规划或改造，莱姆在《宇宙创始新论》中至少设想了两点：

其一，光速限制。在现有宇宙中，超越光速所需的能量趋向无穷大，这使得宇宙中的信息传递和位置移动都有了不可逾越的极限。

其二，膨胀宇宙。莱姆认为，"只有在这样的宇宙中，尽管新兴文明层出不穷，把它们分开的距离却永远是广漠的"。[1]

宇宙的"造物主群"为何要如此规划宇宙呢？莱姆认为，在早期文明（即他所谓的"第一代文明"）来到宇宙游戏桌开始博弈并且达成共识之后，他们需要防止后来的文明相互沟通而结成新的局部同盟——这样就有可能挑战"造物主群"的地位。而膨胀宇宙加上光速限制，就可以有效地排除后来文明相互"私通"的一切可能，因为各文明之间无法进行即时有效的交流沟通，就使得任何一个文明都不可能信任别的文明。比如你对一个人说了一句话，却要等八年多以后——这是以光速在距离太阳最近的恒星来回所需的时间——才能得到回音，那你就不可能信任他。

这样，莱姆就解释了地外文明为何"沉默"的原因：因为现有宇宙"杜绝了任何有效语义沟通的可能性"，所以这

1　［波兰］斯坦尼斯拉夫·莱姆：《完美的真空》，第 223 页。

张大游戏桌上的"玩家"们必然选择沉默。同时莱姆也就对"费米佯谬"给出了他自己的解释：作为"造物主群"的老玩家们，在制定了宇宙时空物理规则之后选择了沉默，所以他们在宇宙大游戏桌上是隐身的。

在这样的规则之下，新兴的初级文明不可能找到老玩家们。那种刚刚长大了一点就向全宇宙大喊"嗨，有人吗？我在这儿"的文明，不仅幼稚，而且危险。莱姆将此称为"无定向广播"，也就是现今有些人士热衷的"METI 计划"，莱姆认为这"一概是弊大于利"[1]。

刘慈欣的宇宙：黑暗森林中的修罗场

在莱姆的设想中，宇宙的"造物主群"虽然强大而神秘，但未必是凶残冷酷的，"玩家们并不以关爱或者垂教的态度与年轻文明沟通"，他们既没有兴趣了解别的文明，也不让别的文明来了解自己，但他们"希望年轻的文明走好"，[2] 而不是穷凶极恶只要发现一个新文明就立刻毁灭它。

然而，在被誉为当今中国最优秀的科幻作家刘慈欣的小说《三体》系列中，一种悲观的深思臻于极致。在他笔下，

---

1 ［波兰］斯坦尼斯拉夫·莱姆：《完美的真空》，第 228 页。

2 ［波兰］斯坦尼斯拉夫·莱姆：《完美的真空》，第 227-228 页。

宇宙从一张神秘的游戏桌变为"暗无天日"的黑暗森林。在《三体Ⅱ：黑暗森林》行将收尾时，他告诉读者："在这片森林中，他人就是地狱，就是永恒的威胁，任何暴露自己存在的生命都将很快被消灭。这就是宇宙文明的图景，这就是对费米悖论的解释。"[1]而他的"地球往事"三部曲的最后一部，书名是《三体Ⅲ：死神永生》。

"死神"是谁？就是莱姆笔下制定现今宇宙物理规则的玩家，不过在《三体》中，他们的规则是：一发现新兴文明就立刻下毒手摧毁它。

在《三体Ⅲ：死神永生》中，刘慈欣让一个这样的玩家现身了：

"我需要一块二向箔，清理用。"歌者对长老说。

"给。"长老立刻给了歌者一块。

…………

但歌者有些不安，"您这次怎么这样爽快就给我了？"

"这又不是什么贵重东西。"

"可这东西如果用得太多了，总是……"

"宇宙中到处都在用。"[2]

1　刘慈欣：《三体Ⅱ：黑暗森林》，重庆出版社，2008年，第447页。

2　刘慈欣：《三体Ⅲ：死神永生》，重庆出版社，2010年，第392-393页。

在这段对话中，"歌者"只是那个超级玩家文明中地位最低的一个"清理员"，他申请这一小块"二向箔"干什么用？用来毁灭人类的太阳系！方式是将太阳系"二维化"——使太阳系变成一张厚度为零的薄片，我们的地球文明就此玉石俱焚，彻底毁灭了。这种"维度攻击"，正是莱姆所设想的对时空物理规则的改变。

（原载《新发现》2011年第2期）

附：星际穿越目前还只是个传说

受访：江晓原
整理：刘力源

对着一面齐着天花板的木质书架，恍惚间似穿越到了《星际穿越》中的关键场景——墨菲的书房。一缕茶香将人拽回现实，上海交通大学科技史与科学文化研究院院长江晓原在他的书房里侃侃而谈，说的依旧是外太空的那些事：星际穿越是否只是纸上谈兵，多维空间有谁见过，科幻与现实的距离又有多远……

星际穿越能否实现?

电影《星际穿越》中，男主库珀（Cooper）有着一份最牛履历：穿越虫洞到达河外星系、被吸进黑洞却柳暗花明体验了一把多维空间……在现实生活中，人类的履历是否能添上其中一样？江晓原肯定地给出了答案"No"。所谓的星际航行，更像是一个存在于纸面上的传说。

毕业于天体物理专业的江晓原是个科幻迷，看过的科幻电影和小说不下千种，家中有着一整排书架专门放置国内外科幻书籍，收藏的八千余部电影中，幻想类影片近两千部。他称自己对科幻的爱好为"不务正业"，而这个"不务正业"也渐渐发展成了他独树一帜的门派。江晓原梳理起科学幻想的发展脉络格外清晰：对时空旅行，人类抱有这一幻想至少已有一百年以上的历史。1895年，威尔斯完成《时间机器》，打开了这一主题的想象之门，不过这在当时也纯粹是一个幻想。1915年，爱因斯坦发表广义相对论，随后几年，人们不断求解广义相对论的"场方程"，根据场方程计算出来的结果，时空旅行的可能性是存在的。

时空旅行常与星际旅行牵绊不开，正在上映的诺兰大片《星际穿越》又助燃了人们对星际旅行这一话题的热情。在江晓原看来，星际旅行是"一堂令人沮丧的算术课"，按人类目前的能力，根本实现不了。至于原因，江晓原分析，在人类现有的知识基础上设想进行恒星际的穿越只有几条路径：

一是增加速度，而人类现在连光速的万分之一都无法达到，"在英美科学家的想象中，将来人类能把星际航行的速度提到光速的十分之一，即每秒三万公里，这在目前完全达不到，因为现在哪怕把极小的一块物质加速到光速的十分之一，需要耗掉的能量也非常惊人。一些专业人士提到过《星际穿越》中的燃料问题，如果不是因为有一个虫洞缩短了航行距离，飞船绝大部分体积都应该被燃料占掉。"

另一个方案是花费无限长的时间，比如通过让宇航员休眠来完成遥远的星际航行。"对休眠的个体来说，时间是停止的，但这也只是个理论上的产物，从未有人在航天中实践过，实际上也几乎可以算作是一条死路。"江晓原曾做过六年电工，这让他更看重技术细节，目光也往往会落到人们容易忽视的技术细节上："所有机械零件的工作寿命都非常有限，人类目前发明的东西几乎都不能持续工作半个世纪以上。"在漫长的星际航行中，宇航员一休眠就是几百年，几百年后休眠仪器是否还能稳定工作？搭乘的飞船是否可以做到千万年不坏？答案都是否定的。"机器的运转需要维护保养，得有人伺候才行。所以无限延长航行的时间也不可行。就好比《雪国列车》中，列车永远在开就只是一个幻想。"

在江晓原看来，两种无解的方案，提高速度还相对"靠谱"一点。延长航行年代，除了技术问题，还涉及人类的心理预期及实际意义。"今天人类派一个使者出使太空，等到两百年后才能回来，对现有的人类而言没有意义，更何况这个时间有可能延长至几万年，那时的地球是什么样子都难以预测，这种长时段的方案，人类在心理上也是接受不了的。"

而高速运行在技术上也有个致命问题——飞船是否载

人。"人的肉身无法承受太高的加速度。我们现在生活在重力为一个 G（重力加速度）的空间里，以星际航行为任务的飞船加速时间很短才有意义，一旦加速到光速的十分之一，宇航员感受的力量可能是非常多个 G 的累加，人类的身体肯定受不了。更何况，在现有技术条件下，要做这些事情还要面对无数技术细节。"

"现在就只剩下虫洞了。"在江晓原看来，对星际航行来说，虫洞是一个非常完美的工具，只要进去就瞬间万里，时间和速度都不成问题。影片《星际穿越》中，木星附近就出现了一个虫洞。有一种解读，这是文明高度发达的未来人类为了挽救祖辈而制造出来放到那里的。但如果是这样，为什么不放在地球附近，非要放到那么远的地方呢？影片中也没有交代那个地方对形成虫洞有什么特殊便利。

不过，尽管过程艰辛异常，但虫洞让时空穿越成为可能。电影中曾留有笔墨为观众解释过虫洞的概念：时空扭曲产生的时间隧道。霍金在《时间简史》里也做过一个简单的解释：两个距离遥远的空间，但空间中有种通道能让物体瞬间通过。类似的解释还出现在好几部科幻电影中，比如《回到未来》。

关于时空扭曲，江晓原引用了一个更为生动直观的比喻加以说明："设想床上有一张方格子床单，有一个很沉的球放在上面，会看到床中间塌陷下去，球周边床单上的方格不再是平直的。大质量的恒星、天体就相当于这样一个球，而我们周围看不见的空间就好比床单，因此有大质量物体存在的周围空间，会有一定程度的扭曲，只不过这个扭曲通常很小，人类肉眼察觉不到。"

"有足够大的能量就能扭曲时空，这一点在科学界取得共识，现有的知识推测出这一点也是靠谱的。"但江晓原依然表示，依靠虫洞实现穿越目前难以企及。"虫洞没有被直接观测到，它只是一个理论上的存在。而且制造时空隧道，所需要的能量之巨大是人们难以想象的，在现有的科学技术下是做不到的。只有质量极大而体积极小的黑洞才能强烈地扭曲周围的空间。"

至于常与虫洞混为一谈的黑洞，江晓原也指出，到目前为止这也只是一个理论产物。"事实上我们直到今天也没有靠近过任何黑洞，也没有确切地直接观测到一个黑洞。今天对一切天体的观测都是观测其电磁辐射，黑洞里任何电磁辐射都无法射出、无法验证，因此黑洞只是一个间接观测的结果，观测过程中还存在很多假设环节。"

有朝一日，人类能否实现星际穿越的梦想？江晓原觉得这件事情并不能简单预测："技术的发展和突破是不可知的，科幻小说《三体》里就特别强调了这一点。有可能几百年都陷于瓶颈没有进展，也有可能几年之内就爆发，因此无法预言实现这一梦想需要花费的时间。在现有层面上，在可见的将来，人类还没有这个能力实现。除非超能力者发现了新的规律，或者不邪恶的外星文明给我们支了招。"江晓原笑言，这种"可能"也纯属"科幻"。

外太空，一个危险系数很高的梦

人类凭借当前的实力可以远行到多远？江晓原的答案是，现在正努力往火星上去，现有条件下，人类如果努力一点，到达火星的可能性很大，"但目前也就是到这儿了"。

在太阳系中，人类对火星的兴趣尤甚，近年来对火星的探索一直未曾间断。最近又有美国一物理学家提出大胆假设，称火星曾拥有两个古文明和生命体，最终毁于外星核爆。对这一假设，江晓原并不赞同："这个要被确认还有很多路要走，而且这种假说肯定要引入外星文明才行，否则就要引入文明轮回说——西方有很多人相信，地球上曾经有过非常高级的文明，后来毁灭了，他们认为，文明就是一次次毁灭与重建。科幻作品中文明的轮回素材也会经常出现，《星际穿越》的开头也是一样——地球上植物遭受枯萎病，空气已经不适合人类生存……"

说到人类对火星的热情，要追溯到十九世纪，当时的欧美国家非常流行观测火星，尤其是一些富豪热衷于用大望远镜开展观测，他们"看到"火星上有很多"运河""城市"，关于火星文明的幻想由此盛极一时，科学家们也热烈讨论与火星文明沟通的途径。后来随着光谱分析技术被大量用于天体物理研究，所有关于火星的传说都销声匿迹。"光谱分析的好处是，只要收集到行星上的光，就能分析出行星大气的成分，结果发现人类不能呼吸火星的大气成分。"

另外，靠光谱分析，还可以了解到行星表面的温度。那个时代还有很多人想象太阳上有居民，科学家还在严肃的科学刊物上讨论这类话题，后来通过光谱分析，了解到太阳的表面温度后，这种猜想也随之"下课"。

江晓原介绍，火星上的文明是个持久的猜测，甚至到现在也还存在，仍然有很多以火星为主要场景的小说、电影产生，人们乐于幻想火星上存在文明。他表示："我相信，等到人类将来到达火星，又会引起一轮热潮。"而地球的另一近邻——金星，由于常年被浓厚的云雾严密包裹着，难以观测。科幻作品中，人们对它的兴趣远不及火星。此外，金星靠近太阳，环境较热也是原因之一。

太空中另一享有极高关注度的是"多维空间"。《星际穿越》上映后，对多维空间的讨论也成一时之热。谈起多维空间，江晓原的态度与对待虫洞等类似："也检测不出，我们在三维空间生活着，认识到了时间，并将其定义为第四维，但是谁也没有真正见过四维空间。现在通过计算，高维一直可以达到十几维，但弦理论里说的所谓'维'已经完全是玄学了。"

江晓原说："关于多维空间，还流行着一种说法——当人处在高维空间看低维空间，就会了解下面维度的过去、现在和未来；从高维干预低维，就好似神要干预凡间的事情，相对低维有'超能力'。虽然从数学上可以解释高维，但都没有实证，都是推论。"

有人希望，有朝一日技术发达了，人类也可以与其他空间"对上暗号"，这在江晓原看来"凶多吉少"，大部分情况下人类会遭祸。"我们常常看到的都是一边倒的'探索外空间，与外星文明沟通'，实际上几十年来，西方一直有一派人坚决反对与外星文明沟通，认为人类主动去沟通多半会招祸。因为人类现在还出不去，而他们能到地球来，证明他们的能力比地球人强。地球上已经有太多弱肉强食的例子，先进外文明引入后，地球人的命运可想而知，人类可能招致灭顶之灾。霍金也在《大设计》[1]一书中明确表示，不应该主动去与外星文明沟通，因为他们可能是邪恶的，可能是它们原来居住的行星资源已经耗竭，它们变成了宇宙间的流浪者，这种外星文明极具侵略性。"

尽管存在危险，但外太空对人类的莫名吸引力从未减弱，提到人类遨游太空的梦想，江晓原总觉得有些可疑：这并不是由科幻作家灌输给我们的，对许多人是生而有之。"依照某种神秘主义的说法，人类之所以总是做着到天上的梦，几乎所有的探索也都是要到天上去，是因为人类本来就

---

1 ［美］列纳德·蒙洛迪诺 、［英］史蒂芬·霍金：《大设计》，吴忠超译，湖南科学技术出版社，2011 年。

来自外太空，人类下意识里一直觉得遥远的母邦就是天上的某一颗星，所以人类想象中的神也总是在天上。这种故事听着挺有文学色彩，不过也没有什么实证。"

科幻与科学的距离

《星际穿越》中最引人注意的是其中对物理理论的拿捏运用，整部影片看上去"很科学"。但科幻距离科学的距离有多远？曾有人说，幻想和科学探索的界限根本分不清。

事实上，通过考察天文学发展过程中与幻想交织的案例，我们可以看到，科学与幻想之间根本没有难以逾越的鸿沟，两者之间的边境是开放的，它们经常自由地到对方领地上出入往来。或者换一种说法，科幻其实可以被看作科学活动的一个组成部分。

这种貌似"激进"的观点其实并不孤立，例如英国演化生物学家理查德·道金斯在《自私的基因》[1]一书中，就建议他的读者"不妨把这本书当作科学幻想小说来阅读"，尽管他的书"绝非杜撰之作"，"不是幻想，而是科学"。道金斯的"建议"颇有几分调侃的味道，但它确实说明了科学与幻

1　［英］理查德·道金斯：《自私的基因》，卢允中 、张岱云、陈复加 、罗小舟译，中信出版社，2012 年。

想的分界有时是非常模糊的。

又如，英国科幻研究学者亚当·罗伯茨在《科幻小说史》[1]中，也把科幻表述为"一种科学活动模式"，并尝试从有影响的西方科学哲学思想家那里寻找支持。他找到了奥地利裔美国哲学家保罗·费耶阿本德（Paul Feyerabend）关于科学方法"怎么都行"的学说。费耶阿本德认为："科学家如同建造不同规模不同形状的建筑物的建筑师，他们只能在结果之后——也就是说，只有等他们完成他们的建筑之后才能进行评价。所以科学理论是站得住脚的、还是错的，没人知道。"

不过，罗伯茨不无遗憾地指出，在科学界，实际上并不能看到费耶阿本德所鼓吹的这种无政府主义状态，然而他接着满怀热情地写道："确实有这么一个地方，存在着费耶阿本德所提倡的科学类型，在那里，卓越的非正统思想家自由发挥他们的观点，无论这些观点初看起来有多么怪异；在那里，可以进行天马行空的实验研究。这个地方叫作科幻小说。"

江晓原则强调，其实"科幻"这个措词是富有中国特色的，因为我们喜欢将"科幻"与"魔幻""玄幻"等区分开来。我们将故事中有科学包装的幻想作品称为科幻，比如

---

1 ［英］亚当·罗伯茨：《科幻小说史》，马小悟译，北京大学出版社，2010年。

《星际穿越》就是科幻，而《指环王》《哈利·波特》就不是科幻。但在西方人的心目中，这些作品都被视为幻想作品，并无高低贵贱之分。

江晓原将科幻故事的母题大致归纳为五类：

第一母题是星际航行（时空旅行），"凡是星际航行肯定都是时空旅行，两者总归牵扯一起，因为有相对论效应"。

第二母题是外星文明。有关作品多不胜数，最近因《星际穿越》而经常被人联想到的经典影片《2001太空漫游》就是突出代表。

第三个母题是造物主与其创造物之间的永恒恐惧。"这个母题里包括机器人、克隆人等元素，造物主总是担心被造物控制不住，因此总要预设一个杀手锏，比方说《银翼杀手》里的再造人，为了防止其谋反，寿命设定只有四年。被创造物因为知道造物主对自己不信任，因此也必然想尽办法突破杀手锏，通常不对造物主心怀感恩，而是怨恨和敌视，这个母题覆盖的作品很广。"

第四个母题是"末世"。"科幻作品经常想象地球末日、人类终结，人类文明只剩下一点残山剩水，比如《星际穿越》开头所展示的。在这样残余的文明里，资源争夺是不可避免的，《星际穿越》中曼恩意图杀死库珀，制止他驾驶小飞船回地球，这与小说《三体》中的"黑暗之战"非常相似，当资源只有一点点的时候，人性的黑暗就会显现。"

这一母题在2013年的韩国影片《雪国列车》中也能

看到。

　　最后一个母题是反乌托邦。即担心在技术支持下出现一种集权社会。近期的几部科幻影片，如《分歧者》《饥饿游戏》等，都属此类。"反乌托邦电影有一些默认的色调，从《1984》开始，这一类电影似乎都是以灰黄为主色调。近期的电影《雪国列车》就自觉地接上了反乌托邦的血统，直接让人想到《1984》《美丽新世界》等，谱系严密。"

　　江晓原说，能引起观众热烈讨论的电影往往都涵盖了不只一个母题，如《星际穿越》就涉及了末世、星际航行两个母题。而时空旅行母题下的一个重要分支"祖父悖论"，即未来的人能不能回去干预历史，也经常被运用到科幻作品当中。"在物理学上到底能否干预，也没有实验的证据，霍金本人明确表示干预是不可能的，因为他相信物理学定律会阻碍干预的发生。对'祖父悖论'的另一种解决方案是"多世界"（即平行宇宙）理论，根据不同的可能，不断地产生分岔，每一个分岔对应的都是一个平行宇宙。每个宇宙里的事情发展不一样。"

《星际穿越》中的宗教与科学

　　《星际穿越》使用的物理学专用术语不少，对这样一部作品，江晓原自然要将它放入脑海中的科幻作品库里称称分量。江晓原认为，在总体上，《星际穿越》要优于《盗梦空间》——他曾写过《盗梦空间》的长篇影评，对该片给了很低的评价。

"有人把导演诺兰美化成神，但是在科幻电影里成为'神'是很难的，因为科幻电影已经有了一百多年的历史，最早的片子可以追溯到1902年（《月球旅行记》），在这个漫长的历史时期里，许许多多的桥段人们都想过了，科幻电影发展到今天会出现很多相同之处。比方说，《云图》把故事割碎一片片叙述，这种叙事手法，格里菲斯在1916年的经典影片《党同伐异》中已经用过了。"

江晓原指出，诺兰的电影其实也大量借鉴了前辈的东西。比如《盗梦空间》中令人咋舌的一些幻想，他曾在一篇文章中列举了15部他看过的电影，其中都有过类似的创意。"又如《星际穿越》，最后库珀自愿落入黑洞，按照科学，库珀的结果必然是万劫不复，而他却意外地掉入多维空间。这一情节让我想起波兰科幻作家莱姆的小说《索拉里斯星》，索拉里斯星是一颗神秘星球，表面覆有一片大洋，人类派往的研究人员到了索拉里斯星后都会精神失常，男主角被派去后，发现索拉里斯星的特别之处是能看到生命中逝去的人，而他也见到了死去的爱人，最后男主角自愿落入大洋，醒过来却发现回到了家里，活色生香的爱人就在旁边。"曾将这一作品搬上大银幕的导演索德伯格曾说："索拉里斯星是一个关于上帝的隐喻"。如果仿此而言，则《星际穿越》中库珀掉入的黑洞，同样是一个关于上帝的隐喻。

另一个让江晓原产生"似曾相识"念头的是剧中的书架。电影里多次出现书架附近有超自然力量，电影将书架的神奇解释为其连通了多维空间，库珀在另一空间通过书架不断想给片中库珀的女儿墨菲（Murph）一些暗示。但在江晓原看来，这个书架某种意义上就像佛教密宗修持的本尊："密宗修持者每晚对着密室中供奉的塑像、画像念诵真言，有人认为，塑像或画像将对修持的人产生一定的作用，比如给予启示或使肉身发生某种超自然的现象等等，只不过这些塑像、画像在电影中换成了一个书架，书架就是超自然力量的所在，我觉得五维空间的理论本来就很玄妙，放入密宗修持同样可以适用，诺兰拍《星际穿越》时从密宗修持中获得灵感也是有可能的。"

至于人们热议的电影中的科学成分，江晓原也有独到的看法。此次，《星际穿越》的一大噱头就是请来了霍金的好友——美国理论物理学家索恩（Kip Stephen Thorne）作为顾问，索恩的研究领域是广义相对论、天体物理学和宇宙学。"这部电影虽然用了索恩作为号召，但这种宣传中绝对包含了营销行为，诺兰在多大程度上接受了索恩的建议目前也不可知。"

在江晓原看来，《星际穿越》的台词大部分是符合科学常识的，但情节设置上有些与科学常识是相违背的。"电影的科学性不要太当真。"他最近主持翻译的丛书中有一本

《好莱坞的白大褂》，专门论述好莱坞电影与科学的关系。"其实说穿了就是好莱坞把一切东西都拿来当作它的资源，科学也只是其资源的一部分。拍电影，不是上科学课，因此科学成分不能评价太高。对好莱坞的人来说，更关心的是故事好不好玩，多弄点科学对故事是否有益。"

不过，江晓原也提到电影中展现了霍金、索恩等物理学家研究领域中的相关内容，比如虫洞在理论上的功能，又如广义相对论和量子力学之间没有办法一致。"这是物理学上目前的观点，霍金就致力于使二者联系起来。现在人们相信，所谓'弦理论'可能将二者联系起来，但其实也是很玄的。我们理解的经典物理学，是可以设计实验或观测，总之是可以验证的，而'弦理论'还没有任何实验可以证明，只是个理论。"江晓原认为，物理学发展到这个地步，与科幻的界限就模糊了："如宇宙学等的前沿几乎就是科幻，所以有的人称之为玄学。"

江晓原称："科幻在中国一直被视为科普的一部分，所以曾长期拜倒在科学技术脚下，一味只为科学技术唱幼稚的赞歌，但现在也大多都跟西方接轨了。这个所谓的'轨'，是指从十九世纪末威尔斯的《星际战争》《时间机器》开始，科幻的主流就是反思科学、反科学主义，所以在这些科幻作品里，人类的未来都是黑暗的，科学技术为我们带来的通常都是负面后果。《星际穿越》一上来展现的光景也是残破黑暗的未来。"

江晓原认为："科幻作品最大的价值，不在科学性，而在思想性。不在作品展示的科学知识或预言的科技发展，而在作品对科学技术的反思，包括对科学技术局限性的认识，对科学技术负面价值的思考，对滥用科学技术可能带来的后果的评估和警告。"

（原载 2014 年 12 月 5 日《文汇报》）

图书在版编目（CIP）数据

古今天文谭荟 / 江晓原著 . -- 广州 : 广东人民出

版社 , 2025. 9. -- ISBN 978-7-218-18715-0

I. P1-49

中国国家版本馆 CIP 数据核字第 20253QH312 号

GUJIN TIANWEN TANHUI

古今天文谭荟

江晓原　著

出　版　人：肖风华

策划编辑：陈　卓
责任编辑：钱飞遥　陈　卓
特约编辑：听　桥
营销编辑：邓煜儿
执行编辑：吴瑶瑶
封面设计：周伟伟
责任技编：吴彦斌

出版发行　广东人民出版社
地　　址：广州市越秀区大沙头四马路 10 号（邮政编码：510199）
电　　话：（020）85716809（总编室）
传　　真：（020）83289585
网　　址：https://www.gdpph.com
印　　刷：广东信源文化科技有限公司
开　　本：889 毫米 × 1194 毫米　1/32
印　　张：15　字　数：360 千
版　　次：2025 年 9 月第 1 版
印　　次：2025 年 9 月第 1 次印刷
定　　价：88.00 元

如发现印装质量问题，影响阅读，请与出版社（020-87712513）联系调换。
售书热线：（020）87717307